"十四五"普通高等教育本科系列教材

高等教育"双一流"
能源动力类专业系列教材

汽轮机原理
学习指导与习题集

主 编 李慧君
副主编 刘树华
参 编 范 伟
主 审 屠 珊

中国电力出版社
CHINA ELECTRIC POWER PRESS

内 容 提 要

本书是能源与动力工程专业的主干专业课程“汽轮机原理”的辅助教材。其主要内容包括汽轮机级的工作原理、多级汽轮机、汽轮机变工况特性、汽轮机的凝汽设备及系统、汽轮机零件强度校核及汽轮机调节保护系统。书中对各章节的学习内容提出了基本要求；归纳各章节的基本知识点；针对重点和难点进行详解并进行分析；针对各章节的特点，以典型题精解的方式，加强对知识点和公式的理解；各章节配有一定数量的习题，并提供参考答案；附录包含五套汽轮机原理试题，并提供了参考答案。

本书可作为高等院校能源与动力工程专业本、专科及在职学员和电厂运行人员学习参考书，对从事汽轮机和热力系统设计、研究、运行、改造及节能管理的科技工作者，也是一本有价值的参考书。

图书在版编目（CIP）数据

汽轮机原理学习指导与习题集/李慧君主编．—北京：中国电力出版社，2022.10
“十四五”普通高等教育本科系列教材 高等教育“双一流”能源动力类专业系列教材
ISBN 978-7-5198-6059-2

Ⅰ.①汽…　Ⅱ.①李…　Ⅲ.①蒸汽透平—高等学校—教学参考资料　Ⅳ.①TK26

中国版本图书馆 CIP 数据核字（2021）第 202162 号

出版发行：中国电力出版社
地　　址：北京市东城区北京站西街 19 号（邮政编码 100005）
网　　址：http://www.cepp.sgcc.com.cn
责任编辑：吴玉贤（010-63412540）
责任校对：王小鹏
装帧设计：赵姗姗
责任印制：吴　迪

印　　刷：望都天宇星书刊印刷有限公司
版　　次：2022 年 10 月第一版
印　　次：2022 年 10 月北京第一次印刷
开　　本：787 毫米×1092 毫米　16 开本
印　　张：11
字　　数：270 千字
定　　价：38.00 元

前　言

本书根据高等院校能源与动力工程专业汽轮机原理教学大纲编写而成，对汽轮机原理课程中所涉及的概念等基本知识点、重点和难点进行了归纳和解析。全书共 6 章，分别为汽轮机级的工作原理、多级汽轮机、汽轮机变工况特性、汽轮机的凝汽设备及系统、汽轮机零件强度校核及汽轮机调节保护系统。每章根据需要大致按照基本要求、基本概念、公式汇总、重点与难点解析、典型题精解等几部分安排内容。每章后面给出了一定数量的习题，并在附录中提供了参考答案，读者可通过扫描二维码获取；按章节对重点与难点内容进行详尽的解析，利于读者抓住重点，帮助理解；通过对一些典型题进行解析和讨论，给出精解，以便让学习者更好地掌握基本理论并能有效运用。本书附录内容包含五套汽轮机原理试题，并提供了参考答案，供读者扫描二维码获取。

本书符合“育人为根本、综合能力培养为重点、知识传授为中心、成效为标准”的教学理念；语言运用方面力图通俗易懂，深入浅出，体现所要阐述的相关内容。

本书由华北电力大学李慧君教授主编，刘树华副主编，河北农业大学范伟副教授参编。绪论、第 1、2 章由李慧君教授编写；第 3 章由范伟编写；第 4～6 章由刘树华编写。

全书由西安交通大学屠珊教授主审，在此对主审老师提出的建议和意见，深表谢意。

由于编者水平所限，书中难免出现缺点和不足，望读者批评指正。

编者

2022 年 9 月 9 日

目 录

绪　论

在火力发电和核电站中，绝大多数都是以汽轮机作为原动机，汽轮机发电机组提供了80%左右的电能，在国家经济发展中起着重要的作用。

0.1 基 本 要 求

（1）了解汽轮机的发展概况及其在国民经济中的作用。

（2）掌握汽轮机的分类及型号。

0.2 基 本 概 念

0.2.1 汽轮机的发展概况

汽轮机又称蒸汽透平，是将蒸汽的热能转换成机械能的一种旋转式原动机。

19世纪晚期，瑞典工程师拉瓦尔制造出第一台轴流式汽轮机。20世纪70年代后，汽轮机单机容量进入百万级。目前汽轮机最大单机容量为1000MW等级。国外主要汽轮机制造厂家包括：

（1）美国通用电气公司，主要生产冲动式汽轮机。

（2）美国西屋电气公司，主要生产反动式汽轮机。

（3）瑞士勃朗-鲍维利公司，主要生产反动式汽轮机。

（4）法国阿尔斯通公司，既生产冲动式也生产反动式汽轮机。

我国三大动力设备厂：哈尔滨汽轮机厂有限责任公司（简称哈尔滨汽轮机厂或哈汽）、上海汽轮机有限公司（简称上海汽轮机厂或上汽）、东方电气集团东方汽轮机有限公司（简称东方汽轮机厂或东汽）；工业汽轮机厂家：杭州汽轮机股份有限公司等；燃气轮机厂家：南京汽轮电机（集团）有限责任公司等。

0.2.2 汽轮机的分类

1. 按工作原理分类

冲动式汽轮机：由冲动级组成，蒸汽主要在喷嘴中膨胀，在动叶中只有少量膨胀。

反动式汽轮机：由反动级组成，蒸汽在喷嘴和动叶中膨胀程度相同。由于反动级不能用于部分进汽的级，故调节级采用冲动级或复速级。

2. 按热力特性分类

凝汽式汽轮机：排汽在高度真空状态下进入凝汽器凝结成水，仅用于发电。有些小汽轮机没有回热系统，称为纯凝汽式汽轮机。

背压式汽轮机：排汽直接用于供热，没有凝汽器。当排汽作为其他中低压汽轮机的工作蒸汽时，称为前置式汽轮机。

调节抽汽式汽轮机：从汽轮机某级后抽出一定压力的部分蒸汽对外供热，其余排汽仍进入凝汽器。由于热用户对供热压力有一定的要求，需要对抽汽压力进行自动调节，称为调节抽汽。根据用户需要，有一次调节抽汽和两次调节抽汽。

抽汽背压式汽轮机：具有调节抽汽的背压式汽轮机。

中间再热式汽轮机：蒸汽在汽轮机中膨胀到某一压力后，被全部抽出送往锅炉的再热器进行再热后，返回汽轮机继续膨胀做功。

混压式汽轮机：利用其他来源的蒸汽引入汽轮机相应的中间级，与原来的蒸汽一起做功，常用于工业生产的流程中，用于蒸汽热能的综合利用。

3. 按汽流方向分类

轴流式汽轮机：组成汽轮机的各级叶栅沿轴向依次排列，汽流方向的总趋势为轴向流动，绝大多数汽轮机都是轴流式汽轮机。

辐流式汽轮机：组成汽轮机的各级叶栅沿半径方向依次排列，汽流方向的总趋势是沿半径方向流动。

4. 按用途分类

电站汽轮机：用于拖动发电机。汽轮发电机组需按供电频率定转速运行，故也称为定转速汽轮机，主要采用凝汽式汽轮机。也采用同时供热的汽轮机，通常称为热电汽轮机或供热式汽轮机。

工业汽轮机：用于拖动风机、水泵等转动机械，其运行速度经常是变化的，也称为变转速汽轮机。

凝汽式供暖汽轮机：专为季节性采暖负荷设计的新型供热汽轮机。它采用在原凝汽式机组中低压缸的导汽管上安装蝶阀，在采暖期通过关小蝶阀，减少低压缸的进汽量，即减小电功率的方法来对外供热。

船用汽轮机：用于船舶推进动力装置，驱动螺旋桨。为适应倒车的需要，其转动方向是可变的。

5. 按进汽参数分类

低压汽轮机，新蒸汽压力小于 1.5MPa。

中压汽轮机，新蒸汽压力为 2.0～4.0MPa。

高压汽轮机，新蒸汽压力为 6.0～10.0MPa。

超高压汽轮机，新蒸汽压力为 12.0～14.0MPa。

亚临界压力汽轮机，新蒸汽压力为 16.0～18.0MPa。

超临界压力汽轮机，新蒸汽压力大于 22.129MPa。

超超临界压力汽轮机，新蒸汽压力大于 25MPa。

0.2.3 国产汽轮机的型号

1. 国产汽轮机类型的代号

N：凝汽式

C：一次调整抽汽式

CC：两次调整抽汽式

B：背压式

CB：抽汽背压式

H：核电

Y：移动式

K：空冷式

J：舰船汽轮机

2. 国产汽轮机的型号表示方法

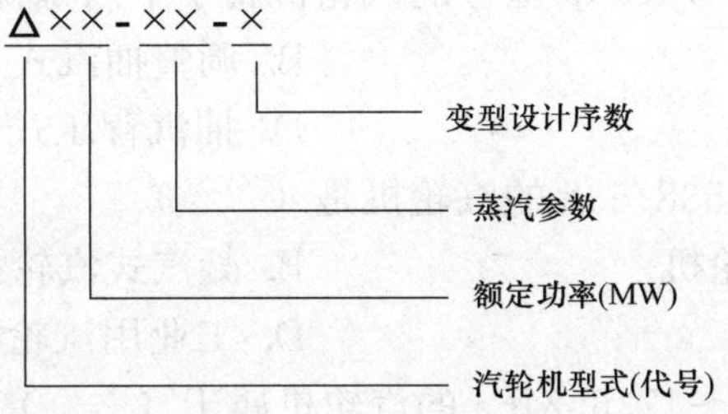

0.3 重点与难点解析

1. 掌握汽轮机的分类

一台汽轮机按分类原则可以有几种，但仅按一种原则分类又不全面，因此通常将几种主要的分类原则按一定的顺序组合来表述。如凝汽式超临界中间一次再热 600MW 反动式汽轮机。

2. 掌握汽轮机型号

做到对汽轮机型号中的每一个字母或数字的含义了如指掌，才能更好地了解该汽轮机的性能。

0.4 典型题精解

哈尔滨汽轮机厂生产的山西漳山电厂 2 台直冷 300MW 汽轮机主要技术规范及热力参数如下：

型号：NZK300-16.7/537/537 型亚临界压力中间再热、两缸两排汽、直接空冷凝汽式

额定功率：300MW

主蒸汽额定参数：16.7MPa/537℃

最大进汽量：1045t/h

设计环境温度：17℃

额定背压：15kPa

满发最高背压：29.41kPa（TMCR 工况）

允许最高背压：65kPa

转速：3000r/min

转向：机头看为顺时针

给水系统：7 级回热，给水泵由电动机驱动

汽封系统：自密封系统

汽轮机通流级数：高压 1＋12 级、中压 9 级、低压 2×6 级，共 34 级

习 题

一、单选题

1. 确定 CB25 - 8.83/1.47/0.49 型号的汽轮机属于下列哪种型式？（ ）

A. 凝汽式　　B. 调整抽汽式

C. 背压式　　D. 抽汽背压式

2. 型号为 N300 - 16.7/538/538 的汽轮机是（ ）

A. 一次调整抽汽式汽轮机　　B. 凝汽式汽轮机

C. 背压式汽轮机　　D. 工业用汽轮机

3. 新蒸汽压力为 15.69～17.65MPa 的汽轮机属于（ ）

A. 高压汽轮机　　B. 超高压汽轮机

C. 亚临界压力汽轮机　　D. 超临界压力汽轮机

二、简答题

1. 按工作原理、热力过程特性、蒸汽流动方向、新蒸汽参数等对汽轮机进行分类，汽轮机可分为哪些类型？按新蒸汽参数分类时，相应类型汽轮机的新蒸汽压力等级是什么？

2. 国产汽轮机型号的表示方法是什么？

3. 根据国产汽轮机型号的表示方法，说明下列汽轮机的型号提供了汽轮机设备的哪些基本特征？

（1）CB25 - 8.82/0.98/0.118。

（2）CC25 - 8.82/0.98/0.118 - 1。

（3）N300 - 16.7/537/537。

第1章　汽轮机级的工作原理

汽轮机是将热能转换成机械能的一个重要设备。级是最基本的转换单元，它基于工程热力学中喷管的工作原理。因此，若掌握级的工作原理，就必须弄清喷管的工作过程，进而理解汽轮机的能量转换过程。由于能量转换过程很复杂，因此，应该掌握水蒸气在汽轮机各种级内的流动过程和能量转换规律及计算方法；掌握蒸汽在汽轮机级内能量转换过程中，各种损失和各种级效率的物理概念及减少损失的措施；熟悉各种损失的计算；熟悉汽轮机级的热力设计原则、方法和扭叶片级；了解叶栅的气动特性。全面理解本章内容，可为更好学习后续内容打下基础。

1.1　基 本 要 求

（1）掌握汽轮机的级、反动度及四种级的工作特点。

（2）熟悉并掌握蒸汽在喷嘴和动叶通道中的能量转换过程、蒸汽在喷嘴和动叶入口、出口处各参数的计算公式。

（3）熟悉并掌握一些重要的概念，如速比、最佳速比、理想速比、级的轮周效率和轮周功率等。

（4）根据速度三角形和级的特点，能够推导出纯冲动级、反动级和复速级的最佳速比和轮周效率表达式，并绘制出各级的热力过程线。

（5）熟悉叶栅能量损失的组成、叶型及叶端损失产生的机理。

（6）掌握级内损失的种类及产生原因。

（7）掌握直叶片时主要产生的附加损失；完全径向平衡及简单径向平衡方程式。

（8）熟悉理想等环流流型的特点、可控涡流型的实现原理及优缺点。

（9）熟悉弯扭叶片的工作原理和特点。

1.2　基 本 概 念

通流部分：汽轮机本体做功汽流通道称为汽轮机的通流部分。它包括主汽门、导管、调节汽门、进汽室、各级喷嘴和动叶及汽轮机的排汽管。

汽轮机的级：是由一列喷嘴叶栅和其后紧邻的一列动叶栅构成的基本工作单元。表明做功蒸汽进行能量转换的场所。

级的理想热力过程：无不可逆损失的等熵过程。表明蒸汽进行能量转换过程中，没有能量损失。

实际过程：存在着不可逆摩擦损失，动能损失转变为热能。表明蒸汽进行能量转换过程中，存在能量损失，即高品位能量贬值为低品位能量。

喷嘴（或动叶）效率：喷嘴实际焓降与理想焓降之比。表明蒸汽热力学能转换成动能的份额。

喷嘴临界状态：汽流速度等于当地声速的状态。表明蒸汽的流动状态。

反动度或反动率：动叶中的理想焓降与级的可逆绝热焓降之比，用 Ω_m 来表示，即 $\Omega_m = \Delta h_b / \Delta h_t^0 \approx \Delta h_b /（\Delta h_n^0 + \Delta h_b）$。表明蒸汽在动叶通道中的膨胀程度，反动力由此产生。

纯冲动级：$\Omega_m = 0$，汽流在动叶通道中不膨胀，动叶为等截面通道，动叶进出口处压力和汽流的相对速度相等的级。

反动级：$\Delta h_n = \Delta h_b = \Delta h_t$，即动、静叶中焓降、增速相等，叶型相同的级。

冲动级：膨胀主要发生于喷嘴中，一般 $\Omega_m = 0.05 \sim 0.30$ 的级。表明蒸汽在静叶中的膨胀程度大于动叶。

复速级：由固定的喷嘴叶栅、导向叶栅和安装在同一叶轮上的两列动叶栅所组成，且蒸汽的动能分为两次转换为机械能的级，又称双列速度级。该级具有蒸汽的整级焓降较大、余速损失较小的特点。

四种级的类型和特点，见表 1-1。

表 1-1　　四种级的类型和特点

级	反动度	级的结构	做功能力（比焓降）	效率
纯冲动级	$\Omega_m = 0$	隔板叶轮型	较高	较低
反动级	$\Omega_m = 0.5$	转鼓型	最低	最高
冲动级	$\Omega_m = 0.05 \sim 0.3$	隔板叶轮型	较低	较高
复速级	$\Omega_m = 0.05 \sim 0.3$	隔板叶轮型	最高	最低

速度系数：在喷嘴（动叶）的实际流动过程中，因蒸汽黏性所产生的摩擦等损失，使蒸汽出口速度比理想的过程低，则实际与理想速度的比值称为速度系数。表明蒸汽在级内流动过程中能量损失的程度。

滞止参数：相对于叶栅通道速度为零时的气流热力参数，用上角标“0”表示。表明做功蒸汽以假设静止状态进入级时所具有的热力学参数。

临界状态：汽流速度等于当地声速时的状态。临界状态下的所有参数称为临界参数。表明蒸汽流动状态。

流量系数：喷嘴的实际流量与理想流量的比。表明对蒸汽以理想状态下进入喷嘴时的流量修正，以反映实际流量的多少。

彭台门系数：喷嘴的实际流量与喷嘴临界流量之比。该参数用于判别喷嘴是否达到临界状态。

极限膨胀压力：蒸汽在喷嘴斜切部分的膨胀程度取决于背压，斜切部分的膨胀能力全部用完，即斜切部分达到极限膨胀，此时的喷嘴出口压力称为极限膨胀压力。表明蒸汽在喷嘴中膨胀能力达到最大。

轮周力：作用在动叶上的汽流力的切向分力。表明蒸汽热力学能转换成旋转机械功的部分。

轮周功率 P_u：单位时间内蒸汽推动叶轮旋转所做出的机械功称为轮周功率。表明单位时间有效能转换成的功。

轮周效率 η_u：1kg 蒸汽所做出的轮周功 W_u 与蒸汽在该级所消耗的理想能量 E_0 之比称为

级的轮周效率。仅考虑轮周损失时，热力学能转换成有效功的份额。

余速利用系数：μ_0表示本级利用上一级的余速动能的份额；μ_1表示本级余速动能被下一级所利用的份额。

速比：轮周速度与喷嘴出口绝对速度的比值，$x_1=u/c_1$。

级假想速度：假设级的滞止理想比焓降全部转换为动能时的速度，其计算式为 $c_a=\sqrt{2\Delta h_t^0}$。

假想速比：轮周速度与级假想速度之比，$x_a=u/c_a$。为便于计算速比而假设的。

最佳速比：对应于最高轮周效率的速比。表明轮周效率是否最大的判据。

级内损失：与级内蒸汽的能量转换有直接联系的损失。表明蒸汽在级内做功过程中所存在的各种能量损失。

级的相对内效率：级的有效比焓降 Δh_i 与理想能量 E_0之比称为级的相对内效率，简称级效率。表明级的能量转换的完善程度。

叶型损失 ξ_p：指平面气流绕流叶栅时的能量损失。表明叶片形状即汽固耦合过程，对流场的影响所造成的能量损失。

端部损失 ξ_e：端面边界层中的摩擦损失、补偿流动损失和对涡损失的总和。表明边界层和端部流场变化造成的能量损失。

叶高损失 δh_l：是端部损失的一种情况，本质上仍是蒸汽在喷嘴和动叶内的流动损失。其大小取决于叶片高度。认为叶片高度足够高时，该项损失可忽略。反映叶片的高度对级内损失的影响。叶高损失和端部损失是从两角度说明的，即端部损失主要是从机理角度表述的，叶高损失是从叶片的高度而言的。

扇形损失 δh_θ：因叶栅的相对节距 t/b 不是常数及出口汽流在轴向间隙中存在着压力梯度而造成的流动损失。由于叶片安装在圆轴上，造成叶片节距沿叶高不等带来的能量损失。主要表现为蒸汽在径向存在着流动。

叶轮摩擦损失 δh_f：因叶轮两侧及围带表面的粗糙度引起的摩擦和子午面内的涡流运动造成的损失。表明蒸汽流经叶轮及围带表面时因黏性引起流场变化造成的能量损失。

部分进汽：喷嘴叶栅不是整圈布置，而是只占据部分圆周，这种布置称为部分进汽。表明蒸汽在圆周上的有效进汽面积减少了。

部分进汽度：进汽部分的弧段长度与整个圆周长度的比值。表明圆周上的有效进汽面积占全周面积的份额。

部分进汽损失 δh_e：由部分进汽造成的损失，该损失由鼓风损失和斥汽损失两部分构成。鼓风损失发生在不装喷嘴的弧段内；斥汽损失发生在装有喷嘴的弧段内。

漏汽损失 δh_δ：不经动叶通道的蒸汽在本级少做的功和隔板漏汽进入动叶时扰乱主流场所造成的做功损失。表明级内动、静间隙对能量转换的影响。

湿汽损失 δh_x：工作于湿蒸汽区的级，由于蒸汽中含有水分，干蒸汽的能量转换也将受到一定的影响，表现为一种能量损失。主要是由过饱和现象、挟带、制动、扰流和工质损失等原因造成的。表明因蒸汽湿度而造成的能量损失。湿度越大，损失就越多，安全性就越差。

子午面：通过汽轮机轴心的 rz 平面。表明蒸汽流动时不同半径上流线的集合。

可控原理：由完全径向平衡方程导出的、反动度沿叶高的变化可以控制的叶片设计原理，是叶型设计的基本理论。

弯扭叶片：将叶片的弯与扭合理匹配，也称之为“马刀形”叶片。通过三维汽固耦合设计，很好地改善了叶片内蒸汽的流场，能够实现能量高效率转换的叶片。

1.3 重点与难点解析

1.3.1 基本原理

1. 蒸汽在级内能量的转换过程

蒸汽在喷嘴中降压增速，热力学能转变为汽流的动能。在动叶中，一方面继续降压增速，热力学能转变为汽流的动能；另一方面汽流在动叶中改变运动方向，将动能转换成转子的旋转机械能。

2. 蒸汽实现热功转换的条件

蒸汽需具有一定的可用热能且有压差存在；具有合理的汽流通道结构，两个条件缺一不可。

3. 动、静叶栅几何参数

平均直径 d_m、叶片高度 l、叶栅节距 t、叶栅宽度 B、叶栅通道进口宽度 a、出口宽度 a_1 和 a_2、叶型弦长 b 和出口边厚度、出口汽流角。

4. 速度三角形

动叶旋转的圆周速度 u、喷嘴出口蒸汽绝对速度 c_1 和动叶进口的相对速度 w_1，三者构成动叶进口速度三角形［见图 1-1（a）］，即

$$\boldsymbol{w}_1 = \boldsymbol{c}_1 - \boldsymbol{u} \tag{1-1}$$

动叶出口的绝对速度 c_2 和相对速度 w_2，二者与圆周速度 u 构成动叶出口速度三角形［见图 1-1（a）］，即

$$\boldsymbol{c}_2 = \boldsymbol{w}_2 + \boldsymbol{u} \tag{1-2}$$

如图 1-1 所示，β 为旋转平面与相对速度 $\boldsymbol{w}$ 的夹角；α 为旋转平面与绝对速度 $\boldsymbol{c}$ 的夹角。为方便表示，常将动叶进、出口蒸汽速度三角形绘在一起［见图 1-1（b）］。

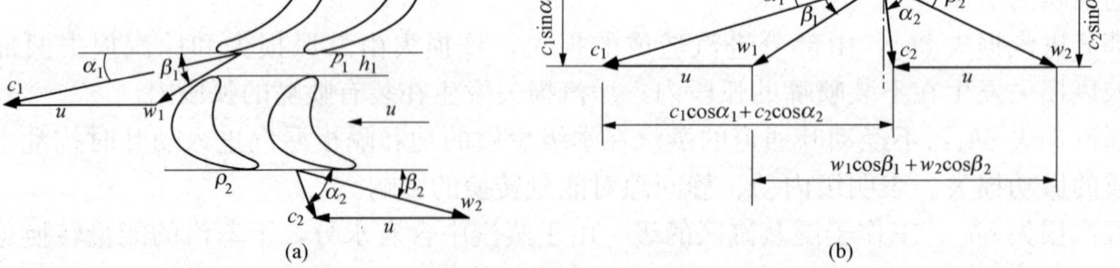

图 1-1 动叶进出口蒸汽速度三角形

速度三角形主要用于设计叶型、确定喷嘴或动叶的蒸汽参数、与做功的定量关系及热力计算。要掌握速度三角形计算的要点，并能画出不同类型级的速度三角形。

5. 蒸汽在级内做功的热力过程线

蒸汽在动、静叶栅中膨胀做功过程，可在 h-s 图上的表示，如图 1-2 所示。注意：滞

止参数的表示方法及反动度不同时，压力线 p_1 和 p_2 间的距离也反映了不同级型的热力过程间的区别。当反动度为零时，$p_1 = p_2$。要着重掌握每条线的物理含义。

6. 级的简化一元流模型和基本方程式

（1）简化的一元流模型。

基本假设：①流动是稳定的；②流动是绝热的；③流动是一元的；④工质是理想气体。

（2）基本方程式。

连续性方程　$$Gv = Ac \tag{1-3}$$

能量方程　$$h_0 + \frac{1}{2}c_0^2 = h_1 + \frac{1}{2}c_1^2 + w \tag{1-4}$$

过程方程　$$pv = R_g T \tag{1-5}$$

这是叶片实现能量转换所依据的最基本理论。

1.3.2　蒸汽在级内流动过程

蒸汽若实现将热力学能转换成机械能，必须流经级内的喷嘴和动叶。因此，必须掌握蒸汽的状态变化及级的通流特性、通流能力等问题。

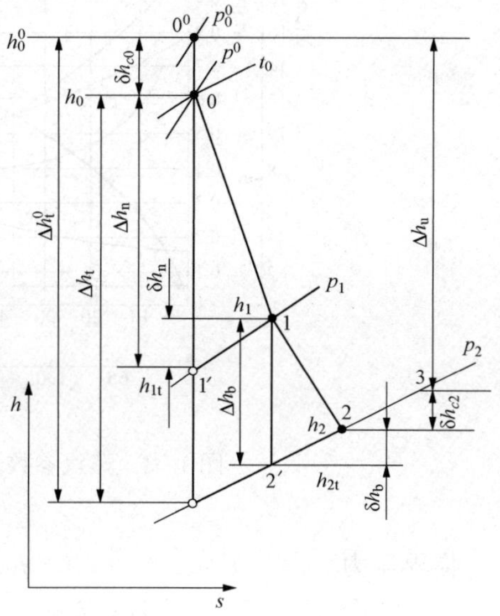

图 1-2　蒸汽在级内做功热力过程线

1. 蒸汽在喷嘴中的膨胀过程

喷嘴出口汽流速度 $$c_{1t} = \sqrt{2(h_0 - h_{1t}) + c_0^2} = \sqrt{2(h_0^0 - h_{1t})} = \sqrt{2\Delta h_n + c_0^2} = \sqrt{2\Delta h_n^0} \tag{1-6}$$

对于理想气体，喷嘴出口汽流速度：$c_{1t} = \sqrt{\frac{2\kappa}{\kappa-1}p_0^0 v_0^0 (1-\varepsilon_n^{\frac{\kappa-1}{\kappa}})}$，其中 $\varepsilon_n = \frac{p_1}{p_0^0}$ 为喷嘴压比，即喷嘴后压力与喷嘴前滞止压力之比；κ 为绝热指数。若做功的工质为实际气体，绝热指数为一经验数值。如过热水蒸气为 1.3，干饱和水蒸气为 1.135，湿蒸汽为 $1.038+0.1x$（x 为干度）。

蒸汽在喷嘴的实际流动过程中，黏性所产生的摩擦等损失使蒸汽出口速度由 c_{1t} 变为 c_1 即 $c_1 = \varphi c_{1t} = \varphi\sqrt{2\Delta h_n^0}$，$\varphi$ 称为喷嘴速度系数。

喷嘴损失　$$\delta h_n = \frac{c_{1t}^2}{2} - \frac{c_1^2}{2} = (1-\varphi^2)\frac{c_{1t}^2}{2} = (1-\varphi^2)\Delta h_n^0 \tag{1-7}$$

喷嘴相对效率　$$\eta_n = \varphi^2 \tag{1-8}$$

蒸汽在喷嘴内流动应为多变过程，其多变指数和 φ 与 κ 的关系为 $n = \frac{\kappa}{\kappa + \varphi^2(1-\kappa)}$。

渐缩喷嘴速度系数 φ，当叶片高度 $l_n \geqslant 50$mm 时，$0.96 \leqslant \varphi \leqslant 0.98$；$l_n < 50$mm 时，$0.92 \leqslant \psi \leqslant 0.96$（$\psi$ 为动叶的速度系数）。通常取平均值。喷嘴中蒸汽参数、流速与等比熵比焓降的关系，如图 1-3 所示。

2. 喷嘴中汽流的临界状态

汽流在喷嘴中的状态及相应参数，对研究级的工作特性有重要意义。当蒸汽汽流达到临界状态时，对应的主要参数包括：

临界速度　$$c_{1c} = \sqrt{\frac{2\kappa}{k+1}p_0^0 v_0^0} \tag{1-9}$$

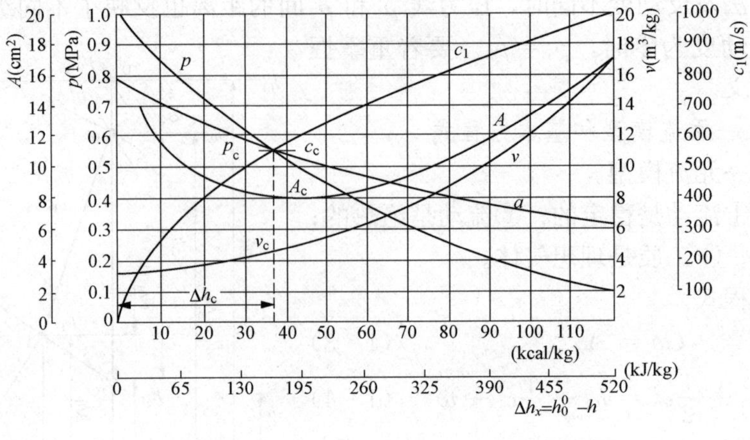

图 1-3 蒸汽参数、流速与等比熵、比焓降之间的关系

临界压力 $$p_{1c}=p_0^0\left(\frac{2}{\kappa+1}\right)^{\frac{\kappa}{\kappa-1}} \tag{1-10}$$

临界压比 $$\varepsilon_{nc}=\frac{p_{1c}}{p_0^0}=\left(\frac{2}{\kappa+1}\right)^{\frac{\kappa}{\kappa-1}} \tag{1-11}$$

彭台门系数 $$\beta=\frac{G_n}{G_{nc}} \tag{1-12}$$

喷嘴理想的通流能力 $$G_{nt}=\frac{A_n C_{1c}}{v_{1t}} \tag{1-13}$$

临界速度、临界压力、临界压比只取决于汽流进口的初参数或滞止参数及绝热指数，而绝热指数与工质的物性有关。因此，工质一旦确定，上述参数仅与汽流进口的初参数或滞止参数有关；当通流面积一定时亦然。故当工质和通流面积确定后，临界参数和通流能力仅与喷嘴入口处汽流状态参数有关。而彭台门系数反映了喷嘴的实际流量与临界流量间的关系，同时也可以作为汽流是否达到临界的判据。当 $\beta=1$ 时，汽流为临界状态；当 $\beta<1$ 时，汽流为亚临界状态。

汽流的实际通流能力并不等于理想情况下的，其间存在一个流量系数，即 $G_n=\mu_n G_{nt}$。流量系数与速度系数、理想和实际状态下的比体积有关，即 $\mu_n=\varphi v_{1t}/v_1$。由于汽轮机采用水蒸气为工质，其做功时有过热和湿蒸汽两种状态。因此，当水蒸气为过热状态时，喷嘴损失所引起的比体积变化不大，即 $v_{1t}\approx v_1$，故 $\mu_n\approx\varphi=0.97$；当水蒸气为湿蒸汽状态时，由于蒸汽通过喷嘴的时间极短，有一部分应凝结的饱和蒸汽来不及凝结，出现凝结滞后的过饱和现象，即大部分蒸汽没有获得这一部分蒸汽凝结时应放出的汽化潜热，故整个蒸汽温度较低。使实际蒸汽比体积小于理想比体积，造成实际通流能力大于理想情况，此时取 $\mu_n=1.02$。因此，考虑流量系数后，无论蒸汽状态是过热还是湿饱和，实际通流能力计算式为

$$G_n=\mu_n A_n\sqrt{\frac{2\kappa}{\kappa-1}\frac{p_0^0}{v_0^0}\left[1-(p_1/p_0^0)^{\frac{\kappa-1}{\kappa}}\right]} \tag{1-14}$$

3. 蒸汽在喷嘴斜切部分内的膨胀

汽轮机叶栅通道成弯曲渐缩型，在喉部后形成斜切出口通道称为斜切部分。它的存在极大地改变了叶栅通道的流动特性，也为保证喷嘴出口汽流进入动叶时具有良好的方向性。实

际汽轮机叶片都具有该特性。

由于喷嘴带斜切部分，故从入口至喉部可视为渐缩喷嘴，汽流最大流速至当地声速；从喉部至出口可视为渐放，若汽流不膨胀，依然可视为渐缩喷嘴。若汽流继续膨胀，则可加速至超声速，同时产生偏转角。当膨胀至出口，速度、偏转角均达到最大，此时出口压力为极限膨胀压力。出现偏转角是汽流以喉部处叶片后缘点为驻点，另一叶片的壁面阻挡，使汽流在膨胀至出口过程中，流动方向发生偏转。

带斜切的喷嘴的最小面积并不在出口。因此，具有缩放喷嘴的特性，可以将汽流加速至超声速。由于渐缩喷嘴的实用压比一般都在 0.45 以上（此时喷嘴效率较高，详见第三章），所以斜切部分的膨胀程度远小于极限膨胀，相应的偏转角只有 1°～2°。在多数情况下，对整级的工作影响不大，可达到略大于声速的效果，提高了汽流的流动效率，便于设计和制造，同时降低了成本。

4. 蒸汽在动叶通道中的流动过程

动叶通道形状与喷嘴通道相似，不同之处是动叶以圆周速度 u 旋转。因此，只要把喷嘴的蒸汽参数换成动叶的相对参数，有关喷嘴的结论可用在动叶上，而动叶相对参数主要指相对速度，即

动叶入口汽流的相对速度 $$w_1=\sqrt{c_1^2+u^2-2c_1u\cos\alpha_1} \tag{1-15}$$

动叶出口汽流的理想相对速度 $$w_{2t}=\sqrt{2\Delta h_b+w_1^2}=\sqrt{2\Omega_m\Delta h_t^0+w_1^2}=\sqrt{2\Delta h_b^0} \tag{1-16}$$

与喷嘴相似，用速度系数 ψ 计算动叶出口蒸汽实际相对速度，即

实际相对速度 $$w_2=\psi w_{2t}=\psi\sqrt{2\Delta h_b^0} \tag{1-17}$$

动叶能量损失 $$\delta h_b=\frac{w_{2t}^2}{2}-\frac{w_2^2}{2}=(1-\psi^2)\frac{w_{2t}^2}{2}=(1-\psi^2)\Delta h_b^0 \tag{1-18}$$

动叶相对效率 $$\eta_b=\psi^2 \tag{1-19}$$

汽流以绝对速度 c_2 流出动叶时，这部分动能不能被该级利用称其为余速损失，即 $\delta h_{c_2}=0.5c_2^2$。

1.3.3　级的轮周功率和轮周效率

动叶栅产生的轮周功体现了整级的能量转换过程。衡量这个过程的完善程度的指标是轮周效率。减小轮周损失、提高轮周效率，是提高级乃至汽轮机整体效率的基础。因此，应掌握如何使轮周效率达到最佳的条件。

1. 蒸汽作用在动叶栅上的力、轮周功率

汽流对动叶在圆周方向上的作用力 F_u（轮周力）为实际做功的力，其计算式为

$$F_u=G(c_1\cos\alpha_1+c_2\cos\alpha_2)=G(w_1\cos\beta_1+w_2\cos\beta_2) \tag{1-20}$$

汽流对动叶在轴向上的作用力 F_{zs}（轴向力），对做功而言是无效的力，对机组安全运行有影响，其计算式为

$$F_{zs}=G(c_1\sin\alpha_1-c_2\sin\alpha_2)=G(w_1\sin\beta_1-w_2\sin\beta_2) \tag{1-21}$$

蒸汽的总轴向力应是汽流轴向力和压差力的总和。设动叶压差作用有效面积为 A_z，则总的轴向力 $F_z=F_{zs}+A_z(p_1-p_2)$。轴向力使汽轮机转子轴向产生移动，故采用轴向推力轴承对转子进行轴向定位。为减少推力轴承载荷，采用合理的汽缸布置或设置轴向力平衡装置是十分必要的。

轮周功率 P_u

$$P_u = F_u \times u = Gu(c_1\cos\alpha_1 + c_2\cos\alpha_2) = Gu(w_1\cos\beta_1 + w_2\cos\beta_2) \tag{1-22}$$

1kg 蒸汽产生的轮周功 w_u 等于级的轮周有效比焓降 Δh_u，其计算式为

$$w_u = \frac{P_u}{G}u(w_1\cos\beta_1 + w_2\cos\beta_2) = u(c_1\cos\alpha_1 + c_2\cos\alpha_2) \tag{1-23}$$

对于冲动级，由于动叶转折（即汽流通道弯曲度）较大，所以 β_1 和 β_2 较小，做功能力较大；而对于反动级，由于动叶转折较冲动级小，所以 β_1 和 β_2 较大，做功能力较小。

2. 轮周效率

对于多级汽轮机，本级余速动能可被下一级部分或全部利用，其利用程度用余速利用系数 μ 表示。μ_0 表示本级利用上一级的余速动能的份额。本级进口利用上一级的动能为 $\delta h_{c_0} = \mu_0(\delta h_{c_2})_{abv}$，$(\delta h_{c_2})_{abv}$ 是上一级的余速动能；μ_1 表示本级余速动能被下一级所利用的份额。考虑余速利用后，本级理想能量 E_0 应是本级滞止理想比焓降 Δh_t^0 减去被下一级利用的余速动能 $\mu_1\delta h_{c_2}$，即

$$E_0 = \delta h_{c_0} + \Delta h_t - \mu_1\delta h_{c_2} = \Delta h_t^0 - \mu_1\delta h_{c_2} \tag{1-24}$$

以能量平衡方式表示的轮周效率 $$\eta_u = \frac{W_u}{E_0} = \frac{\Delta h_t^0 - \delta h_n - \delta h_b - \delta h_{c_2}}{E_0} \tag{1-25}$$

喷嘴损失系数 $$\xi_n = \frac{\delta h_n}{E_0} \tag{1-26}$$

动叶损失系数 $$\xi_b = \frac{\delta h_b}{E_0} \tag{1-27}$$

余速损失系数 $$\xi_{c_2} = \frac{\delta h_{c_2}}{E_0} \tag{1-28}$$

轮周效率与各损失系数的关系 $$\eta_u = 1 - [\xi_n + \xi_b + (1-\mu_1)\xi_{c_2}] \tag{1-29}$$

3. 轮周效率与速比的关系

在汽轮机设计中，当整机的初、终参数和流量确定后，可根据经验和现有技术水平确定首级、末级的平均直径和叶高。通过选取级数和级焓降如何分配，来保证对应级平均直径下，级轮周效率最高。由轮周效率定义可知：当喷嘴出口汽流速度一定时，影响轮周效率的主要因素是动叶损失和余速损失。由速度三角形可知，当轮周速度改变时，喷嘴损失不变，动叶进、出口相对速度及出口绝对速度随轮周速度变化而变化，从而使轮周效率发生变化。因此，轮周速度与喷嘴出口汽流速度间的比，对轮周效率影响很大。汽轮机级的平均直径确定后，轮周速度则为定值。通常以最佳速比作为衡量指标，进行焓降分配，使轮周效率达到最大。

（1）纯冲动级。

1）上一级和本级余速不被利用。在纯冲动级中，$\Omega_m = 0$，所以 $w_{2t} = w_1$，即 $w_2 = \psi w_{2t} = \psi w_1$，$c_a = c_{1t}$。假设不利用上一级余速，本级余速也不被下一级利用，$\mu_0 = \mu_1 = 0$，则轮周效率为

$$\eta_u = \frac{2u(c_1\cos\alpha_1 + c_1\cos\alpha_2)}{C_{1t}^2} = \frac{2u(w_1\cos\beta_1 + w_2\cos\beta_2)}{C_{1t}^2} = \frac{2u}{C_{1t}^2}w_1\cos\beta_1\left(1 + \psi\frac{\cos\beta_2}{\cos\beta_1}\right) \tag{1-30}$$

由速度三角形，并整理式（1-30）得

$$\eta_u = 2\varphi^2 x_1(\cos\alpha_1 - x_1)\left(1 + \psi\frac{\cos\beta_2}{\cos\beta_1}\right) \tag{1-31}$$

由式（1-31）可知，速度系数 φ 和 ψ 越大，轮周效率就越高。因此，应尽量改善叶栅的气动特性以提高速度系数 φ 和 ψ。适当减小 α_1 和 β_2 也可以提高轮周效率。但过分减小 α_1 和 β_2，由于汽道的弯曲程度增大，流动恶化，使轮周效率降低。叶型一经选定，φ 和 ψ，α_1 和 β_2 的数值也确定了，这样，轮周效率只随速比的变化而变化，所以最佳速比可通过函数式求极值的方法得到，即

$$(x_1)_{op} = \frac{\cos\alpha_1}{2} \tag{1-32}$$

为了计算方便，常用假想速比 $x_a = \dfrac{u}{c_a}$ 代替 $(x_1)_{op}$，$c_a = \sqrt{2\Delta h_t^0}$。最佳速比与假想速比的关系为

$$(x_a)_{op} = \varphi(x_1)_{op} = \frac{\varphi\cos\alpha_1}{2} \tag{1-33}$$

2）余速利用。轮周效率为

$$\eta_u = \frac{2x_a(\varphi\cos\alpha_1 - x_a)(1+\psi)}{1-\mu_1[\varphi^2\psi^2 + x_a^2(1+\psi)^2 - 2x_a\varphi\psi(1+\psi)\cos\alpha_1]} \tag{1-34}$$

则最佳速比为

$$(x_a)_{op} = K - \sqrt{K(K-\varphi\cos\alpha_1)} \tag{1-35}$$

其中，$K = \dfrac{1-\mu_1\varphi^2\psi^2}{\mu_1\varphi(1-\psi^2)\cos\alpha_1}$。

余速利用后，使级理想能量减小，在相同汽流参数下，提高了级的轮周效率，如图 1-4 所示。综合分析得知如下结论：

a. 增大了轮周效率；

b. 使在最佳速比附近对轮周效率的灵敏性下降，提高了适应工况变化的能力；

c. 使速比 $(x_a)_{op}$ 相对于不利用时向增大方向移动；

d. 使轮周效率失去了相对于最高点的对称性。

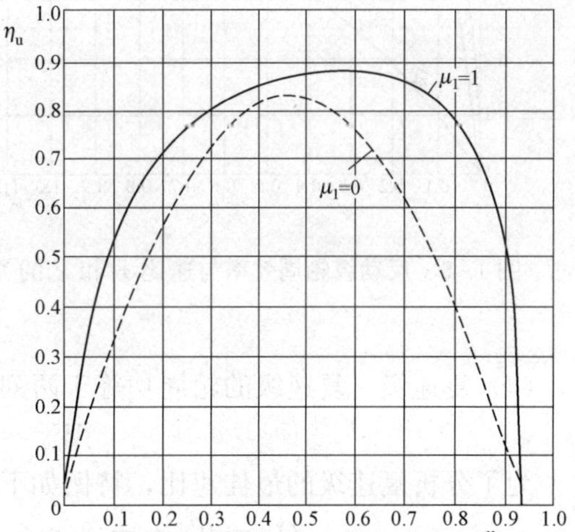

图 1-4　余速利用对轮周效率及最佳速比的影响

（2）反动级。对于典型反动级，喷嘴与动叶中的比焓降相等，即反动度为 0.5。

为了制造方便，喷嘴与动叶采用同一叶型，称为镜面映射叶片，即 $\alpha_1 = \beta_2$，$w_2 = c_1$。此时喷嘴与动叶的速度系数相等，即 $\varphi = \psi$；设余速动能全部为下一级所利用，即 $\mu_1 = 1$。用解析法可求反动级的轮周效率与速比的关系，即

$$\eta_u = \frac{1}{1 + \dfrac{\dfrac{1}{\varphi^2} - 1}{x_1(2\cos\alpha_1 - x_1)}} \tag{1-36}$$

反动级的最佳速比为

$$(x_1)_{op} = \cos\alpha_1 \tag{1-37a}$$

反动级的最佳假想速比为

$$(x_a)_{op} = \cos\alpha_1 / \sqrt{\cos^2\alpha_1 + 2/\varphi^2 - 1} \tag{1-37b}$$

反动级的轮周效率在最大值附近变化平稳，速比变化不易引起效率明显下降，如图 1-5 所示。反动级最佳速比大于纯冲动级。在 u 相同时，比纯冲动级做功能力小，故级数要多。

（3）冲动级。冲动级的反动度一般为 0.05～0.30。对于余速可被利用的冲动级，根据速度三角形和该级的特点，可推导出轮周效率的表达式为

$$\eta_u = \frac{2x_a(\varphi\sqrt{1-\Omega_m}\cos\alpha_1 + \psi\varphi\cos\beta_2 - x_a)}{1-\mu_1\psi^2\varphi^2 - 2x_a\psi\varphi\cos\beta_2 + x_a^2} \tag{1-38}$$

冲动级的最佳速比和反动度同向变化，且与余速的利用程度有关，余速利用系数越小，最佳速比随反动度而变化的程度就越大，如图 1-6 所示。

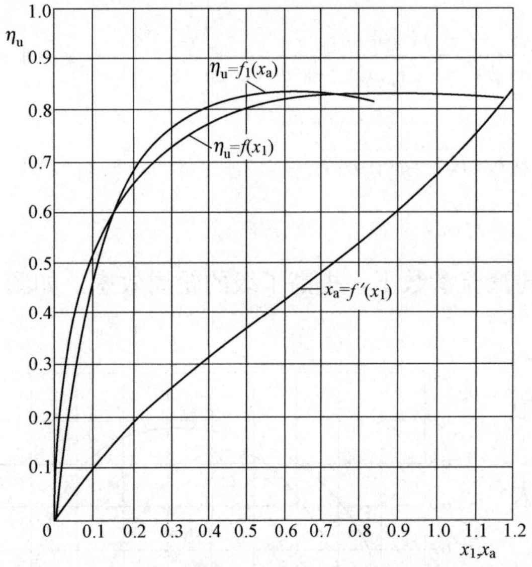

图 1-5　反动级轮周效率与速比 x_1 和 x_a 的关系

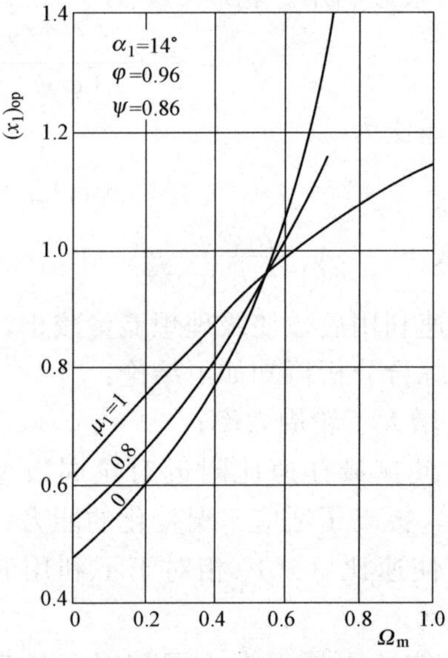

图 1-6　冲动级最佳速比与反动度和余速利用系数之间的关系

（4）复速级。复速级的轮周功等于两列动叶栅轮周功之和，即

$$W_u = W_u^{\mathrm{I}} + W_u^{\mathrm{II}}$$

为了分析复速级的最佳速比，特做如下简化：

$$\Omega_m = 0,\ \beta_1 = \beta_2,\ \alpha_2 = \alpha_1',\ \beta_1' = \beta_2',\ \psi = \psi_{gb} = \psi'$$

因为复速级常单独做成多级汽轮机的调节级，故余速利用系数 $\mu_1 = 0$，复速级的轮周效率则为

$$\eta_u = \frac{W_u}{E_0} = 8\varphi^2 x_1(\cos\alpha_1 - 2x_1) \tag{1-39}$$

或 $\eta_u = 8x_a(\varphi\cos\alpha_1 - 2x_a)$，则最佳速比为

$$(x_1)_{op} = \frac{1}{4}\cos\alpha_1 \tag{1-40}$$

$$(x_q)_{op} = \frac{1}{4}\varphi\cos\alpha_1 \tag{1-41}$$

在各自的最佳速比下，复速级的轮周效率一定比单级的低得多。因为它不但增加了导叶和第二列动叶中的能量损失，而且使第一列动叶中的损失增大。但复速级也具有一定的优点：在圆周速度相等时，能承担比单列级大得多的理想比焓降，故采用复速级能使汽轮机的级数减少，结构紧凑；当作为多级汽轮机调节级时，蒸汽压力、温度在该级下降较多，缩小了汽轮机在高温高压蒸汽下工作区域，不仅能节省高温材料、降低制造成本，而且有利于改善汽轮机的变工况性能。

通过速比与比焓降（$\Delta h_t^0 = 0.5u^2/x_a^2$）之间的关系可知，在轮周速度一定时，速比越大，级的焓降就越小。由此表明：在相等轮周速度下，反动级的焓降小于冲动级，冲动级的焓降小于复速级。这样，反动式机组的整机级数明显多于冲动式机组。在相同的圆周速度 u、喷嘴速度系数和出口汽流角及各自的最佳速比的条件下，三种典型级的焓降比约为

$$(\Delta h_t^0)_{\text{纯冲动}} : (\Delta h_t^0)_{\text{反动}} : (\Delta h_t^0)_{\text{复速}} \approx 2:1:8 \tag{1-42}$$

1.3.4　叶栅的气动特性

在蒸汽热力学能转变为轮周功的过程中，存在着喷嘴损失、动叶损失和余速损失。喷嘴和动叶损失是汽流流动产生的。揭示其产生的物理原因及影响因素，是减少损失，提高能量转换效率的主要途径。

大量试验表明，叶栅的能量损失是由叶型损失（汽流绕流平面叶栅时产生的能量损失）和端部损失（汽流流过叶顶及叶根边界区域时产生的能量损失）组成的。通道内边界层厚度与发展是造成损失的主要机理。动、静叶栅的叶型和叶端损失是级损失的主要部分。叶栅的几何参数和汽流参数对能量损失的大小起着决定性的作用。叶栅损失及其主要影响因素见表 1-2。

表 1-2　叶栅损失及其主要影响因素

叶栅损失	损失名称	机理	影响因素
叶型损失	边界层摩擦损失	边界层的摩擦	表面粗糙度、边界层的厚度
	边界层脱离的涡流损失	边界层增厚，脱离，形成涡流	边界层的发展、进汽角和相对节距等
	尾迹损失	出口边缘厚度形成的流场不均，汽流补偿流动造成动能损失	出口边缘厚度
	冲波损失	局部扩压造成部分超速，然后产生冲波	边界层的厚度与发展、汽流的进口角
叶端损失	边界层摩擦损失	边界层中摩擦	表面粗糙度端部边界层厚度
	二次流	弯曲通道中汽流转向产生的离心力，在端部形成内弧指向背弧的二次流主流的补偿流在背弧的端部出口产生对涡，造成补偿流损失和对涡流损失	叶片高度、叶片端部子午面的形状

叶栅的汽流出口角是最重要的特性参数之一，直接影响着叶栅的通流能力和做功能力。

当相对节距和安装角增加会导致边界层增厚，使出口汽流角增大，致通流能力下降，做功能力变差。

马赫数对叶栅特性的影响。因蒸汽具有可压缩性，当叶栅在马赫数 $Ma>0.3$ 的条件下工作时，压力分布曲线、损失系数和汽流出口角都将随 Ma 的改变而变化，影响了叶栅特性，存在叶型损失系数最小的最佳马赫数。因此偏离最佳马赫数都会增加叶栅损失。

1.3.5 级内损失和级的相对内效率

1. 级内损失

理想情况下，汽轮机级内热力学能转换为最大机械功量等于蒸汽在级内的理想比焓降。实际由于级内存在着各种各样的损失，蒸汽的理想比焓降不可能全部转变为机械功。凡是级内与能量转换有直接联系的损失，称之为汽轮机级的内部损失，否则，则称为汽轮机的外部损失。

级内 9 项损失为喷嘴损失 δh_{n}、动叶损失 δh_{b}、余速损失 δh_{c2}、叶高损失 δh_l、扇形损失 δh_θ、叶轮摩擦损失 δh_{f}、部分进汽损失 δh_e、漏汽损失 δh_δ、湿汽损失 δh_x。

（1）叶高损失 δh_l。叶高损失也就是叶片的端部损失，本质上仍是喷嘴和动叶的流动损失。但在某些工程计算中，当计算喷嘴和动叶损失时，不考虑其高度的影响，认为叶片足够长，而达到无限高的程度时，端部损失为零。实际情况是叶片并不无限高，端部损失并不为零。因此，需在已计算出的喷嘴损失和动叶损失之外，另单独计算叶栅的端部损失，即为叶高损失。常用下列半经验式计算：

$$\delta h_l = \frac{a}{l}\Delta h_{\mathrm{u}} \tag{1-43}$$

式中：a 为试验系数，单列级 $a=1.2$（未包括扇形损失）或 $a=1.6$（包括扇形损失），双列级 $a=2$；l 为单列级的喷嘴高度，双列级为各列叶栅的平均高度，mm；Δh_{u} 为轮周比焓降，即扣除喷嘴、动叶、余速三项损失后的理想比焓降，kJ/kg。

（2）扇形损失 δh_θ。汽轮机中实际应用的是环列叶栅，与平面直叶栅相比，有两个特点：①叶栅的相对节距 t/b 不是常数，而是从内径向外径增加。这样除了平均直径处的相对节距为最佳外，其他各截面偏离最佳值，这就带来了流动损失。②叶栅出口汽流在轴向间隙中存在着压力梯度，即由内径向外径静压力逐渐增加，所以会产生径向流动损失。计算扇形损失的半经验式为

$$\delta h_\theta = 0.7\left(\frac{l_{\mathrm{b}}}{d_{\mathrm{b}}}\right)^2 E_0 \tag{1-44}$$

式中：l_{b} 为叶片高度，m；d_{b} 为叶片平均直径，m；E_0 为该级消耗的理想能量，kJ/kg。

（3）叶轮摩擦损失 δh_{f}。该损失由两部分组成：①叶轮两侧及围带表面的粗糙度引起的摩擦损失；②子午面内的涡流运动引起的损失。采用斯托多拉经验式计算，即

$$\delta h_\theta = \frac{K_1}{G}\left(\frac{u}{100}\right)^3 d_{\mathrm{m}}^2 \frac{1}{v} \tag{1-45}$$

式中：K_1 为经验系数，通常取 1.0～1.3；G 为级的质量流量，kg/s；d_{m} 为级的平均直径，m；v 为汽室中蒸汽的平均比体积，$\mathrm{m^3/kg}$。

（4）部分进汽损失 δh_e。喷嘴叶栅不是整圈布置，而是只占据部分圆周，这种布置称为部分进汽。如小汽轮机高压级和调节级需要采用部分进汽。常用装有喷嘴的弧段 $z_{\mathrm{n}}l_{\mathrm{n}}$ 与整个圆周长度 πd_{m} 的比值来表示部分进汽的程度称为部分进汽度：$e=z_{\mathrm{n}}l_{\mathrm{n}}/(\pi d_{\mathrm{m}})$。部分进汽

损失包括鼓风损失和斥汽损失：①鼓风损失发生在不装喷嘴的弧段内。通过动叶的携带作用，将蒸汽带入不装喷嘴的弧段内而造成的能量损失；②斥汽损失和鼓风损失相反，它发生在装有喷嘴的弧段内，是动叶携带的蒸汽排斥做功汽流并扰乱流场所消耗造成的能量损失。

计算鼓风损失的经验式为

$$\delta h_w = B_e \frac{1}{e}\left(1-e-\frac{e_c}{2}\right)^3 x_a^3 E_0 \tag{1-46}$$

式中：e为装有护罩的弧段长度与整个圆周长度之比；B_e的取值单列级为0.1～0.2，复速级为0.4～0.7。

计算斥汽损失经验式为

$$\delta h_s = C_e \frac{1}{e}\frac{s_n}{d_n} x_a E_0 \tag{1-47}$$

式中：s_n为喷嘴组数，若两组喷嘴间只相隔一个喷嘴节距，则可作为一组；d_n为喷嘴平均直径，m；C_e取值单列级为0.01～0.015，复速级为0.012～0.018。

部分进汽损失由式（1-46）和式（1-47）得

$$\delta h_e = \delta h_s + \delta h_w \tag{1-48}$$

（5）漏汽损失δh_δ。对于冲动级，存在隔板漏汽损失和叶顶漏汽损失两种漏汽损失。

1）隔板漏汽损失为隔板与叶轮间漏入的蒸汽，因叶轮上开设平衡孔，通过该孔流出的汽流没有做功，故为隔板漏汽损失。在动叶根部设置汽封片，设计时选取合理的反动度，使动叶根部不出现吸汽漏汽现象。计算隔板漏汽损失经验式为

$$\delta h_p = \mu_p A_p \frac{\sqrt{2\Delta h_n^0}}{\upsilon_{1t}\sqrt{z_p}} \times \frac{1}{G}\Delta h_i' \tag{1-49}$$

或

$$\delta h_p = \frac{A_p}{A_n\sqrt{z_p}}\Delta h_i' \tag{1-50}$$

上两式中：μ_p为汽封流量系数，通常取值0.7～0.8；A_P为汽封间隙面积，m^2，$A_P=\pi d_p \delta_p$，其中d_p为汽封齿的平均直径；δ_p为汽封间隙，m；υ_{1t}为汽封平均比体积，m^3/kg；z_p为汽封齿数；G为喷嘴通流量，kg/s；$\Delta h_i'$为不含漏汽损失时级的有效比焓降，$\Delta h_i' = \Delta h_i^0 - \Delta h_n - \Delta h_b - \Delta h_l - \Delta h_\theta - \Delta h_{c1}$；$A_n$为喷嘴通流面积，$m^2$。

2）叶顶漏汽损失为从动叶顶端流到下级面没有做功的蒸汽。通过减小间隙面积和两侧压差以降低此损失。如采用高低齿封。计算动叶顶部漏汽损失经验式为

$$\delta h_t = \frac{\mu_t \pi (d_b + l_b)\delta_t \sqrt{2\Omega_t \Delta h_t^0}}{G\upsilon_{2t}}\Delta h_i' \tag{1-51}$$

式中：μ_t为动叶顶部间隙流量系数，通常取值$0.6\mu_n$（μ_n为喷嘴流量系数）；d_b为动叶平均直径，m；Ω_t为动叶顶部反动度；δ_t为动叶顶部的当量间隙，m。

当量间隙的计算式为

$$\delta_t = \delta_z / \sqrt{1 + z_r(\delta_z/\delta_r)^2}$$

式中：δ_z为开式轴封间隙，m；δ_r为径向轴封间隙，m；z_r为叶顶径向汽封齿数；υ_{2t}为动叶顶汽封平均比体积，m^3/kg。

级的总漏汽损失由式（1-49）和式（1-51）得

$$\delta h_{\delta}=\delta h_{\rm p}+\delta h_{\rm t} \tag{1-52}$$

对于反动级，漏汽损失比冲动级大。因为①内径汽封的漏汽量比冲动级的隔板漏汽量大。这主要是因为内径汽封直径比隔板汽封直径大，而汽封齿数又比较少。②动叶前后的压差较大，所以叶顶漏汽量相当可观。漏汽损失也分两部分计算，其中隔板漏汽损失经验公式同冲动级，而计算叶顶漏汽损失经验式为

$$\delta h_{\rm t}=1.72\frac{\delta_{\rm r}^{1.4}}{l_{\rm b}}E_0 \tag{1-53}$$

级的总漏汽损失为式（1-49）或式（1-50）及式（1-53）代入式（1-52）所得。

（6）湿汽损失 δh_x。饱和蒸汽轮机的各级和普通凝汽式汽轮机的最后几级都工作于湿蒸汽区。由于水分存在，干蒸汽的工作也将受到一定的影响，产生湿汽损失的原因，有以下几个方面：

1）湿蒸汽的过饱和现象对级的能量转换所产生的影响表现为理想比焓降的减少。

2）湿蒸汽在膨胀过程中析出水珠，在汽水两相流动中，低速的水珠被高速的蒸汽挟带着流动，从而消耗了气流的一部分动能，称之为挟带损失。

3）水珠的速度小于汽相的速度，偏离动叶入口方向的水珠撞在动叶进口处的背弧上，产生了阻止叶轮旋转的制动作用，克服它就要消耗一部分有用功，称之为制动损失。

4）水珠撞在喷嘴进口处的壁面上，扰乱了主汽流，造成损失，称之为扰流损失。

5）采用捕水装置，当从级内排除部分液相的同时，都不可避免地伴随着一部分蒸汽同时被抽出汽轮机，造成工质损失。

计算湿汽损失经验式为

$$\delta h_x=(1-x_{\rm m})\Delta h'_{\rm ix} \tag{1-54}$$

式中：$x_{\rm m}$ 为级内蒸汽的平均干度；$\Delta h'_{\rm ix}$为不含湿汽损失时级的有效比焓降，kJ/kg。

湿汽损失与蒸汽的平均湿度（$1-x_{\rm m}$）成正比，湿度越大，损失也就越多，级的效率也就越低。为提高湿蒸汽级的效率并防止动叶被冲蚀损坏，一方面可采取有效的去湿方法，另一方面应提高叶片本身的抗冲蚀能力。

常用的去湿方法：①设置捕水口，即捕水室和疏水通道组成的级内捕水装置；②具有吸水缝的空心喷嘴；③采用空心喷嘴。

常用的提高动叶本身抗冲蚀能力采取的措施包括：采用耐冲蚀性能强的叶片材料（如钛合金）；在叶片进汽边背弧上镶焊硬质合金；叶片表面镀铬、局部高频淬硬、电火花强化、氮化等。

2. 级的相对内效率

级的有效比焓降 $\Delta h_{\rm i}$ 与理想能量 E_0之比称为级的相对内效率，简称级效率。计算式为

$$\eta_{\rm i}=\frac{\Delta h_{\rm i}}{E_0}=\frac{\Delta h_{\rm t}^0-\delta h_{\rm n}-\delta h_{\rm b}-\delta h_l-\delta h_\theta-\delta h_{\rm f}-\delta h_e-\delta h_\delta-\delta h_x-\delta h_{c_2}}{\Delta h_{\rm t}^0-\mu_1\delta h_{c_2}} \tag{1-55}$$

级的相对内效率表示级的能量转换的完善程度，是衡量其热经济性的一个重要指标。它的大小不仅与级的类型、叶型、反动度、速比和叶高有关，而且还与蒸汽的性质、级的结构特点有关。因此设计时只有合理地确定这些因素，才能获得较高的级效率。

3. 级内损失对最佳速比的影响

衡量级的能量转换完善程度的最终热经济指标是其相对内效率（即定熵效率），而不是

轮周效率。因此，能保证获得级的最高相对内效率的速比才是设计时应考虑的速比，用 $(x_a)'_{op}$表示。分析对应最高轮周效率的最佳速比 $(x_a)_{op}$与对应最高相对内效率的速比 $(x_a)'_{op}$两者之间的关系，实际上就是讨论轮周损失以外的其他级内损失对最佳速比的影响。当考虑级内其他各项损失的影响后，相对内效率的最大值低于轮周效率最大值，对应的最佳速度比值减小。通常冲动级 $x_a=0.46\sim0.52$；反动级 $x_a=0.65\sim0.7$；复速级 $x_a=0.22\sim0.24$。因此，只有按 $(x_a)'_{op}$设计才能保证级的相对内效率最高，同时也能使汽轮机的级数减少、质量减轻、节省金属材料，降低成本。

1.3.6　长叶片级

叶片的发展经历了三个阶段。在 20 世纪 40 年代以前，叶片都是做成直的，如图 1-7（a）所示。20 世纪 40 年代以后出现了扭叶片，如图 1-7（b）所示。直叶片、扭叶片的设计原理分别基于简单径向平衡法和完全径向平衡法，但两种方法都存在一些不足。20 世纪 60 年代初，苏联的费里鲍夫与我国的王仲奇共同提出了一种新型叶片的成型方法，即叶片的弯扭联合气动成型理论。叶片沿周向弯曲，实质上是增加了一个新的设计自由度，即叶片沿高度、沿周向变角度弯曲，如图 1-7（c）所示。它与原来设计的沿叶高变角度扭曲合理匹配，使流场进一步优化，即实现三维（3D）设计。

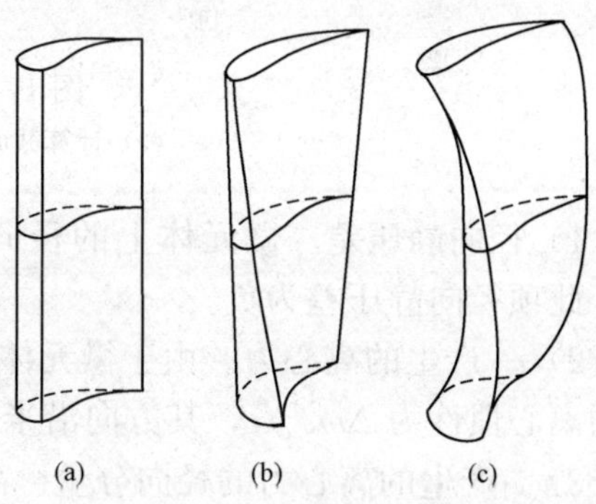

图 1-7　三种典型叶片

（a）直叶片；（b）扭叶片；（c）正弯扭叶片

在研究等截面直叶片时，认为汽流参数沿叶高和周向都不变，采用一元流动的方法进行分析。对于径高比 $\theta>8$ 的短叶片级，这种一元流理论可以获得满意的工程效果。短叶片级的设计常采用一元流的计算方法。

对于径高比较小，叶片很长的级，若仍以一元流理论为基础，不考虑汽流参数沿叶高的变化，设计成直叶片，就将产生多种附加损失，使效率下降。主要损失包括：①沿叶高圆周速度不同所引起的损失；②沿叶高节距不同所引起的损失；③轴向间隙中汽流径向流动所引起的损失。

1. 简化的一元流动模型和完全径向平衡方程

（1）简化的一元流动模型。蒸汽在汽轮机内的流动，实际上是一种黏性可压缩不稳定的极其复杂的三元流动。为了找出其中的流动规律，便于工程实践应用，应抓住主要矛盾，忽略次要因素，故作如下假设：①不考虑黏性对流体的影响，即把蒸汽作为理想气体处理；②流动是稳定的，汽流参数不随时间变化；③认为轴向间隙中的圆周流面是一个轴对称的任意回转面。

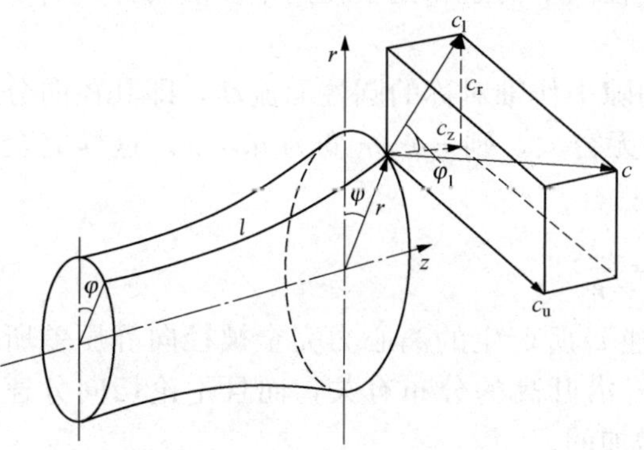

图 1-8　汽流在子午面上的分速度

（2）完全径向平衡方程。子午面为通过汽轮机轴心的 rz 平面，如图 1-8 所示。轴对称汽流的所有流面都是某一流线绕 z 轴旋转而成的任意旋转面。流面上任意一点的空间汽流速度 c 可以分解子午分速度 c_1 和切向分速度 c_u。因为 $c_1=\sqrt{c_r^2+c_z^2}$，所以 $c^2=c_r^2+c_z^2+c_u^2$。故空间流动的速度三角形是 $c_r\neq 0$ 的立体三角形。在轴向间隙中取出质量为 Δm 的微元体，其上所受到的径向力如图 1-9 所示。

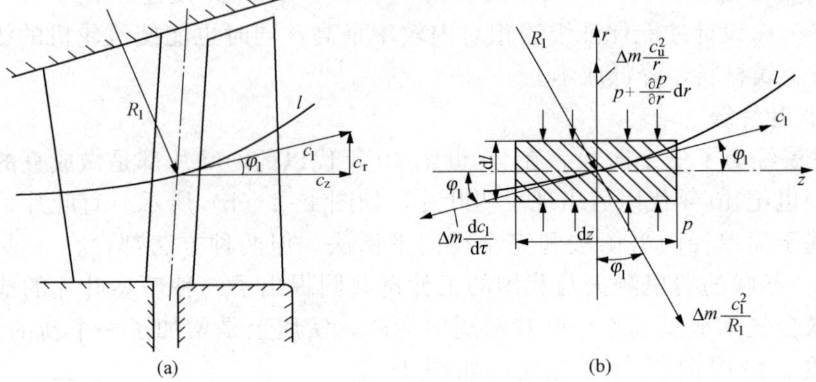

图 1-9 微元体径向受力分析

(a) 计算截面示意；(b) 微元体径向受力分析

1) 径向静压差。微元体上的径向压差为 $-r\mathrm{d}r\mathrm{d}\varphi\mathrm{d}z(\partial p/\partial r)$。负号表示当 $\partial p/\partial r$ 为正时，此项径向静压差为负。

2) c_u 产生的离心力。由于微元体有圆周方向的切向分速 c_u，必然引起向心加速度所产生的离心惯性力 $\Delta m c_u^2/r$，其方向沿半径向外。

3) c_1产生的离心力的径向分量。离心力的径向分量为 $-\Delta m(c_1^2/R_1)\cos\varphi_1$。

4) 子午向加速度产生的惯性力的径向分量。

惯性力的径向分量为 $-\Delta m(\mathrm{d}c_1/\mathrm{d}\tau)\sin\varphi_1$。完全径向平衡方程式为

$$\frac{1}{\rho}\frac{\partial p}{\partial r}=\frac{c_u^2}{r}-c_1^2\left(\frac{\cos\varphi_1}{R_1}+\frac{\sin\varphi_1}{c_1}\times\frac{\partial c_1}{\partial l}\right) \tag{1-56}$$

式 (1-56) 为流体在运动过程中径向静压差与各项离心力、惯性力的径向分量保持平衡的关系式。它表明流体压力沿叶高的变化规律与切向分速度沿叶高的分布和流线的形状。

扭叶片设计中普遍采用的径向平衡法有简单径向平衡法和完全径向平衡法两种。

2. 简单径向平衡法

(1) 简单径向平衡方程。假定汽流在轴向间隙中作轴对称的圆柱面流动，即其径向分速 c_r 为零，或流线的倾角 φ_1 为零，曲率半径 R_1 为无穷大，则 $\partial p/\partial r$ 变为 $\mathrm{d}p/\mathrm{d}r$。这样完全径向平衡方程式变为简单径向平衡方程式，即

$$\frac{1}{\rho}\frac{\mathrm{d}p}{\mathrm{d}r}=\frac{c_u^2}{r} \tag{1-57}$$

式 (1-57) 表明，轴向间隙中汽流切向分速 c_u所产生的离心力完全被径向静压差所平衡，即压力 p 沿叶高的变化仅与汽流切向分速 c_u沿叶高的分布有关，而且不论切向分速沿叶高如何分布，轴向间隙中的压力总是沿叶高增加的。

(2) 理想等环流流型。理想等环流流型汽流为无旋流动。

1）理想等环流流型的特性。

a. 环流流型的汽流速度沿叶高的变化规律为

$$c_{1z}=\text{常数}, c_{1u}r=\text{常数}, c_{1r}=0$$

b. 为了使轴向间隙中的汽流保持径向平衡且 c_{1z}=常数，喷嘴出口汽流的切向分速 c_{1u}必须随半径的增加而减小。

c. 根据二元流理论，$c_{1u}r$=常数的流动是一种无涡的等位流流动。因为喷嘴出口的环量沿叶高相等，各流层之间的环量差等于零，流动是无涡。因此，又把这种没有涡流的流型称为“自由涡流型”（free vortex）。由于这种流型没有旋涡产生，所以能量转换时效率高。

2）主要参数的变化特性。扭叶片的汽流流型是通过级的一些主要参数间配合实现的。因此，流型确定后，其主要参数的变化规律如何保证流型的实现成为关键问题。

a. 喷嘴出口汽流角 α_1的变化规律。喷嘴出口汽流角是随半径 r 的增加而增大的，等环流级的喷嘴叶片就是按照这个规律成型的，即 $\tan\alpha_1=\dfrac{r}{r_r}\tan\alpha_{1r}$。

b. 动叶进口汽流角 β_1 的变化规律。随半径的增加而增大；β_1 角比 α_1 角增加得快，动叶片进口边比静叶片出口边扭曲得更强烈，即

$$\tan\beta_1=\frac{r}{r_r}\tan\alpha_{1r}\Big/\left[1-\frac{u_r}{c_{1ur}}\left(\frac{r}{r_r}\right)^2\right]。$$

c. 动叶出口汽流角 β_2的变化。β_2是随半径增大而减小的，即 $\tan\beta_2\approx\dfrac{r_r}{r}\tan\beta_{2r}$。

d. 动叶出口绝对速度方向角 α_2的变化规律。α_2是随半径增大而增加的，但随半径增大而增大的程度比 α_1 小得多，即 $\tan\alpha_2=\dfrac{r}{r_r}\tan\alpha_{2r}$。

e. 反动度 Ω 的变化规律。动叶的理想比焓降是随半径的增大而增加的，因此级的反动度也必然随着半径的增大而增大，即 $\Omega\approx1-(1-\Omega_r)\left(\dfrac{r_r}{r}\right)^2$。

因此，综合分析如下：

(a) 由于等环流在轴向间隙中保持了汽流的径向平衡，所以避免了汽流径向流动产生的附加损失。

(b) 由于扭叶片各截面型线与各相应的汽流速度三角形相适应，所以汽流角沿叶高的变化规律与动叶几何角度沿叶高的变化规律相适应，避免了撞击损失，而且，各基元级的气动性能与相对节距都处于较佳范围内，减轻了相对节距变化较大所引起的损失。

(c) 由于等环流级的出口流场（p_2、t_2、c_2等）是一个均匀的流场，所以避免了级后汽流扭曲所带来的能量损失，使下一级的进口条件比较好。

等环流级的缺点：

(a) 这种流型的反动度沿叶高变化太大，容易引起额外损失。

(b) 动叶扭曲比较厉害，使叶片加工较为复杂，制造成本高。

(c) 在级的几何尺寸和根径处轮周功相同的条件下，等环流级的轮周效率比其他流型的小。因为等环流级的轮周功沿叶高是相等的，而其他流型的轮周功可以设计成沿叶高逐渐增加。

(3) 喷嘴出口等环流，动叶出口连续流流型。在等环流的级中，由于 α_1 角沿叶高逐渐增加，导致喷嘴顶部的通流能力大于根部，而动叶相对出口角 β_2 沿叶高逐渐减小，顶部的通流能力小于根部。而流体总是自动倾向于流向通流能力大的地方，因此造成汽流在动、静叶内产生相反的径向分速度，轴向间隙中也不能达到轴向对称，产生附加损失。为此，设法使动、静叶在对应半径上的微元流量相等，就能使汽流在轴向间隙中保持水平流动，避免产生径向流动损失，同时改善了动叶的加工工艺，这是该流型的设计思想，即该流型的特性为 Δh_t^0 = 常数，c_{1z} = 常数，$c_{1u}r$ = 常数，$\Delta G_{nl}=\Delta G_{bl}$。其特点是在任意半径上的微元叶高中，通过动、静叶的流量相等。

(4) 其他常用流型简介。

1) 等 α_1 角流型。等环流的缺陷之一是动、静叶扭曲较大。在制造中，动叶片的扭曲虽提高了生产成本，但能够达到设计要求；对于静叶，特别是铸造隔板中的静叶，α_1 沿半径方向的变化给制造工艺带来了相当大的困难，不容易达到设计要求。为此，提出喷嘴出口汽流角沿半径方向不变，$d\alpha_1/dr=0$，即为等 α_1 角流型，其特性为 $c_{1u}r^{\cos^2\alpha_1}$ = 常数，$c_{1z}r^{\cos^2\alpha_1}$ = 常数。在这种流型级中，$c_{1u}r$ 不是常数，而是 $c_{1u}r=c_{1u}r^{\cos^2\alpha_1}\dfrac{r}{r^{\cos^2\alpha_1}}$ = 常数 $\times r^{(1-\cos^2\alpha_1)}$，轮周功 w_u = 常数 $\times r^{(1-\cos^2\alpha_1)}$。可见，轮周功由内径向外径增加，故当级的几何尺寸及内径处的轮周功相同时，该流型级的轮周功比等环流型级的大，但级效率低于等环流型级的。该流型的喷嘴制造工艺大为简化。有时为了满足功率及工艺等方面的要求，宁可牺牲一些效率而被采用，通常用在中小功率机组的末级。

2) 等密流流型。蒸汽密度 ρ 与汽轮机轴向分速度 c_{1z} 的乘积 ρc_{1z} 称为密流。它表示通过单位面积的蒸汽流量。该流型特性指级的密流沿径向不变，即 ρc_{1z} = 常数，$\rho_2 c_{2z}$ = 常数。在等密流条件下，汽流在动、静叶的轴向间隙中保持同轴的圆柱面流动，即各条子午线都平等于轴线；同一截面的动、静叶流量相等，故通道内流动损失较小；汽流沿叶高的出口速度 c_{1z} 因 ρ_1 随 p_1 由根部向顶部逐渐增大而减小，从而使喷嘴出口速度场不均匀，在轴向间隙中引起流动损失。

3. 完全径向平衡法

(1) 问题的提出。对 $\theta\leqslant 3$ 的长叶片级，轴向间隙中汽流流面不能再认为是轴对称的圆柱面，而应假定为轴对称的任意回转面。若再按简单径向平衡法来确定长叶片的扭曲规律，就难以符合汽流的实际情况，使级效率下降。由于简单径向平衡法假定汽流为轴对称的圆柱面流动，无法控制反动度沿叶高的变化。因此，要解决这些问题，只能采用完全径向平衡法。

(2) 可控涡流型。

1) 可控原理。可控是指反动度沿叶高的变化可被控制。可控涡流型要解决的关键问题就是控制反动度沿叶高的分布规律，改善动叶根部和顶部的气动特性，使级效率和内功率达到较高的水平。由完全径向平衡方程可知，平衡单位质量流体径向静压差 $\partial p/(\rho\partial r)$ 的三项中，只有 $c_1^2\cos\varphi_1/R_1$ 和 $c_1\sin\varphi_1\partial c_1/\partial l$ 与弯曲情况有关。可通过改变流线曲率半径 R_1 和倾角 φ_1 的方法改变轴向间隙中的汽流压力 p_1 和级的反动度沿叶高的变化规律，以实现在叶高方向控制反动度变化。因此，这两项又称为可控项。

2) 子午流线形状对反动度的影响。不同流线的形状对反动度有不同的影响，根据可控原理选出最佳的流线，如图 1-10 所示。

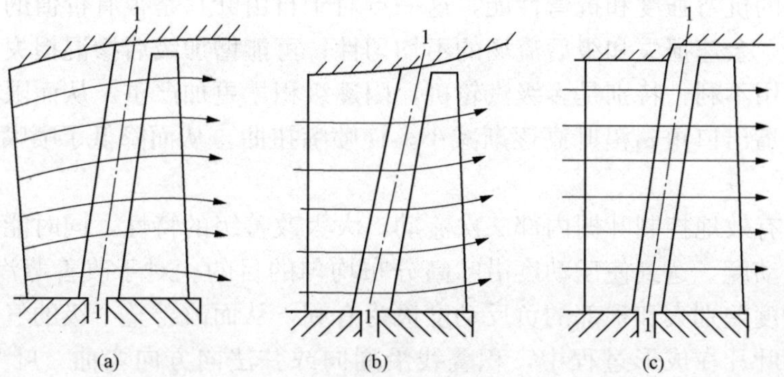

图 1-10　不同流线形状对反动度的影响

(a) 子午流线上凸；(b) 子午流线下凹；(c) 子午流线平直

如果静压差 $\partial p/(\rho\partial r)$ 项得到加强，则径向压力梯度 $\partial p/\partial r$ 增大，使汽流在动叶的根、顶部的压力和反动度变化过大，造成汽流的气动性恶化，如图 1-10 (a) 所示。这主要是由于倾角 φ_1 为负时，可控项均使汽流的离心力 c_u^2/r 增加，因此，不易采用；当可控项为零而不起作用时，$\varphi_1=0$，$R_1=\infty$，如图 1-10 (c) 所示。简单径向平衡法对反动度不可控，不属于可控涡流型。当可控项削减汽流的离心力 c_u^2/r 而使径向压力梯度 $\partial p/\partial r$ 减小时，可起到减缓反动度沿叶高增加的作用，如图 1-10 (b) 所示。因此，通过控制子午流线下凹的程度，使可控项略小于 c_u^2/r，使压力和反动度沿叶高增加缓慢，以改善动叶汽流的气动性，实现反动度沿叶高的可控性。如果可控项大于或等于 c_u^2/r，则使动叶出口流场不均匀，增加损失，一般不采用。因此，适当控制子午线下凹程度是实现可控涡流型的关键问题之一。

3) 影响流线形状的因素及可控途径。

a. 端壁边界条件的影响。在端壁不发生汽流脱离的情况下，固体壁面的形状就是边界流线的形状。因此，根部为平直流线，即 $\varphi_1=0$，$R_1=\infty$；顶部流线的倾角就是壁面子午面的倾角，流线的曲率半径就是弯曲壁面半径。这种内外壁的通道中，中间流线必定是从根部到顶部逐渐下凹，满足可控涡流型所要求的弯曲方向。

但仅用端壁形状来控制反动度变化的效果并不显著。这是因为：①子午面通道形状的扩张程度有限，通常扩张角为 30°～40°，否则会引起端壁边界层脱离；②汽缸内壁曲率很小，端壁变化要求连续光滑，不允许突然变化，使可控项的数值变化不大。因此，必须要采取其他方法（如采用扭叶片）联合作用，才能达到对汽流反动度的可控。

b. 流型特性的影响。流型特性对曲线的影响是通过级的几个主要参数 α_1、β_1 和 β_2 等沿叶高的变化规律来实现的。当 α_1 沿叶高减小，β_2 沿叶高增大时，可得到向下凹的流线。这是因为：①α_1 沿叶高的减小，使汽流通过喷嘴的能力沿叶高下降，汽流的流线自然从顶部向根部偏移；②β_2 沿叶高的增加，使汽流由动叶根部向顶部偏移，因此，在级中的轴向间隙中形成了向下凹的流线形状。由于 α_1 和 β_2 沿叶高方向取值范围较大，故控制能力较强而被广泛采用。

4) 可控涡流型的优缺点。

优点：级的效率较高、做功能力大；喷嘴顶部的比焓降较大，使动叶顶部的前后压差减小，受力减小，且顶部进口角 β_1 也明显减小，叶型的转折角增大，增加了刚性及抗弯截面系数，改善了顶部的抗弯强度和抗弯性能，这一点对于自由叶片是很有价值的。

缺点：增大了余速损失和级后流场的不均匀性；可能增加级后掺混损失；对下一级的进口条件和余速利用不利，特别是多级汽轮机，因逐级积累更加严重，从而限制了可控涡流型的广泛使用；喷嘴出口角 α_1 沿叶高逐渐减小，使喷嘴扭曲，从而降低了喷嘴制造工艺。

4. 弯扭叶片

弯扭叶片能有效地控制叶栅内部二次流动，大大改善级的特性，同时能够提高根部反动度，降低顶部反动度，达到使反动度沿叶高分布均匀的目的。对于改善蒸汽透平末几级中，根部和顶部反动度差别大和根部的负反动度极为有利，从而改善整个级的气动性能。

弯叶片是指叶片在成形过程中，积叠线沿周向或弦法向方向弯曲，叶片形状对称于中径。正弯叶片的吸力面（吸力面为叶片非工作面，压力面为工作面）与顶端壁的夹角 θ 是钝角，反弯叶片与之相反，如图 1-11 所示。扭叶片是沿叶高叶片截面变角度弯曲。弯扭叶片是将弯与扭合理匹配，也称之为“马刀形”叶片。但在汽轮机中，随着负荷的降低，级的反动度是加速下降的。采用正弯叶片后，加速下降的趋势得到了抑制，否则叶片反弯会加速反动度降低。因此，采用反弯叶片，随着负荷的降低，反动度下降的趋势会比常规直叶片剧烈。过低的反动度对动叶的流场是不利的，有可能在末级产生回流，造成水滴对动叶出口的冲蚀，危及机组安全。就目前机组负荷变化较大的运行特点而言，汽轮机不宜采用反弯叶片。

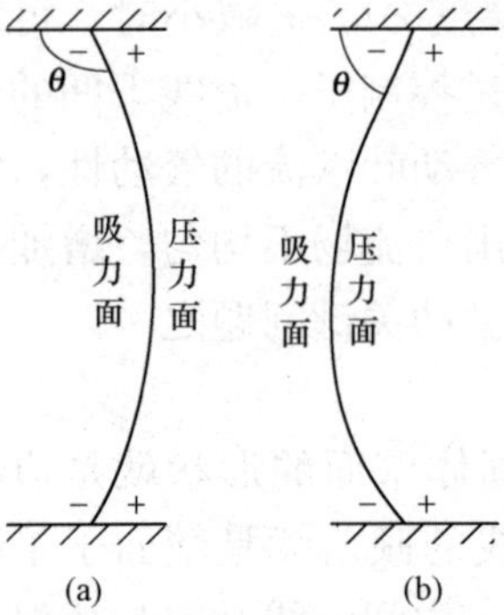

图 1-11 弯叶片积叠线

(a) 正弯叶片；(b) 反弯叶片

(1) 弯扭叶片作用机理。弯扭叶片能控制静压沿叶高的分布，主要是由于叶片表面与气流的作用力在径向的分力不为零的原因，即 $F_r \neq 0$。这个径向分力 F_r 的数量级应与流体微团的离心惯性力同属一个数量级，则式（1-55）变为

$$\frac{1}{\rho}\frac{\partial p}{\partial r}=\frac{c_u^2}{r}-c_m^2\left(\frac{\cos\varphi_m}{R_m}+\frac{\sin\varphi_m}{c_m}\frac{\partial c_m}{\partial m}\right)+F_r \quad (1-58)$$

1) 弯扭叶片对静压分布的影响。由式（1-58）可知，左端的径向压力梯度由右端的四项决定。前三项含义已述，第四项为叶片表面与汽流作用力在径向的分量。对于常规的直叶片和扭叶片，汽流作用在叶片表面的径向分力 F_r 趋于零。叶片周向弯曲以后，径向的分力 F_r 不等于零，从而控制了压力沿叶高的分布，使得在叶片表面，尤其是吸力面上形成了两端压力高，中间压力低的静压分布，即 C 形压力分布，如图 1-12 所示。

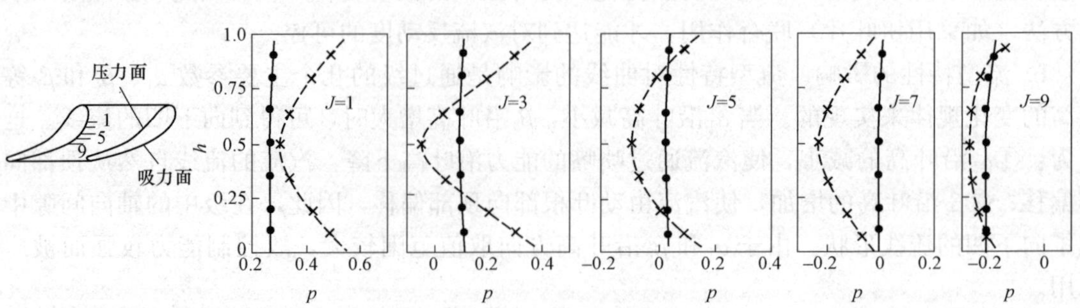

图 1-12 静压 p 沿叶高 h 的分布规律

J—测点序号；●—直叶片；×—弯扭叶片

2）弯扭叶片对径向二次流动的影响。静压分布决定叶片吸力面和压力面上的二次流。由于在直叶片和扭叶片中存在较大的正压力梯度，所以流体在出口扩压段可能出现分离，损失急剧增加。采用弯扭叶片，可以获得吸力面和压力面沿叶高的C形压力分布。在其作用下，两端边界层被吸到中部并被主流带走。这样就减少了低能流体在两端壁与吸力面组成的角隅处的堆积，避免了分离的发生，因而两端部的损失下降。特别是对短叶片级，由于径向压力梯度不大，端壁边界层损失在损失中所占的比重较大，采用弯叶片效果尤为明显。

3）弯扭叶片对横向二次流动的影响。对弯扭叶片，其压力面和吸力面之间的压差也对横向二次流有明显的影响。在两端，弯扭叶片压力面和吸力面的压差小于常规叶片，如图1-12所示。由图1-12可以看出，端壁上的横向二次流减弱，相应的横向二次流损失下降。在叶栅中部，弯扭叶片较常规叶片压差增大，所以叶栅中部的负荷增加了。

4）弯扭叶片能改善级的反动度并提高级的通流能力。弯扭叶片能够改变级的反动度沿叶片高度的分布，使根部的反动度提高，顶部的反动度降低，这对长叶片的汽流流动极为有利。常规叶片的正压力梯度使根部的静压过低，导致了负反动度的出现，造成动叶通道内根部附近的流动产生分离和阻塞，增加了损失。采用弯扭叶片后，反动度沿叶高的分布更加均匀，提高了根部的通流能力，从而提高了整级的通流能力，并有利于减少端部损失。

通过数值模拟，可得直叶片和弯扭叶片反动度沿叶高变化规律，如图1-13所示。直叶片的反动度在根部小于弯扭叶片，在顶部大于弯扭叶片。根部反动度的提高使静叶根部出口马赫数降低，损失减小，动叶根部流场得以改善，避免了可能产生的气体分离；顶部反动度的减小，使动叶顶部的压差减小，从而降低了顶部漏汽损失。

5）弯扭叶片对涡系结构的影响。由于F_r的影响和沿叶高的C形压力分布，使得叶片两端的负荷低，中部负荷高。同时，两端边界层向中部的迁移和横向二次流的减弱，使吸力面角区的低能流体堆积减弱，并且马蹄涡在前缘形成的压力面分支和吸力面分支，在吸力面角区的交汇点向下游移动。因此，采用弯扭叶片能推迟通道涡形成的时间并减小通道涡的尺寸及强度。

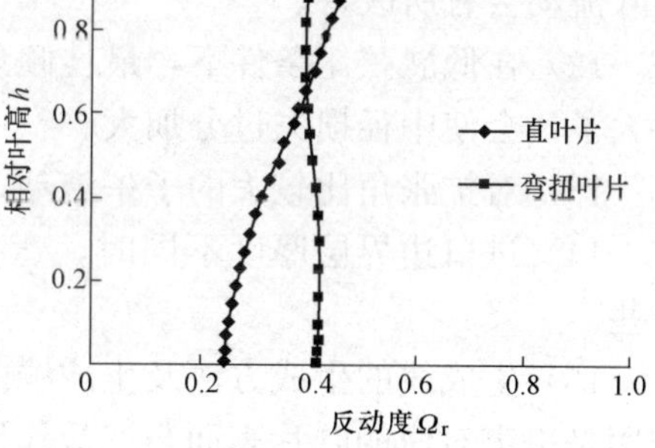

图1-13　反动度沿叶高分布规律

（2）弯扭叶片设计时的注意事项。

1）在气动设计中，F_r对叶片通道内外流动影响十分显著。在设计中必须考虑这一自由度，并利用这一自由度改变流场、优化流场，使气动设计达到新的高度与水平。

2）在静叶片中采用正弯扭叶片会产生C形压力分布及边界层的径向迁移，这样的压力分布与边界层迁移会减少叶片流道端部横向压力梯度、端部流体、端部流动损失及径向窜流损失。

3）弯扭叶片会改变压力沿流向的变化。在静叶片喉部以前压力提高，喉部后部压力下降，这是因为后半部叶片偏直，F_r几乎消失而产生的。因此，在跨声速流动中对原生激波强度会产生影响，在亚声速流动中喉部以后的流动会减少扩压程度。

4）由于采用弯扭叶片，通常会使叶片出口压力有所提高而使其出口马赫数下降。

5）应用弯扭叶片会改变密流沿叶高的分布。一般在端区背弧附近密流增加比较大而使分离现象减弱，同时也改变了周向流量分布及 S_1 流面（与某等轴向平面的交线是圆弧，也可简化为以子午面线为母线，绕轴旋成的回转面；该面反映叶片间的流动。与 S_1 流面对应的还有 S_2 流面，其定义为与某等轴向平面的交线是径向线）的挠曲。沿叶高密流的变化，会使流线曲率发生变化，使叶片出口压力提高，根部级的反动度提高，顶部反动度也会有所提高。当 θ 比较小且顶部有一定正倾角时，反动度不会上升，这主要是根部倾角对密流影响太大的原因。

6）在叶片设计时要考虑最佳倾角。一般静叶最佳倾角与气流折转角、冲角、θ 等因素有关。大于最佳倾角时，减少损失的作用减弱甚至增加损失；小于最佳倾角，弯扭叶片作用减弱，甚至不起作用。最佳倾角一般是正倾角（正弯），在特殊情况下是负倾角。动叶采用弯扭叶片时，最佳倾角比较小。选择倾角是采用弯扭叶片设计中非常关键的问题。

7）采用弯扭叶片可以减少隔板漏汽损失，对于顶部，如果反动度增加会增加漏汽损失，反之则会减少漏汽损失。

8）弯扭叶片对级的反动度影响与作用在不同条件下是不同的。当 θ 较大时，对反动度影响很小，θ 较小时，对反动度影响很大。

9）弯扭叶片对喉部面积大小有影响。因此，对通流能力和不同级的焓降的分配都有影响，这也是在采用弯扭叶片时要注意的问题。

10）在采用弯扭叶片时，要采用综合优化流型，即把可控涡、弯扭叶片与子午型面进行综合匹配得到最佳流型。

11）静叶采用弯扭叶片除对动叶反动度有影响外，还会对动叶进口气流质量产生影响。采用弯扭叶片的静叶出口损失沿叶高分布比较均匀，动叶根部与顶部低能流体减少，这样对动叶流动会有所改善。

12）在低展弦比条件下，最佳倾角要小一些。这是因为两个通道涡向中径靠拢，如果倾角大了，会使中径损失过分加大。

13）对扩张角比较大的子午流动，弯扭叶片的作用也是比较大的。

14）进口边界层厚度不同时，弯扭叶片作用是不同的，一般边界层厚度大时作用更大一些。

15）生成线的生成方法及生成线的位置对弯扭叶片的作用影响很大。弯扭叶片最主要的作用是决定对应的叶片表面与气流作用力的径向分量 F_r，而 F_r 是与弯曲叶片的侧型面倾角有关。决定弯扭叶片倾角主要是弯扭叶片的生成线及生成线的位置。因此，弯扭叶片生成线的确定是采用弯扭叶片重要的一环。在叶片成型时，由于叶片厚度不同，安装角不同，叶片的扭曲等都会使侧型面在一定程度上产生倾角，叶片积迭线的位置对倾角影响更大。因此，在采用弯扭叶片时要注意没有采用弯扭叶片时叶片的自然倾角，然后再加以弯曲，使叶片倾角变化达到期望值。

16）在部分负荷条件下，弯扭叶片应保持较高的效率。对于部分负荷，扭叶片根部反动度下降，弯扭叶片根部反动度也下降，但弯扭叶片反动度下降的幅值小，因此，保证了在部分负荷条件下弯扭叶片的优越性。

17）采用弯扭叶片会使通道涡的高涡量区更集中，并使涡的稳定性提高，减少了低能流体与主流的掺混而造成的损失。

虽然经过几十年的发展，有关弯扭叶片的研究工作取得了令人瞩目的成就，而且在大型机组中也得到应用，但有关弯扭叶片的研究仍未终结，还有许多深层的规律性问题需要去探索。

1.4 公 式 汇 总

表 1-3～表 1～6 为本部分内容的公式汇总。

表 1-3　　蒸汽通过级时的流动公式

项目		理想流动	实际流动	备注
喷嘴	出口速度	$c_{1t}=\sqrt{2\Delta h_n+c_0^2}=\sqrt{2\Delta h_n^0}$	$c_1=\varphi c_{1t}$	$0.92<\varphi<0.98$
	出口流量	$G_{nt}=A_n C_{1t}/v_1$	$G=\mu_n G_{nt}$	过热蒸汽 $\mu_n=0.97$ 湿蒸汽 $\mu_n=1.02$
	临界流量	$G_{nc}=A_n\sqrt{\kappa\left(\frac{2}{\kappa+1}\right)^{\frac{\kappa+1}{\kappa-1}}\frac{p_0^0}{v_0^0}}$	$G_{ncf}=\mu_n G_{nc}$	
	临界速度	$c_{1c}=\sqrt{\frac{2\kappa}{\kappa+1}p_0^0 v_0^0}$	$c_{1c}=\sqrt{\frac{2\kappa}{\kappa+1}p_0^0 v_0^0}$	过热蒸汽 $\kappa=1.3$ 湿蒸汽 $\kappa=1.135$
	临界压力	$p_{1c}=p_0^0\left(\frac{2\kappa}{\kappa+1}\right)^{\frac{\kappa}{\kappa-1}}$	$p_{1c}=p_0^0\left(\frac{2}{\kappa+1}\right)^{\frac{n}{n-1}}$	
	临界压比	$\varepsilon_{cn}=\left(\frac{2\kappa}{\kappa+1}\right)^{\frac{\kappa}{\kappa-1}}$	$\varepsilon_{cn}=\left(\frac{2}{\kappa+1}\right)^{\frac{n}{n-1}}$	
	损失	0	$\delta h_n=(1-\varphi^2)\Delta h_n^0$	
	相对效率	1	$\eta_n=\varphi^2$	
动叶	出口速度	$w_{2t}=\sqrt{2\Delta h_b+w_1^2}=\sqrt{2\Delta h_b^0}$	$w_2=\psi w_{2t}$	$0.85<\psi<0.95$
	出口流量	$G_{bt}=A_b w_{2t}/v_2$	$G_b=\mu_b G_{bt}$	$\mu_b=\psi v_{2t}/v_2$
	临界流量	$G_{bc}=A_b\sqrt{\kappa\left(\frac{2}{\kappa+1}\right)^{\frac{\kappa+1}{\kappa-1}}\frac{p_1^0}{v_1^0}}$	$G_{bcf}=\mu_b G_{bc}$	
	临界速度	$w_{2c}=\sqrt{\frac{2\kappa}{\kappa+1}p_1^0 v_1^0}$	$w_{2c}=\sqrt{\frac{2\kappa}{\kappa+1}p_1^0 v_1^0}$	
	临界压力	$p_{2c}=p_1^0\left(\frac{2\kappa}{\kappa+1}\right)^{\frac{\kappa}{\kappa-1}}$	$p_{2c}=p_1^0\left(\frac{2}{\kappa+1}\right)^{\frac{n}{n-1}}$	
	临界压比	同喷嘴	同喷嘴	
	损失	0	$\delta h_b=(1-\psi^2)\ \Delta h_b^0$	
	相对效率	1	$\eta_b=\psi^2$	
彭台门系数		$\beta=\frac{G}{G_c}\begin{cases}\sqrt{\dfrac{\frac{2}{\kappa-1}\left(\varepsilon^{2/\kappa}-\varepsilon^{(\kappa+1)/\kappa}\right)}{\left(\frac{2}{\kappa+1}\right)^{\frac{\kappa+1}{\kappa-1}}}} & 0.546<\varepsilon<1\\ 1 & \varepsilon\leqslant 0.546\end{cases}$		判定是否达到临界

表 1-4　　级的轮周参数

项目	绝对参数	相对参数	备注
轮周力	$F_u = G(c_1\cos\alpha_1 + c_2\cos\alpha_2)$	$F_u = G(w_1\cos\beta_1 + w_2\cos\beta_2)$	
轴向力	$F_z = G(c_2\sin\alpha_2 - c_1\sin\alpha_1)$	$F_z = G(w_2\sin\beta_2 - w_1\sin\beta_1)$	
轮周功率	$p_u = G\mu(c_1\cos\alpha_1 + c_2\cos\alpha_2)$	$p_u = G\mu(w_1\cos\beta_1 + w_2\cos\beta_2)$	
轮周功	$w_u = \mu(c_1\cos\alpha_1 + c_2\cos\alpha_2)$	$w_u = \mu(w_1\cos\beta_1 + w_2\cos\beta_2)$	
轮周效率	$\eta_u = \begin{cases} \dfrac{\Delta h_t^0 - \delta h_n - \delta h_b - \delta h_{c_2}}{E_0} \\ 1 - \zeta_n - \zeta_b - (1-\mu_1)\zeta_{c_2} \end{cases}$		$\zeta_n = \dfrac{\delta h_n}{E_0}$ $\zeta_b = \dfrac{\delta h_b}{E_0}$ $\zeta_{c_2} = \dfrac{\delta h_{c_2}}{E_0}$

速比	$x_1 = u/c_1$	假想速比	$x_a = u/c_a$		$c_a = \sqrt{2\Delta h_t^0}$	
	最佳速比 $(x_1)_{op}$		焓降	$\left.\dfrac{\partial\eta_u}{\partial x_1}\right\|_{(x_1)_{op}}$	工况适应性	备注
	$\mu=0$	$\mu=1$				
纯冲动级	$=0.5\cos\alpha_1$	$\approx 0.661\cos\alpha_1$	中	较小	较小	假想速比与最佳速比变化规律相同
冲动级	$0.61 \leqslant (x_1)_{op} \leqslant 0.94$	$>(x_1)_{op}\|_{\mu=0}$	较小	较大	较大	
反动级	$>0.5\cos\alpha_1$	$=\cos\alpha_1$	小	大	大	
复速级	$=0.25\cos\alpha_1$		大	小	小	

表 1-5　　级损及效率

级损失		机理	计算公式
轮周损失	喷嘴损失 δh_n	边界层中摩擦、涡流	$\delta h_n = (1-\varphi^2)\Delta h_n^0$
	动叶损失 δh_b	边界层中摩擦、涡流	$\delta h_b = (1-\psi^2)\ \Delta h_b^0$
	余速损失 δh_{c2}	动叶出口余速动能	$\delta h_{c2} = 0.5{c_2}^2$
叶高损失 δh_l		端部损失	$\delta h_l = \dfrac{a}{l}\Delta h_u$
扇形损失 δh_θ		沿叶高偏离最佳节距，径向压差和流动	$\delta h_\theta = 0.7\left(\dfrac{l_b}{d_b}\right)^2 E_0$
叶轮摩擦损失 δh_f		叶轮摩擦及腔室内涡流	$\delta h_f = \dfrac{K_1}{G}\left(\dfrac{u}{100}\right)^3 d_m^2 \dfrac{1}{\upsilon}$
部分进汽损失 δh_e		鼓风、斥汽损失	$\delta h_s = \dfrac{E_0}{e}\left\{C_e \dfrac{S_n}{d_n} x_a + B_e\left(1-e-\dfrac{e_c}{2}\right)^3 x^3\right\}$
漏汽损失 δh_δ		隔板、叶根及叶顶处的漏汽	$\delta h_\delta = \delta h_p + \delta h_t$ 冲动级： $\delta h_p = \mu_p A_p \dfrac{\sqrt{2\Delta h_n^0}1}{\upsilon_{1t}\sqrt{z_p}}\dfrac{1}{G}\Delta h_i'$ $\delta h_t = \dfrac{\mu_t \pi(d_b + l_b)\delta_t\ \sqrt{2\Omega_t \Delta h_t^0}}{G\upsilon_{2t}}\Delta h_i'$ 反动级： Δh_p 同冲动级 $\delta h_t = 1.72\dfrac{\delta_r^{1.4}\ \sqrt{2\Omega_t \Delta h_t^0}}{l_b}E_0$

续表

级损失	机理	计算公式
湿汽损失 δh_x	蒸汽过饱和、水滴挟带、滞止及扰乱流场，工质损失	$\delta h_x=(1-x_m)\Delta h'_{ix}$
级的相对内效率 η_i	反映设备完善程度	$\eta_i=\dfrac{\Delta h_i}{E_0}$

表 1-6　叶片流型方程

流型		流型特性	流型控制方程
完全径向平衡法	可控涡	c_u^2/r 略大于 $c_l^2\cos\varphi_l/R_l+c_l\sin\varphi_l\partial c_l/\partial l$，叶高方向控制反动度变化	$\dfrac{\partial p}{\rho\partial r}=\dfrac{c_u^2}{r}-c_l^2\left(\dfrac{\cos\varphi_l}{R_l}-\dfrac{\sin\varphi_l}{c_l}\dfrac{\partial c_l}{\partial l}\right)$
		气流的作用力在径向的分力 $F_r\neq0$	$\dfrac{1}{\rho}\dfrac{\partial p}{\partial r}=\dfrac{c_u^2}{r}-c_m^2\left(\dfrac{\cos\varphi_m}{R_m}+\dfrac{\sin\varphi_m}{c_m}\dfrac{\partial c_m}{\partial m}\right)+F_r$
简单径向平衡法	理想等环流	c_{1z}=常数，$c_{1u}r$=常数，$c_{1r}=0$	$\dfrac{\partial p}{\rho\partial r}=\dfrac{c_u^2}{r}$
	喷嘴出口等环流、动叶出口连续流	Δh_t^0=常数，c_{1z}=常数，$c_{1u}r$=常数，$\Delta G_{nl}=\Delta G_{bl}$	
	等 α_1 角流	$c_{1u}r^{\cos^2\alpha_1}$=常数 $c_{1z}r^{\cos^2\alpha_1}$=常数	
	等密流	ρc_{1z}=常数，ρ_2c_{2z}=常数	

1.5　典型题精解

［例 1-1］　已知喷嘴前蒸汽压力 $p_0=0.80$MPa，温度 $t_0=260$℃，；喷嘴速度系数 $\varphi=0.9$，并保持不变。由于蒸汽在喷嘴内的流动为有损失的多变过程，最小截面上汽流速度 c_{min} 不等于临界速度 c_{nc}。试求：(1) 缩放喷嘴最小截面处的蒸汽压力与临界压力；(2) 缩放喷嘴最小截面处的速度与临界速度。

解： (1) 膨胀过程的多变指数。

$$n=\frac{\kappa}{\kappa+\varphi^2(1-\kappa)}=\frac{1.3}{1.3+0.9^2(1-1.3)}=1.23$$

最小截面处的蒸汽压力

$$\varepsilon_n=\left(\frac{2}{n+1}\right)^{\frac{n}{n-1}}=\left(\frac{2}{1.23+1}\right)^{\frac{1.23}{1.23-1}}=0.559$$

$$p_{min}=\varepsilon_n p_0=0.559\times0.8=0.447(\text{MPa})$$

临界压力

$$\varepsilon_{nc}=\left(\frac{2}{\kappa+1}\right)^{\frac{n}{n-1}}=\left(\frac{2}{1.3+1}\right)^{\frac{1.23}{1.23-1}}=0.474$$

$$p_{nc}=\varepsilon_{nc}p_0=0.474\times0.8=0.379(\text{MPa})$$

(2) 最小截面处的汽流速度与临界速度。

根据喷嘴前蒸汽参数 $p_0=0.80$MPa，$t_0=260$℃，在 h-s 图上可确定进口状态点 0，如图 1-14 所示。其焓值为 $h_0=2972$kJ/kg。

由 0 点作等熵膨胀线至最小截面处压力 $p_{min}=0.447$MPa 及临界压力 $p_{cr}=0.379$MPa，其交点（分别为

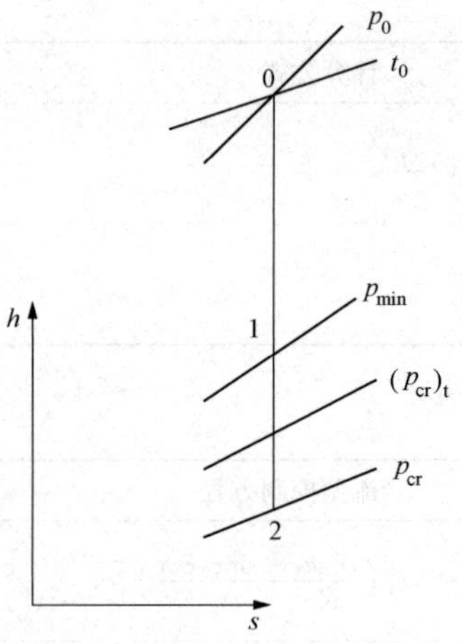

图 1-14 喷嘴等熵热力过程线

1、2 点）的焓值分别为 $h_{min}=2842\text{kJ/kg}$，$h_{cr}=2807\text{kJ/kg}$。则最小截面处汽流速度 c_{min}：

$$c_{min}=\varphi\sqrt{2(h_0-h_{min})}$$
$$=0.9\times\sqrt{2\times(2972-2842)\times1000}=459(\text{m/s})$$

临界速度只与初参数有关，与膨胀过程的性质无关，因此

$$c_{cr}=\sqrt{\frac{2\kappa}{\kappa+1}p_0v_0}=\sqrt{\frac{2\times1.3}{1.3+1}}\times0.8\times0.2994=520(\text{m/s})$$

临界速度也可根据等熵焓降求得，即

$$c_{cr}=\varphi\sqrt{2(h_0-h_{cr})}=0.9\times\sqrt{2\times(2972-2807)\times1000}=517(\text{m/s})$$

等熵过程的临界压力 $(p_{cr})_s$：

$$(p_{cr})_s=0.546\times p_0=0.546\times0.8=0.437(\text{MPa})$$

分析： 蒸汽在喷嘴中的流动应为多变过程，且流动过程中有损失；临界速度发生在喷嘴最小截面及以后的渐扩部分内，其值只与初参数有关，与膨胀过程的性质无关；最小截面上的压力 p_{min} 与等熵膨胀时的临界压力 $(p_{cr})_s$ 数值较近，在实际计算中可用 $(p_{cr})_s$ 代替 p_{min}。

［例 1-2］ 汽轮机组某级的水蒸气初压力为 $p_0=3.4\text{MPa}$，初温度 $t_0=435℃$；该级的反动度 $\Omega_m=0.38$；级后压力 $p_2=2.2\text{MPa}$，该级采用渐缩喷嘴，其喷嘴出口面积 $A_n=52\text{cm}^2$，彭台门系数 $\beta=0.875$。试计算：(1) 通过喷嘴的实际蒸汽流量；(2) 若级后蒸汽压力降低为 $p_{21}=1.12\text{MPa}$，反动度降为 $\Omega_{m1}=0.3$，通过喷嘴的蒸汽流量又为多少？

解： (1) 根据 p_0、t_0，查水蒸气特性表得 $h_0=3300\text{kJ/kg}$，$v_0=0.093\text{m}^3/\text{kg}$，等熵膨胀级后焓值 $h_{2t}=3172\text{kJ/kg}$。

级的理想焓降 Δh_t：$\Delta h_t=h_0-h_{2t}=3300-3172=128(\text{kJ/kg})$

喷嘴理想焓降 Δh_n：$\Delta h_n=(1-\Omega_m)\Delta h_t=(1-0.38)\times128=79.4(\text{kJ/kg})$

喷嘴出口理想焓值 h_n：$h_n=h_0-\Delta h_n=3300-79.4=3220.6(\text{kJ/kg})$

查水蒸气特性表得喷嘴出口压力 $p_1=2.6\text{MPa}$，因为是过热蒸汽，且 $\beta=0.875$，则喷嘴内为亚临界流动。而临界流量为

$$G_{nc}=0.0648A_n\sqrt{\frac{p_0}{v_0}}=0.0648\times52\sqrt{\frac{3.4}{0.093}}=20.5(\text{kg/s})$$

则通过喷嘴的流量为

$$G=\beta G_{nc}=0.875\times20.5=17.9(\text{kg/s})$$

(2) 由初态等熵膨胀至 p_{21} 得级后状态参数 $h_{21t}=3000\text{kJ/kg}$。

级的理想焓降 Δh_{t1}：$\Delta h_{t1}=h_0-h_{21t}=3300-3000=300(\text{kJ/kg})$

喷嘴理想焓降 Δh_{n1}：$\Delta h_{n1}=(1-\Omega_{m1})\Delta h_{t1}=(1-0.3)\times300=210(\text{kJ/kg})$

喷嘴出口理想焓值 h_{n1}：$h_{n1}=h_0-\Delta h_{n1}=3300-210=3090(\text{kJ/kg})$

查水蒸气特性表得喷嘴后压力 $p_{11}=1.53\text{MPa}$，而 $p_{nc}=\varepsilon_{nc}p_0=0.546\times3.4=1.86(\text{MPa})$，故喷嘴达到临界，所通过喷嘴的蒸汽流量 $G_1=G_{nc}=20.5\text{kg/s}$。

分析： 对于汽轮机某一级，当级后压力下降，而初参数不变时，喷嘴理想焓降增加，动叶理想焓降、反动度减少，级的流量增加。同时动叶入口参数减小，使喷嘴出口达到临界的可能性增加，本例喷嘴已达到临界，由此可知，当级后参数下降，而初参数不变时，喷嘴易达到临界。

［例 1-3］ 已知机组某中间级级前蒸汽压力 $p_0=0.6\text{MPa}$，温度 $t_0=235℃$；级后蒸汽压力 $p_2=0.4\text{MPa}$，初速度 $c_0=80\text{m/s}$，反动度 $\Omega_m=0.15$，喷嘴出汽角 $\alpha_1=11°13'$，动叶出汽角 $\beta_2=18°$，级的平均直径 $d_m=1.18\text{m}$，转速 $n=3000\text{r/min}$，喷嘴速度系数 $\varphi=0.97$，该级的蒸汽流量 $G=29.6\text{kg/s}$. 试求：(1) 喷嘴、动叶的高度；(2) 该级的轮周功率；(3) 该级余速能量全部被下级利用和不被利用时的轮周效率。

解：(1) 蒸汽初速能量 $\Delta h_{c_0}=\frac{c_0^2}{2}=\frac{80^2}{2000}=3.2(\text{kJ/kg})$。

根据已知参数，查水蒸气特性表得 $h_0=2960\text{kJ/kg}$，$h_{2t}=2872\text{kJ/kg}$，$h_0^*=2963.2\text{kJ/kg}$，$\Delta h_t=88\text{kJ/kg}$。

动叶理想焓降 Δh_b：$\Delta h_b=\Omega_m\Delta h_t=0.15\times88=13.2(\text{kJ/kg})$

喷嘴理想焓降 Δh_n：$\Delta h_n=\Delta h_t-\Delta h_b=88-13.22=74.8(\text{kJ/kg})$

喷嘴出口理想速度 c_{1t}：

$$c_{1t}=\sqrt{2(\Delta h_{c_0}+\Delta h_n)}=\sqrt{2\times1000(3.2+74.8)}=395(\text{m/s})$$

喷嘴出口绝对速度 c_1：$c_1=\varphi c_{1t}=0.97\times395=383(\text{m/s})$

圆周速度 u：$u=\frac{\pi d_m n}{60}=\frac{3.14\times1.18\times3000}{60}=185.4(\text{m/s})$

根据 c_1、u、α_1 可绘制动叶速度三角形，如图 1 - 15 所示。则可得 $w_1=204.3\text{m/s}$，$\beta_1=\alpha_1=21°30'$。则动叶出口理想速度 w_{1t} 为

$$w_{1t}=\sqrt{2\Delta h_b+w_1^2}=\sqrt{2\times13.2\times1000+204.3^2}=261(\text{m/s})$$

取动叶速度系数 $\psi=0.937$，则动叶出口相对速度 w_2：

$$w_2=\psi w_{2t}=0.937\times261=244.5(\text{m/s})$$

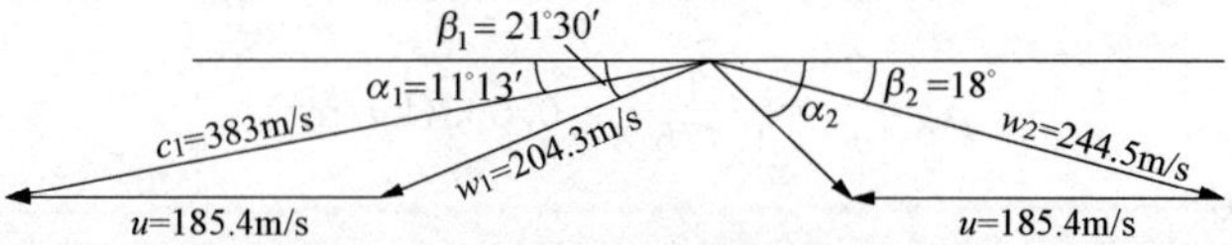

图 1 - 15　动叶进出口速度三角形

根据 w_2、u、β_2 绘制动叶出口速度三角形，得 $c_2=89.2\text{m/s}$，$\alpha_2=58°$。

喷嘴损失 $\Delta h_{n\xi}$：$\Delta h_{n\xi}=(1-\varphi^2)\Delta h_n^*=(1-0.97^2)(74.8+3.2)=4.61(\text{kJ/kg})$

动叶损失 $\Delta h_{b\xi}$：$\Delta h_{b\xi}=(1-\psi^2)\frac{w_{2t}^2}{2}=(1-0.937^2)\frac{261^2}{2\times1000}=4.16(\text{kJ/kg})$

余速损失 Δh_{c_2}：$\Delta h_{c_2}=\frac{c_2^2}{2}=\frac{89.2^2}{2\times1000}=3.96(\text{kJ/kg})$

根据 h_{1t}、h_{2t} 以及相关参数，查水蒸气特性表得 $v_{1t}=0.5\text{m}^3/\text{kg}$，$v_{2t}=0.54\text{m}^3/\text{kg}$，取部分进汽度 $e=1$，取喷嘴流量系数 $u_n=0.97$，则喷嘴高度 l_n 为

$$l_n=\frac{Gv_{1t}}{u_n\pi d_m c_{1t}\sin\alpha}=\frac{29.6\times0.5}{0.97\times3.14\times1.18\times395.3\sin11°13'}=0.0536(\text{m})$$

取喷嘴高度 $l_n=54\text{mm}$。取动叶流量系数 $u_b=0.95$，则动叶高度 l_b 为

$$l_b=\frac{Gv_{2t}}{u_b\pi d_m w_{2t}\sin\beta_2}=\frac{29.6\times0.54}{0.95\times3.14\times1.18\times261.5\sin18°}=0.0562(\text{m})$$

取动叶高度 $l_b=56\text{mm}$。

(2) 叶高损失 Δh_l：$\Delta h_l=\frac{1.6}{l_n}(\Delta h_t^*-\Delta h_{n\xi}-\Delta h_{b\xi}-\Delta h_{c_2})=\frac{1.6}{54}(91.2-4.61-4.16-3.96)=2.33(\text{kJ/kg})$

轮周有效焓降 Δh_u：

$$\Delta h_u=\Delta h_t^*-\Delta h_{n\xi}-\Delta h_{b\xi}-\Delta h_{c_2}-\Delta h_t=91.2-4.61-4.16-3.96-2.33=76.14(\text{kJ/kg})$$

轮周功率 P_u：$P_u=G\Delta h_u=29.6\times76.14=2253.7(\text{kW})$

(3) 余速为下级利用时的轮周效率为

$$\eta_u=\frac{\Delta h_u}{\Delta h_t^*-\Delta h_{c_2}}=\frac{76.14}{91.2-3.96}=0.876$$

无余速利用时的轮周效率为 $\eta_u=\frac{\Delta h_u}{\Delta h_t^*}=\frac{76.14}{91.2}=0.838$

分析：利用水蒸气性质、能量方程及速度三角，可以确定喷嘴及动叶的高度、叶片损失及轮周效率等参数；通过对有无余速利用时对比，当余速初利用时，轮周效率得到提高。通过本例，更好地掌握级的热力计算过程。

[例 1-4] 已知进入喷嘴的水蒸气压力 $p_0=0.09\text{MPa}$，水蒸气干度 $x_0=0.95$，初速 $c_0=0$；喷嘴后的蒸汽压力 $p_1=0.07\text{MPa}$，流量系数 $\mu_n=1.02$，喷嘴出口截面积 $A_n=0.001\,2\text{m}^2$。试求通过喷嘴的蒸汽流量和流量比系数。

解：根据 p_0、x_0、p_2，查水蒸气特性表可确定：初焓 $h_0=2557.6\text{kJ/kg}$，初态比体积 $v_0=1.775\,6\text{m}^3/\text{kg}$。

喷嘴出口理想状态焓值 $h_{1t}=2518\text{kJ/kg}$，理想状态比体积 $v_{1t}=2.217\,9\text{m}^3/\text{kg}$，则

喷嘴中蒸汽的理想焓降 Δh_n：$\Delta h_n=h_0-h_{1t}=2557.6-2518=39.6(\text{kJ/kg})$

喷嘴出口汽流的理想速度 c_{1t}：$c_{1t}=\sqrt{2\Delta h_n}=\sqrt{2\times39.6\times1000}=281.4(\text{m/s})$

蒸汽的理想状态密度为

$$\rho_{1t}=\frac{1}{v_{1t}}=\frac{1}{2.2179}=0.451(\text{kg/m}^3)$$

则通过喷嘴的流量为

$$G_n=\mu_n A_n c_{1t}\rho_{1t}=1.02\times0.001\,2\times281.4\times0.451=43.7(\text{kg/s})$$

蒸汽的初态密度为

$$\rho_0=\frac{1}{v_0}=\frac{1}{1.775\,6}=0.563(\text{kg/m}^3)$$

则通过喷嘴的临界流量为

$$G_{nc}=0.636A_n\sqrt{p_0\rho_0}=0.636\times0.001\,2\sqrt{0.09\times10^6\times0.563}=0.172(\text{kg/s})$$

流量比系数 β：$\beta=G_n/G_{nc}=0.155/0.172=0.901$

分析：利用水蒸气的 h-s 图、能量方程及临界与亚临界流量方程确定相关参数，正确理解流量比系数的物理含义。

[例 1-5] 已知渐缩喷嘴出口截面积 $A_n=0.7\text{m}^2$，喷嘴出口角 $\alpha_1=19°$，喷嘴后蒸汽压力 $p_1=0.01\text{MPa}$，干度 $x_1=0.92$，通过喷嘴的蒸汽流量 $G=26\text{kg/s}$，喷嘴速度系数 $\varphi=0.97$，初速可忽略不计。试求喷嘴前蒸汽压力 p_0 及干度 x_0。

解：如图 1-16 所示，由 p_1、x_1 查水蒸气特性表，可得喷嘴出口汽流比体积 $v_1=13.497\text{m}^3/\text{kg}$，喷嘴出口汽流焓 $h_1=2393.4\text{kJ/kg}$。

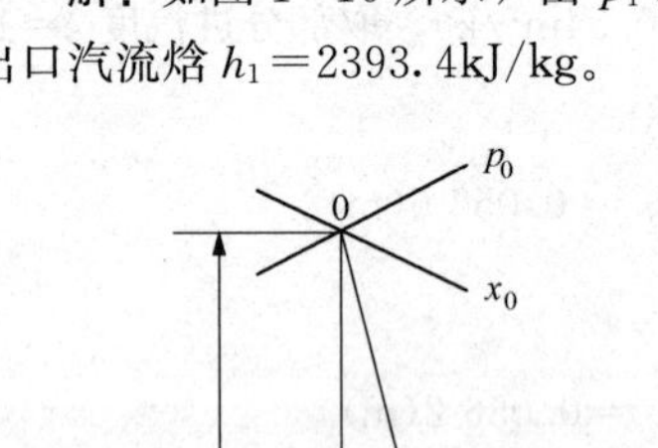

图 1-16 喷嘴的热力过程线

喷嘴出口汽流速度 c_1：$c_1=\frac{Gv_1}{A_n}=\frac{26\times13.497}{0.7}=501.3(\text{m/s})$

喷嘴出口汽流理想速度 c_{1t}：$c_{1t}=c_1/\varphi=501.3/0.97=516.8(\text{m/s})$

喷嘴中的理想焓降 Δh_n：$\Delta h_n=0.5c_{1t}^2=0.5\times516.8^2\times1000$
$=133.54(\text{kJ/kg})$

喷嘴损失 δh_n：$\delta h_n=(1-\varphi^2)\Delta h_n=(1-0.97^2)\times133.54$
$=7.89(\text{kJ/kg})$

在 h-s 图上由喷嘴出口状态点 1 沿等压线向下截取得 $1'$ 点为喷嘴出口理想状态点，使 $\delta h_n=h_1-h_{1t}=7.89\text{kJ/kg}$，$1'$ 点为喷嘴出口理想状态点，查得喷嘴出口理想状态焓 $h_{1t}=2385.5\text{kJ/kg}$，喷嘴出口理想状态比体积 $v_{1t}=13.448\text{m}^3/\text{kg}$。

从 $1'$ 点向上作等熵线 $1'-0$，使 $\Delta h_n=h_0-h_{1t}=133.54\text{kJ/kg}$，0 点即为喷嘴出口汽流状态点，可查得初态压力 $p_1=0.026\text{MPa}$，初态焓 $h_0=2519.0\text{kJ/kg}$，初态干度 $x_0=0.957$。

分析：通过水蒸气 h-s 图、连续方程及能量方程，确定喷嘴出口状态参数，并根据蒸汽在喷嘴中的能

量损失，得到喷嘴出口理想状态参数，尽而得到喷嘴入口处状态参数。通过本例，要求掌握如何利用水蒸气 h-s 图及其在喷嘴中的能量转换特点，确定相关状态参数，加深蒸汽在喷嘴中能量转换特性。

[例 1-6]　凝汽式汽轮机最末级级前蒸汽压力 $p_0=0.015\text{MPa}$，干度 $x_0=0.94$；级后蒸汽压力 $p_1=0.004\text{MPa}$，初速动能 $\Delta h_{c0}=8\text{kJ/kg}$。若要求喷嘴出口汽流不发生偏转，则最小反动度 Ω_m 应为多少？

解：根据已知参数在 h-s 图上查得

$$h_0=2444\text{kJ/kg},\ h_0^0=2452\text{kJ/kg},\ p_0^0=0.0103\text{MPa},\ h_{2t}=2328\text{kJ/kg}$$

由于在湿蒸汽区，$\kappa=1.035+0.1x=1.035+0.1\times0.94=1.13$，取喷嘴速度系数 $\varphi=0.97$，则

$$n=\frac{\kappa}{\kappa+\varphi^2(1-\kappa)}=\frac{1.13}{1.13+0.97^2(1-1.13)}=1.113$$

$$\varepsilon_{cn}=\left(\frac{2}{\kappa+1}\right)^{\frac{n}{n-1}}=\left(\frac{2}{1.13+1}\right)^{\frac{1.113}{1.113-1}}=0.540$$

$$p_{cr}=p_0^0\varepsilon_{cr}=0.54\times0.0103=5.560\times10^{-3}(\text{MPa})$$

要使喷嘴出口汽流不发生偏转，则喷嘴出口截面上的压力不能小于 p_{cr}，这时可得相应的喷嘴出口焓 $h_{1t}=2366\text{kJ/kg}$，那么

动叶焓降 Δh_b：$\Delta h_b=h_{1t}-h_{2c}=2366-2328=38.0(\text{kJ/kg})$

级焓降 Δh_t^0：$\Delta h_t^0=h_0^0-h_{2t}=2452-2328=124.0(\text{kJ/kg})$

反动度 Ω_m：$\Omega_m=\dfrac{\Delta h_b}{\Delta h_t^0}=\dfrac{38}{124}=0.306$

要使喷嘴出口截面汽流不发生偏转，则该级的反动度不得小于 0.306。

分析：根据水蒸气 h-s 图、临界压比、多变过程及反动度，对级进行热力计算，确定当级达到临界时所对应的反动度；当反动度小于喷嘴达临界所对应的反动度时，汽流发生偏转，否则不发生偏转，进而判断汽流通过喷嘴时是否发生偏转。本例要求掌握蒸汽在带有斜切喷嘴时的膨胀过程及流动特性。

[例 1-7]　某机组级前蒸汽压力 $p_0=2.0\text{MPa}$，温度 $t_0=350℃$，初速度 $c_0=70\text{m/s}$；级后蒸汽压力 $p_2=1.5\text{MPa}$。喷嘴出汽角 $\alpha_1=18°$，反动度 $\Omega_m=0.2$，动叶进出汽角 $\beta_2=\beta_1-6°$，级的平均直径 $d_m=1080\text{mm}$，转速 $n=3000\text{r/min}$，喷嘴速度系数 $\varphi=0.95$，动叶速度系数 $\varphi=0.92$。试求：(1) 动叶出口相对速度 w_2 和绝对速度 c_2；(2) 喷嘴、动叶中的能量损失，余速动能；(3) 绘出动叶进出口速度三角形。

解：(1) 根据 p_0、t_0 在 h-s 图上查得初始状态点 0，其焓 $h_0=3137\text{kJ/kg}$，又 $\Delta h_{c_0}=c_0^2/2=70^2/2000=2.45\text{kJ/kg}$，则滞止状态点焓值 $h_0^0=h_0+\Delta h_{c_0}=3139.5\text{kJ/kg}$。

在 h-s 图上由初态 0 等熵膨胀至级后压力 p_2，求得 $h_{2t}=3060.4\text{kJ/kg}$，则级的等熵滞止焓降 Δh_t^0（见图 1-17）为

$$\Delta h_t^0=h_0^0-h_{2t}=3137-3060.4=76.6(\text{kJ/kg})$$

动叶焓降 Δh_b：$\Delta h_b=\Omega_m\Delta h_t^0=0.2\times76.6=15.3(\text{kJ/kg})$

喷嘴焓降 Δh_n^0：

$$\Delta h_n^0=\Delta h_t^0-\Delta h_b=76.6-15.3=61.3(\text{kJ/kg})$$

喷嘴出口汽流速度及动叶出口汽流速度为

$c_{1t}=\sqrt{2\Delta h_n^0}=\sqrt{2\times61.3\times1000}=350.1(\text{m/s})$，则 $c_1=\varphi c_{1t}=0.95\times350.1=332.6(\text{m/s})$

圆周速度 u：$u=\pi d_m n/60=50\times3.1416\times1.08=169.1(\text{m/s})$

喷嘴出口汽流相对速度为

$$w_1=\sqrt{c_1^2+u^2-2c_1u\cos\alpha_1}$$
$$=\sqrt{332.6^2+169.1^2-2\times332.6\times169.1\times\cos18°}$$
$$=179.5(\text{m/s})$$

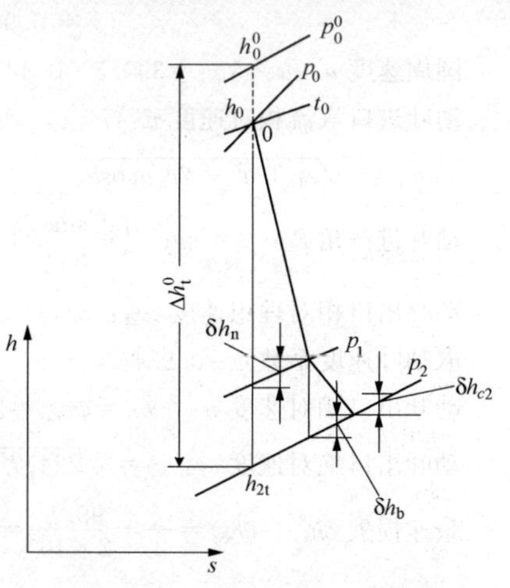

图 1-17　级的热力过程线

其方向角

$$\cos\beta_1=\frac{c_1\cos\alpha_2-u}{w_1}=\frac{332.6\times\cos18°-169.1}{179.5}=0.8201,\text{则}\ \beta_1=34°54'$$

由题意得 $\beta_2=\beta_1-6°=34°54'-6°=28°54'$。

动叶出口汽流相对速度 w_{2t} 为

$$w_{2t}=\sqrt{2\Delta h_b+w_1^2}=\sqrt{2\times15.3\times1000+179.5^2}=250.4(\text{m/s})$$

则 $$w_2=\psi w_{2t}=0.92\times250.4=230.4(\text{m/s})$$

动叶出口汽流绝对速度 c_2 为

$$c_2=\sqrt{w_2^2+u^2-2w_2u\cos\beta_2}=\sqrt{230.4^2+169.1^2-2\times230.4\times169.1\times\cos28°54'}=116(\text{m/s})$$

其方向角 $\cos\alpha_2=\dfrac{w_2\cos\beta_2-u}{c_2}=\dfrac{230.4\times\cos28°54'-169.1}{116}=0.2811$，则 $\alpha_2=73°40'$

(2) 通流部分损失。

喷嘴损失 δh_n：$\delta h_n=(1-\varphi^2)\Delta h_n^0=(1-0.95^2)\times61.3=5.98(\text{kJ/kg})$

动叶损失 δh_b：$\delta h_b=0.5(1-\psi^2)w_{2t}^2=0.5\times(1-0.92^2)\times250.4^2=3.13(\text{kJ/kg})$

余速损失 δh_{c2}：$\delta h_{c_2}=0.5c_2^2=0.5\times116^2=6.73(\text{kJ/kg})$

(3) 速度三角形，如图 1-18 所示。

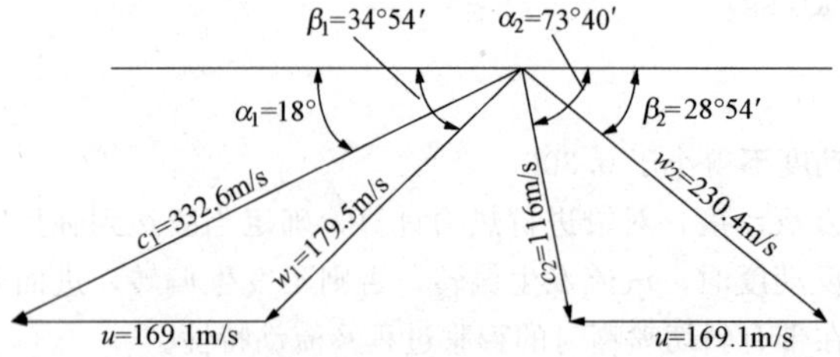

图 1-18 级动叶速度进出口三角形

分析：根据水蒸气 h-s 图、能量方程及速度三角形各内参数关系，对级进行热力计算，确定喷嘴出口、动叶进出口流速、进排汽角及级内损失，进而绘出级的速度三角形，并由此了解蒸汽在流过动叶时的能量转换过程及损失，特别是余速损失的大小，为参数优化提供依据。通过本例可以更加清楚了解蒸汽在级内的能量转换过程及所产生损失的数量级，对叶型优化有一定的帮助。

[例 1-8] 已知机组某中间级的反动度 $\Omega_m=0.04$，速度比 $x_1=0.44$，级内蒸汽理想焓降 $\Delta h_t=84.3\text{kJ/kg}$，喷嘴出汽角 $\alpha_1=15°$，动叶出汽角和进汽角的关系是 $\beta_2=\beta_1-3°$，蒸汽流量 $G=4.8\text{kg/s}$，前一级排汽余速动能可利用的流量 $\Delta h_{c0}=1.8\text{kJ/kg}$。假设离开该级的汽流动能被下级利用了一半，喷嘴速度系数 $\varphi=0.96$，试求该级的轮周功率 N 和轮周效率 η_u。

解：喷嘴出口实际速度 c_1：$c_1=\varphi\sqrt{2\times[(1-\Omega_m)\times\Delta h_t+\Delta h_{c_0}]}$

$$=0.96\times44.72\times\sqrt{(1-0.04)\times84.3+1.8}=390.5(\text{m/s})$$

圆周速度 u：$u=c_1x_1=390.5\times0.44=171.8(\text{m/s})$

动叶进口汽流相对速度 w_1：

$$w_1=\sqrt{c_1^2+u^2-2c_1u\cos\alpha_1}=\sqrt{390.5^2+171.8^2-2\times390.5\times171.8\cos15°}=228.9(\text{m/s})$$

动叶进汽角 β_1：$\beta_1=\sin^{-1}\left(\dfrac{c_1\sin\alpha_1}{w_1}\right)=\sin^{-1}\left(\dfrac{390.5\sin15°}{228.9}\right)=26.2°$

动叶出口相对理想速度 w_{2t}：$w_{2t}=\sqrt{2\Omega_m\Delta h_t+w_1^2}=\sqrt{2\times1000\times0.04\times84.3+228.9^2}=243.2(\text{m/s})$

取动叶速度系数 $\psi=0.924$

动叶出口相对速度 w_2：$w_2=\psi w_{2t}=243.2\times0.924=224.7(\text{m/s})$

动叶出口绝对速度 c_2：$c_2=\sqrt{224.7^2+171.8^2-2\times224.7\times171.8\cos23.2°}=95.1(\text{m/s})$

余速损失 δh_{c_2}：$\delta h_{c_2}=\dfrac{c_2^2}{2}=\dfrac{95.1^2}{2\times10^3}=4.52(\text{kJ/kg})$

喷嘴损失 δh_n：$\delta h_n=(1-\varphi^2)\dfrac{c_{1t}^2}{2}=(1-0.96^2)\times\dfrac{\left(\dfrac{390.5}{0.96}\right)^2}{2000}=6.49(\text{kJ/kg})$

动叶损失 δh_{b}：$\delta h_{\mathrm{b}}=(1-\psi^2)\dfrac{w_{2\mathrm{t}}^2}{2}=(1-0.924^2)\times\dfrac{243.2^2}{2000}=4.32(\mathrm{kJ/kg})$

轮周有效焓降 Δh_{u}：$\Delta h_{\mathrm{u}}=\Delta h_{\mathrm{t}}+\Delta h_{c_0}-\delta h_{\mathrm{n}}-\delta h_{\mathrm{b}}-\delta h_{c_2}=84.3+1.8-6.49-4.32-4.52=70.8(\mathrm{kJ/kg})$

级的理想可用能量 E_0：$E_0=\Delta h_{c_0}+\Delta h_{\mathrm{t}}-0.5\Delta h_{c_2}=1.8+84.3-0.5\times4.52=83.8(\mathrm{kJ/kg})$

轮周功率 P_{u}：$P_{\mathrm{u}}=G\Delta h_{\mathrm{u}}=4.8\times70.8=339.8(\mathrm{kW})$

轮周效率 η_{u}：$\eta_{\mathrm{u}}=\dfrac{\Delta h_{\mathrm{u}}}{E_0}=\dfrac{70.8}{83.8}=0.845$

分析：利用速度三角形原理，确定动叶进出口各速度，进而计算出级内损失；在考虑余速利用的情况下，计算出轮周效率。通过本例掌握如何利用速度三角形原理计算级的轮周效率，并清楚了解在余速利用前后对轮周效率的影响。

［**例 1-9**］　反动式汽轮机第一个级中喷嘴与动叶采用相同的叶型，喷嘴和动叶出汽角相等，即 $\alpha_1=\beta_2=20°$，又 $w_2=c_1$，各级速度比 $x_1=0.7$，速度系数 $\varphi=\psi=0.95$，第一级初速动能 $\Delta h_{c_0}=0$，各级余速全部被下级利用。试求：(1) 第一级 Ω_{m}；(2) 后面各级约应采用多大的反动度 Ω_{m}？

解：(1) 第一级反动度

喷嘴焓降 Δh_{n}：$\Delta h_{\mathrm{n}}=\dfrac{c_1^2}{2\varphi^2}=\dfrac{u^2}{2\times0.7^2\times0.95^2}=1.131u^2$

动叶进口相对速度 w_1：$w_1=\sqrt{c_1^2+u^2-2c_1u\cos\alpha_1}=u\sqrt{\left(\dfrac{1}{0.7}\right)^2+1-\dfrac{2}{0.7}\cos20°}=0.5966u$

动叶焓降 Δh_{b}：$\Delta h_{\mathrm{b}}=\dfrac{w_2^2}{2\psi^2}-\dfrac{w_1^2}{2}=1.131u^2-\dfrac{0.5966^2}{2}u^2=0.952u^2$

反动度 Ω_{m}：$\Omega_{\mathrm{m}}=\dfrac{\Delta h_{\mathrm{b}}}{\Delta h_{\mathrm{n}}+\Delta h_{\mathrm{b}}}=\dfrac{0.952}{1.131+0.952}=0.457$

(2) 其余各级反动度

动叶出口绝对速度 c_2：$c_2=\sqrt{w_2^2+u^2-2w_2u\cos\alpha_2}=\sqrt{\left(\dfrac{1}{0.7}\right)^2+1-2\dfrac{\cos20°}{0.7}}u=0.5966u$

喷嘴焓降 Δh_{n}：$\Delta h_{\mathrm{n}}=\dfrac{c_1^2}{2\varphi^2}-\dfrac{c_2^2}{2}=1.131u^2-\left(\dfrac{0.5966^2}{2}\right)^2u^2=1.04u^2$

动叶焓降 Δh_{b}：$\Delta h_{\mathrm{n}}=\dfrac{w_2^2}{2\psi^2}-\dfrac{w_1^2}{2}=1.131u^2-\left(\dfrac{0.5966^2}{2}\right)u^2=1.04u^2$

反动度 Ω_{m}：$\Omega_{\mathrm{m}}=\dfrac{\Delta h_{\mathrm{b}}}{\Delta h_{\mathrm{n}}+\Delta h_{\mathrm{b}}}=\dfrac{1.04}{1.04+1.04}=0.50$

分析：利用反动级为镜像级的结构特点、速度三角形原理及速比公式，计算级的反动度；在余速被各级利用的情况下，根据第一级的已知参数，计算得到后面各级的反动度，而此时得到的反动度是根据第一级参数求出，实际上，随蒸汽通过后面各级，其压力和温度下降，比体积增加，叶片长度也随之增加，级的反动度也要增大，因此，后面各级的反动度不应小于计算出的值。通过本例应掌握反动级的结构特点及相应参数间的关系，对反动式汽轮机各级反动度的变化。

［**例 1-10**］　已知机组某级的平均直径 $d_{\mathrm{m}}=883\mathrm{mm}$，设计流量 $G=597\mathrm{t/h}$。设计工况下级前蒸汽压力 $p_0=5.49\mathrm{MPa}$，温度 $t_0=417℃$；级后蒸汽压力 $p_2=2.35\mathrm{MPa}$。该级反动度 $\Omega_{\mathrm{m}}=0.296$，上一级余速动能被该级利用的部分为 $\Delta h_{\mathrm{c}}=33.5\mathrm{kJ/kg}$，又知喷嘴出汽角 $\alpha_1=11°51'$，速度系数 $\varphi=0.97$，该级为全周进汽。试计算喷嘴出口高度。

解：根据 p_0、t_0 和 p_2，由 h-s 图可求得蒸汽在该级中的理想焓降：

$$\Delta h_{\mathrm{t}}=3230-3003=227(\mathrm{kJ/kg})$$

根据级的反动度 Ω_{m}，可确定蒸汽在喷嘴中的焓降为

$$\Delta h_{\mathrm{n}}=(1-\Omega_{\mathrm{m}})\Delta h_{\mathrm{t}}=(1-0.296)\times227=160(\mathrm{kJ/kg})$$

由 h-s 图可定出喷嘴后的蒸汽压力 $p_1=3.1\mathrm{MPa}$，再根据 Δh_{c} 值由 h-s 图可定出蒸汽进入该级的滞止

参数：$p_0^0=6.08\text{MPa}$，$h_0^0=3264\text{kJ/kg}$。

喷嘴前后压力比 $\varepsilon_n=\dfrac{p_1}{p_0^0}=\dfrac{3.1}{6.08}=0.51$，可知该值小于过热蒸汽的临界压力比（$\varepsilon_{nc}=0.546$），该喷嘴出口汽流超临界。

临界压力 p_{nc}：$p_{nc}=\varepsilon_{nc}p_0^0=0.546\times6.08=3.32(\text{MPa})$

查水蒸气特性表，可确定临界状态下的蒸汽参数：$h_{nc}=3090\text{kJ/kg}$，$v_{nc}=0.08\text{m}^3/\text{kg}$

蒸汽的理想临界速度 c_{nct}：$c_{nct}=\sqrt{2(h_0^0-h_{nc})}=\sqrt{2\times(3264-3090)\times1000}=690(\text{m/s})$

喷嘴喉部面积 $(A_n)_{nc}$：$(A_n)_{nc}=\dfrac{Gv_{nc}}{\varphi c_{nct}}=\dfrac{Gv_{cr}}{u_n c_{cr.t}}=\dfrac{597\times0.08}{0.97\times590\times3.6}=0.0232(\text{m}^2)$

喷嘴出口高度 l_n：$l_n=\dfrac{(A_n)_{nc}}{\pi d_m \sin\alpha_1}=\dfrac{232}{3.14\times88.3\times\sin11°51'}=4.08(\text{cm})$

可知，喷嘴出口高度可取为 41mm。

分析：利用水蒸气特性表、临界概念及连续方程，确定喷嘴出口高度，在得到高度参数后，按取大不取小的原则，取计算值最小整数，这是工程中常采用的方法。

习 题

一、单选题

1. 汽轮机的级是由______组成的(　　)

A. 隔板+喷嘴　B. 汽缸+转子　C. 喷嘴+动叶　D. 主轴+叶轮

2. 当喷嘴的压力比 ε_n 大于临界压力比 ε_{cr}时，则喷嘴的出口蒸汽流速 c_1（　　）

A. $c_1<c_{nc}$　B. $c_1=c_{nc}$　C. $c_1>c_{nc}$　D. $c_1\leqslant c_{nc}$

3. 当渐缩喷嘴出口压力 p_1小于临界压力 p_{nc}时，蒸汽在喷嘴斜切部分发生膨胀，下列哪个说法是正确的？(　　)

A. 只要降低 p_1，即可获得更大的超声速汽流

B. 可以获得超声速汽流，但蒸汽在喷嘴中的膨胀是有限的

C. 蒸汽在渐缩喷嘴出口的汽流流速等于临界速度 c_{nc}

D. 蒸汽在渐缩喷嘴出口的汽流流速小于临界速度 c_{nc}

4. 汽轮机的轴向位置是依靠______确定的？(　　)

A. 靠背轮　B. 轴封　C. 支持轴承　D. 推力轴承

5. 蒸汽流动过程中，能够推动叶轮旋转对外做功的有效力是(　　)

A. 轴向力　B. 径向力　C. 周向力　D. 蒸汽压差

6. 在其他条件不变的情况下，余速利用系数增加，级的轮周效率 η_u（　　）

A. 增大　B. 降低　C. 不变　D. 无法确定

7. 工作在湿蒸汽区的汽轮机的级，受水珠冲刷腐蚀最严重的部位是(　　)

A. 动叶顶部背弧处　B. 动叶顶部内弧处

C. 动叶根部背弧处　D. 喷嘴背弧处

8. 降低部分进汽损失，可以采取下列哪个措施？(　　)

A. 加隔板汽封

B. 减小轴向间隙

C. 选择合适的反动度

D. 在非工作段的动叶两侧加装护罩装置

9. 火力发电厂汽轮机的主要任务是(　　)

A. 将热能转化成电能　　B. 将热能转化成机械能

C. 将电能转化成机械能　　D. 将机械能转化成电能

10. 在纯冲动式汽轮机级中，如果不考虑损失，蒸汽在动叶通道中(　　)

A. 相对速度增加　　B. 相对速度降低

C. 相对速度只改变方向，而大小不变　　D. 相对速度大小和方向都不变

11. 已知蒸汽在汽轮机某级的滞止理想焓降为 40kJ/kg，该级的反动度为 0.187，则喷嘴出口的理想汽流速度为(　　)

A. 8m/s　　B. 122m/s　　C. 161m/s　　D. 255m/s

12. 下列哪个说法是正确的(　　)

A. 喷嘴流量总是随喷嘴出口速度的增大而增大

B. 喷嘴流量不随喷嘴出口速度的增大而增大

C. 喷嘴流量可能随喷嘴出口速度的增大而增大，也可能保持不变

D. 以上说法都不对

13. 冲动级动叶入口压力为 p_1，出口压力为 p_2，则 p_1 和 p_2 的关系为(　　)

A. $p_1<p_2$　　B. $p_1>p_2$　　C. $p_1=p_2$　　D. $p_1=0.5p_2$

14. 工作段弧长为 1037mm，平均直径 1100mm，该级的部分进汽度为(　　)

A. 0.3　　B. 0.5　　C. 0.66　　D. 1

15. 汽轮机中反动度为 0.5 的级被称为(　　)

A. 纯冲动级　　B. 带反动度的冲动级　　C. 复速级　　D. 反动级

16. 蒸汽在某反动级喷嘴中的滞止理想焓降为 30kJ/kg，则蒸汽在动叶通道中的理想焓降为(　　)

A. 0kJ/kg　　B. 15kJ/kg　　C. 30kJ/kg　　D. 45kJ/kg

17. 在反动式汽轮机级中，如果不考虑损失，则(　　)

A. 蒸汽在动叶通道中的绝对速度增大

B. 蒸汽在动叶通道中绝对速度降低

C. 蒸汽在动叶通道中相对速度只改变方向，而大小不变

D. 以上说法都不对

18. 假设喷嘴前的蒸汽滞止焓为 3350kJ/kg，喷嘴出口蒸汽理想比焓值为 3304.4kJ/kg，则喷嘴出口理想绝对速度为(　　)

A. 9.5m/s　　B. 81.3m/s　　C. 81.9m/s　　D. 302m/s

19. 关于喷嘴临界流量，在喷嘴出口面积一定的情况下，请判断下列说法哪个正确(　　)

A. 喷嘴临界流量只与喷嘴初参数有关

B. 喷嘴临界流量只与喷嘴终参数有关

C. 喷嘴临界流量与喷嘴压力比有关

D. 喷嘴临界流量既与喷嘴初参数有关，也与喷嘴终参数有关

20. 反动级中，若喷嘴出口汽流角 $\alpha_1=15°$，速比取哪个值时，该级的轮周效率最高(　　)

A. 0.24　　B. 0.48　　C. 0.6　　D. 0.966

21. 在喷嘴出口方向角 α_1 和圆周速度 u 相等时，纯冲动级和反动级在最佳速比下所能承担的焓降之比为(　　)

A. 1∶2　　B. 2∶1　　C. 1∶1　　D. 1∶4

22. 汽轮机级采用部分进汽的原因是(　　)

A. 叶片太长　　B. 叶片太短　　C. 存在鼓风损失　　D. 存在斥汽损失

23. 下列哪几项损失不属于叶栅损失(　　)

A. 喷嘴损失　　B. 动叶损失　　C. 余速损失　　D. 叶高损失

24. 在圆周速度相同的情况下，做功能力最大的级为(　　)

A. 纯冲动级　　B. 带反动度的冲动级

C. 复速级　　D. 反动级

25. 在各自最佳速比下，轮周效率最高的级是(　　)

A. 纯冲动级　　B. 带反动度的冲动级

C. 复速级　　D. 反动级

26. 蒸汽在喷嘴斜切部分膨胀的条件是(　　)

A. 喷嘴后压力小于临界压力　　B. 喷嘴后压力等于临界压力

C. 喷嘴后压力大于临界压力　　D. 喷嘴后压力大于喷嘴前压力

27. 在反动级中，下列哪种说法正确？(　　)

A. 蒸汽在喷嘴中理想焓降为零

B. 蒸汽在动叶中理想焓降为零

C. 蒸汽在喷嘴与动叶中的理想焓降相等

D. 蒸汽在喷嘴的理想焓降小于动叶的理想焓降

28. 下列哪个措施可以减小叶高损失(　　)

A. 加长叶片　　B. 缩短叶片　　C. 加厚叶片　　D. 减薄叶片

29. 下列哪种措施可以减小级的扇形损失(　　)

A. 采用部分进汽　　B. 采用去湿槽　　C. 采用扭叶片　　D. 采用复速级

30. 在汽轮机工作过程中，下列哪些部件是静止不动的？(　　)

A. 叶轮　　B. 叶片　　C. 隔板　　D. 轴

31. 哪些措施可以减小鼓风损失？(　　)

A. 采用扭叶片　　B. 增加喷嘴组数

C. 在叶轮上开孔　　D. 在动叶非工作弧段加装护罩

32. 纯冲动级内能量转换的特点是(　　)

A. 蒸汽只在动叶栅中进行膨胀　　B. 蒸汽仅对动叶施加冲动力

C. 喷嘴进出口蒸汽压力相等　　D. 喷嘴理想焓降等于动叶理想焓降

33. 汽在叶片斜切部分膨胀的特点包括(　　)

A. 蒸汽汽流方向不变　　B. 其叶片前后的压力比 $\varepsilon < \varepsilon_{nc}$

C. 其叶片前后的压力比 $\varepsilon > \varepsilon_{nc}$　　D. 叶片出口只能得到声速汽流

34. 大型汽轮机低压末级的反动度一般为(　　)

A. 0　　B. 0.3　　C. 0.5　　D. >0.5

二、填空

1. 汽轮机级内漏汽主要发生在____、____和____。
2. 叶轮上开平衡孔可以起到____的作用。
3. 部分进汽损失包括____损失和____损失。
4. 汽轮机的外部损失主要有____、____、____和____。
5. 湿汽损失主要存在于汽轮机的____、____级。
6. 在反动级、冲动级和速度级三种方式中，要使单级汽轮机的效率大，损失较少，应采用____。
7. 轮周损失包括：____、____、____。

三、简答题

1. 纯冲动级和反动级的做功原理有何不同？在相等直径和转速的情况下，比较二者的做功能力的大小并说明原因。
2. 分别说明高压级内和低压级内可能包括哪几项损失？
3. 简述在汽轮机的工作过程。
4. 汽轮机级内有哪些损失？
5. 指出汽轮机中喷嘴和动叶的作用。
6. 据喷嘴斜切部分截面积变化，如图 1-19 所示。请说明：(1) 当喷嘴出口截面上的压力比 p_1/p_0 大于或等于临界压比时，蒸汽的膨胀特点；(2) 当喷嘴出口截面上的压力比 p_1/p_0 小于临界压比时，蒸汽的膨胀特点。
7. 什么是速度比？什么是级的轮周效率？试分析纯冲动级余速不利用时，速度比对轮周效率的影响。
8. 什么是汽轮机的最佳速比？并应用最佳速度比公式分析，为什么在圆周速度相同的情况下，反动级能承担的焓降或做功能力比纯冲动级小？
9. 简述蒸汽在轴流式汽轮机的冲动级、反动级和复速级内的能量转换特点，并比较它们的效率及做功能力。
10. 减小汽轮机中漏汽损失的措施。

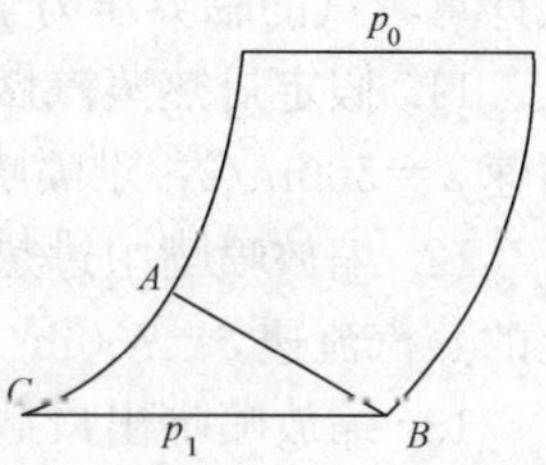

图 1-19　带斜切的喷嘴

四、计算题

1. 质量为 2.7kg 的蒸汽在喷嘴中绝热膨胀，可用热量为 253.25kJ，如果蒸汽初速为零，试计算喷嘴出口汽流速度。若喷嘴效率为 90%，其喷嘴出口汽流速度又为多少？

2. 国产某机组在设计工况下，第二级前的蒸汽压力 $p_0=6.01\text{MPa}$，温度 $t_0=492℃$，喷嘴后压力 $p_2=5.20\text{MPa}$，又知该级喷嘴进口汽流速度可以忽略不计，喷嘴速度系数 $\varphi=0.97$。求设计工况下第二级喷嘴出口汽流速度。

3. 国产某机组在设计工况下第九级喷嘴前的蒸汽压力 $p_0=0.0623\text{MPa}$，干度 $x_0=0.948$，喷嘴后的蒸汽压力 $p_1=0.0333\text{MPa}$，喷嘴进口汽流具有初速度 $c_0=80.4\text{m/s}$，速度系数 $\varphi=0.95$，又知该级采用渐缩喷嘴，出汽角 $\alpha_1=12°28'$。试确定喷嘴出口汽流速度的大小和方向。

4. 已知喷嘴进口蒸汽压力 $p_0=3.0\text{MPa}$，温度 $t_0=450℃$，蒸汽具有初速 $c_0=70\text{m/s}$；喷嘴后蒸汽压力 $p_1=2.0\text{MPa}$，喷嘴速度系数 $\varphi=0.97$。试计算喷嘴前蒸汽滞止参数和喷嘴

出口实际速度。

5. 已知喷嘴进口蒸汽压力 $p_0=8.4$MPa 温度 $t_0=490$℃，初速 $c_0=50$m/s 喷嘴后蒸汽压力 $p_1=5.8$MPa。试求：（1）喷嘴前蒸汽滞止焓、滞止压力；（2）当喷嘴速度系数 $\varphi=0.97$，喷嘴出口理想速度和实际速度；（3）当喷嘴后蒸汽压力由 $p_1=5.8$MPa 降至临界压力时的临界速度。

6. 已知喷嘴前蒸汽压力 $p_0=6.0$MPa，温度 $t_0=450$℃，初速度 $c_0=100$m/s；喷嘴后蒸汽压力 $p_1=3.0$MPa。试确定：（1）喷嘴应采用何种型式；（2）速度系数 $\varphi=0.95$ 时喷嘴出口蒸汽实际速度 c_1；（3）喷嘴损失 δh_n，并在 $h-s$ 图上表示出蒸汽的热力过程。

7. 已知渐缩斜切喷嘴出口汽流速度 $c_1=500$m/s，压力 $p_2=0.026$MPa，干度 $x_1=0.96$，喷嘴几何出汽角 $\alpha_1=15°$，速度系数 $\varphi=0.95$。试确定喷嘴出口汽流的方向。

8. 已知喷嘴进口蒸汽压力 $p_0=2.5$MPa，温度 $t_0=400$℃；喷嘴后蒸汽压力 $p_1=1.4$MPa。汽流在喷嘴中做等熵膨胀，喷嘴出口汽流速度等于临界速度。试求蒸汽进入喷嘴时的初速度。

9. 当蒸汽流过有损失的喷嘴时，在最小截面处的汽流速度并不等于该处的声速，即并不是临界的。在这种情况下临界速度发生在喷嘴的渐扩部分内。若已知喷嘴前蒸汽压力 $p_0=0.54$MPa，温度 $t_0=250$℃，喷嘴速度系数 $\varphi=0.9$ 且不沿喷嘴长度变化。试确定在喷嘴最小截面处的蒸汽速度及临界速度。

10. 已知喷嘴进口蒸汽压力 $p_0=1.2$MPa，温度 $t_0=250$℃，蒸汽具有初速度 $c_0=150$m/s。试计算蒸汽的临界压力 p_{nc} 和临界速度 c_{nc}。

11. 假定过热蒸汽做等熵流动，在喷嘴某一截面上汽流的速度 $c=650$m/s，该截面上的声速 $a=500$m/s，求喷嘴中汽流的临界速度 c_{nc}。

12. 缩放喷嘴中过热蒸汽做等熵流动，最小截面处的蒸汽速度 $c_{cr}=400$m/s，某一截面上的蒸汽流速 $c=700$m/s，试求该截面处的速度。

13. 缩放喷嘴出口截面上的蒸汽压力 $p_2=0.7$MPa，温度 $t_1=2440$℃，蒸汽实际速度 $c_1=700$m/s，速度系数 $\varphi=0.93$。试求蒸汽在最小截面处的速度。

14. 已知渐缩喷嘴出口截面上的蒸汽压力 $c_1=450$m/s，压力 $p_1=0.491$MPa，温度 $t_1=250$℃。喷嘴速度系数 $\varphi=0.95$。试求喷嘴前蒸汽的压力 p_0 和温度 t_0。

15. 已知缩放喷嘴前的蒸汽压力 $p_0=10.8$MPa，温度 $t_0=500$℃，且知蒸汽在喷嘴中有流动损失，速度系数 $\varphi=0.95$，且不沿喷嘴长度变化。试确定该喷嘴喉部处的蒸汽状态。

16. 已知喷嘴出口蒸汽速度 $c_1=700$m/s，压力 $p_1=0.687$MPa，温度 $t_1=250$℃；又知喷嘴速度系数 $\varphi=0.95$，且不沿喷嘴长度变化。试求喷嘴喉部处蒸汽速度。

17. 已知汽轮机某级速度比 $x_a=0.7$，喷嘴出口角 $\alpha_1=25°$，蒸汽流动没有损失，该级动叶后蒸汽压力 $p_2=0.003\,92$MPa，此时在喷嘴和动叶出口截面中产生临界速度。试求喷嘴前的蒸汽压力 p_0。

18. 已知喷嘴前蒸汽压力 $p_0=0.078\,5$MPa，干度 $x_0=0.95$；喷嘴喉部面积 $(A_n)_{nc}=12\text{cm}^2$。试求考虑流动损失时通过喷嘴的临界蒸汽流量 G_{nc}。

19. 试根据下列条件求通过渐缩喷嘴的蒸汽流量。已知喷嘴前蒸汽压力 $p_0=0.019\,6$MPa，干度 $x_0=0.93$；喷嘴后蒸汽压力 $p_1=0.011\,8$MPa。喷嘴喉部面积 $A_{nc}=30\text{cm}^2$，速度系数 $\varphi=0.97$。

20. 已知喷嘴前蒸汽压力 $p_0=0.08\text{MPa}$，干度 $x_0=0.95$；喷嘴喉部面积 $(A_n)_{nc}=12\text{cm}^2$；喷嘴后蒸汽压力 $p_1=0.05\text{MPa}$。试计算通过喷嘴的实际流量；若喷嘴后的蒸汽压力降低为 $p_{11}=0.04\text{MPa}$，则流量是多少？

21. 已知进入喷嘴的蒸汽为具有初压 $p_0=0.014\text{MPa}$，初速 $c_0=0$ 的干饱和蒸汽。试求蒸汽通过喷嘴时的临界速度和喉部单位面积的流量。

22. 已知喷嘴前蒸汽压力 $p_0=1.5\text{MPa}$，温度 $t_0=320℃$，初速 $c_0=0$；喷嘴后蒸汽压力 $p_1=1.2\text{MPa}$；喷嘴出口截面积 $A_n=0.028\text{m}^2$。当流量系数 $\mu_n=0.97$ 时，求通过喷嘴的实际蒸汽流量。

23. 若测得渐缩喷嘴前的蒸汽压力 $p_0=0.12\text{MPa}$，温度 $t_0=210℃$；喷嘴后的蒸汽压力 $p_1=0.07\text{MPa}$。通过喷嘴的蒸汽流量 $G_n=0.117\text{kg/s}$。又知喷嘴出口面积 $A_n=7.1\text{cm}^2$。喷嘴进口处蒸汽速度可忽略。试求蒸汽通过喷嘴的流量系数。

24. 国产某机组第 9 级的平均直径 $d_m=1430\text{mm}$，喷嘴高度 $l_n=248\text{mm}$，喷嘴出汽角 $\alpha_1=12°28'$，若该级前蒸汽压力 $p_0=0.063\ 9\text{MPa}$，干度 $x_0=0.974$，又喷嘴流量系数 $\mu_n=0.97$，喷嘴后压力 $p_0=0.033\ 3\text{MPa}$，且上级余速能量不能被利用。试求该级的蒸汽流量。

25. 减缩斜切喷嘴通过蒸汽流量 $G=15\text{kg/s}$，喷嘴出口汽流压力 $p_1=0.5\text{MPa}$，温度 $t_0=200℃$；速度系数 $\varphi=0.95$，喷嘴出口面积 $A_c=100\text{cm}^2$，出汽角 $\alpha_1=14°$。试求喷嘴出口汽流的偏转角及蒸汽的初态。

26. 已知喷嘴前蒸汽压力 $p_0=0.065\text{MPa}$，干度 $x_0=0.96$，初速度 $c_0=90\text{m/s}$；喷嘴后的蒸汽压力 $p_1=0.03\text{MPa}$，喷嘴出汽角 $\alpha_1=16°$，速度系数 $\varphi=0.95$，试计算：(1) 喷嘴出口汽流偏转角 δ_1；(2) 蒸汽在斜切部分达到极限膨胀时，喷嘴出口的压力 p_{1d}；(3) 蒸汽达到极限膨胀时的最大偏转角 δ_{1d}。

27. 缩放喷嘴前蒸汽压力 $p_0=3.0\text{MPa}$，温度 $t_0=390℃$；喷嘴出口设计压力 $p_1=1.2\text{MPa}$，喷嘴出汽角 $\alpha_1=22°$，喷嘴速度系数 $\varphi=0.92$。当喷嘴后蒸汽压力为 $p_{11}=0.8\text{MPa}$ 时，试计算斜切部分偏转角 δ_1。

28. 国产某机组在设计工况下其末级动叶前的蒸汽压力 $p_1=0.009\ 3\text{MPa}$，蒸汽焓值 $h_1=2307.4\text{kJ/kg}$。蒸汽进入动叶的相对速度为 134m/s，动叶内的焓降为 $\Delta h_b=137.7\text{kJ/kg}$。(1) 求动叶出口处的理想相对速度；(2) 判断汽流在动叶斜切部分有无膨胀，并求出动叶出口汽流方向角。

29. 试根据下列条件作出动叶栅进出口速度三角形。该级的进汽压力 $p_0=1.96\text{MPa}$，温度 $t_0=350℃$；级后蒸汽压力 $p_2=1.47\text{MPa}$。该级速度比 $x_1=0.53$，级的平均反动度 $\Omega_m=0.15$，又知喷嘴和动叶的速度系数分别为 $\varphi=0.97$，$\psi=0.9$，喷嘴和动叶的角度为 $\alpha_1=18°$、$\beta_2=\beta_1-6°$。

30. 已知喷嘴前蒸汽压力 $p_0=2.8\text{MPa}$，温度 $t_0=400℃$；喷嘴后蒸汽压力 $p_1-1.95\text{MPa}$，温度 $t_1=350℃$. 喷嘴出汽角 $\alpha_1=14°$，动叶后的蒸汽压力 $p_2=1.85\text{MPa}$，温度 $t_2=345℃$，级的平均直径 $d_m=1.3\text{m}$，汽轮机转速 $n=3000\text{r/min}$，蒸汽初速可忽略不计。试求该级喷嘴和动叶的速度系数 φ 和 ψ。

31. 已知某反动级喷嘴出口汽流速度 $c_1=160\text{m/s}$，出汽角 $\alpha_1=\beta_2=20°$。通过该级的蒸汽流量 $G=7\text{kg/s}$，汽轮机转速 $n=3000\text{r/min}$，级的平均直径 $d_m=0.66\text{m}$。若 $\alpha_2=\beta_1$，试求动叶栅的进汽角 β_1，动叶栅所受的切向作用 F_u，级的轮周功率 P_u。

32. 已知机组某级级前蒸汽压力 $p_0=8.6\text{MPa}$，温度 $t_0=540℃$；级后蒸汽压力 $p_2=6.2\text{MPa}$. 该级反动度 $\Omega_m=9.38\%$，通过该级的蒸汽流量为 $G=17\text{t/h}$，喷嘴出汽角 $\alpha_1=12°54'$，动叶出汽角 $\beta_2=19°42'$，部分进汽度 $e=0.3328$，动叶栅节距 $t_b=22\text{mm}$，叶片数 $z_b=158$，动叶高度 $l_b=30\text{mm}$，汽轮机转速 $n=3000\text{r/min}$. 又设喷嘴速度系数 $\varphi=0.97$，喷嘴进汽速度可忽略。试求作用于一个叶片的蒸汽作用力和该级叶片所受蒸汽的作用力。

33. 已知单级冲动式汽轮机的动叶为对称叶片，即动叶进出角相等。喷嘴出汽角 $\alpha_1=20°$，喷嘴出口汽流速度 $c_1=650\text{m/s}$，喷嘴速度系数 $\varphi=0.96$，动叶圆周速度 $\mu=300\text{m/s}$，动叶速度系数 $\psi=0.7$。试计算：(1) 动叶进、出汽角 β_1 和 β_2；(2) 单位流量蒸汽作用于叶片上的作用力 F_a 和 F_u；(3) 单位流量蒸汽所做的轮周功 P_u，以及轮周效率 η_u。

34. 已知机组某级级前蒸汽压力 $p_0=5.2\text{MPa}$，温度 $t_0=470℃$；级后蒸汽压力 $p_2=4.4\text{MPa}$，进入该级的初速动能 $\Delta h_{c0}=1.2\text{kJ/kg}$，级平均直径 $d_m=0.999\text{m}$，速度比 $x_1=0.517$。喷嘴出汽角 $\alpha_1=10°48'$，动叶出汽角 $\beta_2=17°54'$。喷嘴速度系数 $\varphi=0.97$，汽轮机转速为 $n=3000\text{r/min}$。若排汽动能全部被下级利用，试求该级无限长叶片的轮周有效焓降和轮周效率。

35. 已知机组某纯冲动级喷嘴出口蒸汽速度 $c_1=766.8\text{m/s}$，喷嘴出汽角 $\alpha_1=20°$，动叶圆周速度 $u=365.76\text{m/s}$. 若动叶进出口角度相等，喷嘴速度系数 $\varphi=0.96$，动叶速度系数 $\psi=0.8$，通过该级的蒸汽流量 $G=1.2\text{kg/s}$，试求：(1) 蒸汽进入动叶的角度 β_1 和相对速度 w_1；(2) 蒸汽作用在叶片上的切向力 F_u；(3) 级的轮周功率 P_u 和轮周效率 η_u。

36. 已知某单级冲动式机组，其级的平均直径 $d_m=106.7\text{cm}$，汽轮机转速 $n=3000\text{r/min}$，喷嘴出汽角 $\alpha_1=18°$，级的速度比 $x_1=0.42$，喷嘴速度系数 $\varphi=0.96$，动叶速度系数 $\psi=0.84$. 又知动叶出汽角比进汽角小 3°，通过该级的蒸汽流量 $G=7.26\text{kg/s}$. 试求蒸汽作用在动叶上的切向力 F_u，轮轴功率 N_u 和轮周效率 η_u，并绘制级的速度三角形。

37. 已知机组某级的速度三角形，如图 1-20 所示。进口蒸汽速度 $c_0=0$，速度系数 $\varphi=0.95$，$\psi=0.90$。试根据速度三角形确定该级的反动度 Ω_m。

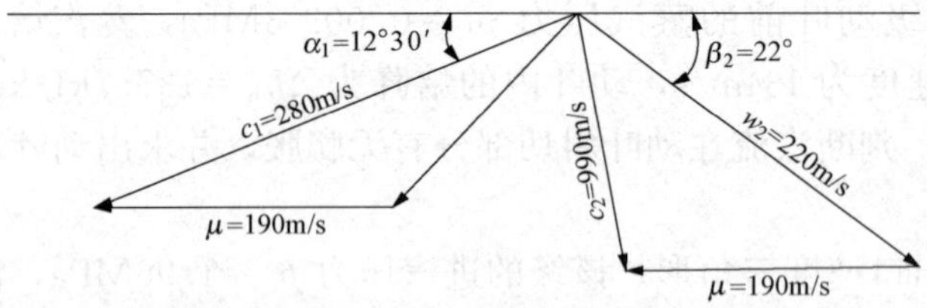

图 1-20 级的速度三角形

38. 试确定汽轮机某低压级的喷嘴出口高度 l_n。已知喷嘴进口蒸汽压力 $p_0=0.0196\text{MPa}$，干度 $x_0=0.95$，喷嘴出口蒸汽压力 $p_0=0.0118\text{MPa}$，通过喷嘴的蒸汽流量 $G=50\text{t/h}$，该级平均直径 $d_m=1.6\text{m}$，喷嘴出口角 $\alpha_1=18°$，喷嘴速度系数 $\varphi=0.97$。

39. 已知汽轮机某纯冲动级喷嘴进口蒸汽的焓值为 3369.3kJ/kg，初速度 $c_0=50\text{m/s}$，喷嘴出口蒸汽的实际速度为 $c_1=470.21\text{m/s}$，速度系数 $\varphi=0.97$，本级的余速未被下一级利用，该级内功率为 $P_i=1227.2\text{kW}$，流量 $D_1=47\text{t/h}$，求：(1) 喷嘴损失为多少？(2) 喷嘴出口蒸汽的实际焓。(3) 该级的相对内效率。

40. 某冲动级级前压力 $p_0=0.35\text{MPa}$，级前温度 $t_0=169°\text{C}$，喷嘴后压力 $p_1=0.25\text{MPa}$，级后压力 $p_2=0.56\text{MPa}$，喷嘴理想焓降 $\Delta h_n=47.4\text{kJ/kg}$，喷嘴损失 $\Delta h_{nt}=3.21\text{kJ/kg}$，动叶理想焓降 $\Delta h_b=13.4\text{kJ/kg}$，动叶损失 $\Delta h_{bt}=1.34\text{kJ/kg}$，级的理想焓降 $\Delta h_t=60.8\text{kJ/kg}$，初始动能 $\Delta h_{c0}=0$，余速动能 $\Delta h_{c2}=2.09\text{kJ/kg}$，其他各种损失 $\Sigma\Delta h=2.05\text{kJ/kg}$。计算：

（1）计算级的反动度 Ω_m；（2）若本级余速动能被下一级利用的系数 $\zeta_1=0.97$，计算级的相对内效率 η_{ri}。

41. 某反动级理想焓降 $\Delta h_t=62.1$kJ/kg，初始动能 $\Delta h_{c0}=1.8$kJ/kg，蒸汽流量 $G=4.8$kg/s，若喷嘴损失 $\Delta h_{n\zeta}=5.6$kJ/kg，动叶损失 $\Delta h_{b\zeta}=3.4$kJ/kg，余速损失 $\Delta h_{c2}=3.5$kJ/kg，余速利用系数 $\mu_1=0.5$，计算该级的轮周功率和轮周效率。

42. 某级蒸汽的理想焓降为 $\Delta h_t=76$kJ/kg，蒸汽进入喷嘴的初速度为 $c_0=70$m/s，喷嘴出口方向角 $\alpha_1=18°$，反动度为 $\Omega_m=0.2$，动叶出汽角 $\beta_2=\beta_1-6°$，动叶的平均直径为 $d_m=1080$mm，转速 $n=3000$r/min，喷嘴的速度系数 $\varphi=0.95$，动叶的速度系数 $\psi=0.94$，求：（1）动叶出口汽流的绝对速度 c_2；（2）动叶出口汽流的方向角 α_2；（3）绘出动叶进出口蒸汽的速度三角形。

43. 已知汽轮机某级的理想焓降为 84.3kJ/kg，初始动能 1.8kJ/kg，反动度 0.04，喷嘴速度系数 $\varphi=0.96$，动叶速度系数 $\psi=0.96$，圆周速度为 171.8m/s，喷嘴出口角 $\alpha_1=15°$，动叶出口角 $\beta_2=\beta_1-3°$，蒸汽流量 $G=4.8$kg/s。求：（1）喷嘴出口相对速度？（2）动叶出口相对速度？（3）轮周功率？

44. 已知喷嘴进口蒸汽焓值 $h_0=3336$kJ/kg，蒸汽初速度 $c_0=70$m/s；喷嘴后理想焓值 $h_{1t}=3256$kJ/kg，喷嘴速度系数 $\varphi=0.97$。试计算：（1）喷嘴前蒸汽滞止焓；（2）喷嘴出口实际速度。

45. 凝汽式汽轮机的蒸汽初参数：$p_0=8.83$MPa，温度 $t_0=530$℃，汽轮机排汽压力 $p_c=0.003$MPa，全机理想焓降 $\Delta h_t=1450$kJ/kg，其中调节级理想焓降 $\Delta h_t^{\mathrm{I}}=209.3$kJ/kg，调节级相对内效率 $\eta_{ri}^{\mathrm{I}}=0.5$，其余各级平均相对内效率 $\eta_{ri}^{\mathrm{II}}=0.85$。假定发电机效率 $\eta_g=0.98$，机械效率 $\eta_m=0.99$。试求：（1）该级组的相对内效率；（2）该机组的汽耗率；（3）在 h-s 图上绘出该机组的热力过程线。

第2章 多级汽轮机

为了提高汽轮机的功率，必须增加汽轮机的进汽量和蒸汽的理想焓降。从经济性和安全性两方面考虑，仅有一个级的汽轮机，若能有效地利用很大的理想焓降是不可能的。为了最大限度地有效利用蒸汽的理想焓降，唯一的办法就是采用多级汽轮机。多级汽轮机的一级只能利用总焓降中的一部分。使每一级都能在最佳速度比附近工作，就能有效地利用蒸汽的理想焓降，提高机组效率。因此，应掌握多级汽轮机所具有的特点。目前，所有的火力发电厂均采用多级汽轮机。

2.1 基本要求

(1) 能够阐述多级汽轮机的性能与特点。

(2) 掌握重热现象和重热系数对能量转换的影响。

(3) 掌握汽轮机高、中、低压缸的主要损失有哪些。

(4) 解释进汽阻力损失和排汽阻力损失，并在 $h-s$ 图上表示出来。

(5) 掌握汽轮机的相对内效率、汽轮发电机组的相对内效率、汽轮机的绝对内效率、绝对电效率的概念及含义。

(6) 掌握汽耗率及热耗率的概念，并写出定义式。

(7) 掌握轴封概念、作用及主要形式及轴封系统的组成及作用。

(8) 了解轴封漏汽量在亚临界和超临界两种工况时的计算公式。

(9) 掌握冲动式汽轮机和反动式汽轮机轴向推力的组成及轴向推力的平衡方法。

(10) 了解极限功率的概念与计算公式，讨论提高单机最大功率的途径。

2.2 基本概念

重热现象：上一级损失中的一小部分能量在以后各级中得到应用，即各级理想比焓降之和大于整级理想比焓降。该现象造成高品位能量转变为低品位能量后被部分利用，是能量贬值原理在工程实际中的具体表现。

重热系数：各级理想焓降之和大于整机理想焓降的增量，二者之比为重热系数。反映能量贬值后被利用的份额。

进汽阻力损失：蒸汽进入汽轮机工作级前必须先经过主汽阀、调节阀和蒸汽室。蒸汽通过这些部件时就会产生没有做功的压降而造成理想比焓降减少的部分损失，这部分为节流损失。因节流后压力下降，过程存在不可逆因素，熵产增加，能量贬值。

排汽阻力损失：排汽在排汽管中流动时，由于摩擦、涡流及转向等阻力作用而造成压力下降，这部分没做功的压降所造成的损失，该损失为过程存在不可逆因素造成的，即耗散效应。

静压恢复系数：排汽通道出、进口静压差与末级动叶出口蒸汽动能之比。反映动、势能相互转换程度，即排汽通道入口处的动能转换成出口势能的程度。

能量损失系数：排汽通道总损失与末级动叶出口蒸汽动能之比。反映气流通过排汽通道所损失的动能份额。

汽轮机的相对内效率：全机的有效比焓降与理想比焓降之比。反映设备完善程度。

汽轮机的绝对内效率：全机的有效比焓降与整个循环中加给1kg蒸汽的热量之比。反映整个系统能量利用程度。

机械效率：汽轮机的轴端功率与汽轮机的内功率之比，其描述了轴承摩擦、主油泵等的功率损耗。反映机械能利用的程度。

发电机效率：发电机输出功率与汽轮机轴端功率之比。反映发电机的完善程度。

绝对电效率：1kg蒸汽理想比焓降中转换成电能的部分与整个热力循环中加给1kg蒸汽的能量之比。反映发电系统能量转换及完善程度。

汽耗率：机组每生产1kWh电能所消耗的蒸汽量，是机组相对热经济性能指标。只有在相同型号和参数的机组间进行比较才有意义，因为机组回热系统和蒸汽参数各不相同，单位为kg/kWh

热耗率：机组每生产1kWh电能所消耗的热量。其为机组绝对热经济性能指标。任何型号的机组都可以用该指标进行比较。

煤耗率：机组发出1kWh电量所消耗的标准煤量（1kg标准煤发热量为7000kcal=29 308kJ)。该热经济性指标性质同热耗率，单位为g/kWh。

轴封：在汽缸两端转子穿出处，转子与汽缸间的汽封。具有特殊的几何结构，用于阻止蒸汽外漏，空气内漏。

轴封系统：由轴封、供汽母管及均压箱、轴封调节器、轴封加热器和轴封抽汽器等组成。该系统具有将漏出汽轮机通流部分的蒸汽回收和外部漏入的空气排出。

轴向推力：在轴流式汽轮机中，蒸汽对汽轮机转子施加了一个由高压端指向低压端的轴向力，使转子存在一个向低压端移动的趋势，称该力为转子的轴向推力。该力对机组安全运行有很大的影响，也是一种能量损失。即部分蒸汽的热力学能未转换成机械能。

抽气效应：喷嘴中流出的高速汽流，在叶根处对隔板与叶轮间腔室内的蒸汽产生抽吸作用，其效应相当于增大腔室中的压力。该效应可以减少漏汽，增加做功蒸汽量。

泵浦效应：高速旋转的叶轮带动周围蒸汽旋转运动，离心力使部分蒸汽产生指向叶根的径向运动，增大了叶根两侧的压差。该效应相当于在叶根两侧中间增加了一个泵，即增加了机组的做功损失。

极限功率：在一定的初、终参数和转速下，单排汽口凝汽式汽轮机所能发出的最大功率。反映机组在一定条件下，单排汽口凝汽式汽轮机所输出最大功率受限制的条件。

2.3 重点与难点解析

2.3.1 多级汽轮机的重热现象及特点

1. 重热现象和重热系数

具有四个级的热力过程线如图2-1所示。略去了汽轮机的进排汽节流损失。若第一级

没有能量损失，则第二级的初始蒸汽参数为p_1、T'_1。当将蒸汽作为理想气体处理时，第二级的理想比焓降为

$$\Delta h_{\mathrm{t}}^{2'}=\frac{\kappa}{\kappa-1}RT'_1\left[1-\left(\frac{p_3}{p_2}\right)^{\frac{\kappa-1}{\kappa}}\right] \tag{2-1}$$

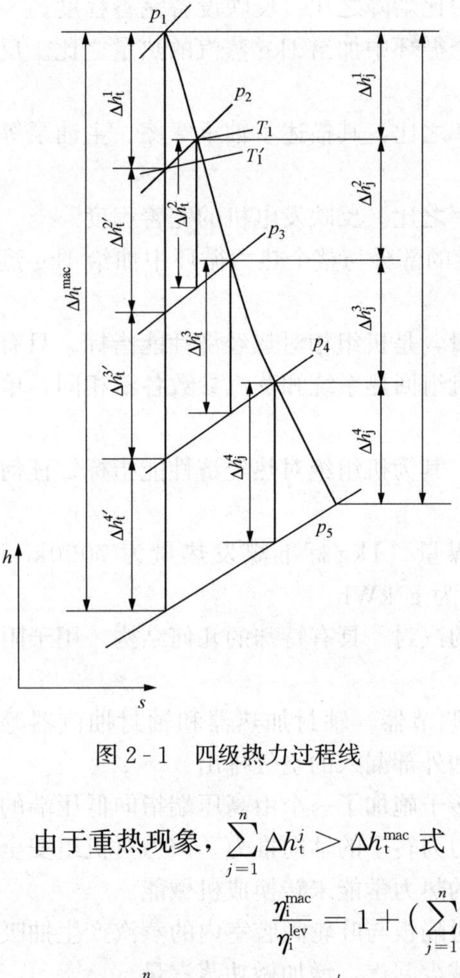

图 2-1　四级热力过程线

能量损失总是存在。因此，第一级排汽的比熵和温度将增加，使第二级进口温度不再是T'_1而是T_1，此时，第二级的理想比焓降变为

$$\Delta h_{\mathrm{t}}^{2}=\frac{\kappa}{\kappa-1}RT_1\left[1-\left(\frac{p_3}{p_2}\right)^{\frac{\kappa-1}{\kappa}}\right] \tag{2-2}$$

比较式（2-1）和式（2-2）可知，由于$T_1>T'_1$，故$\Delta h_{\mathrm{t}}^{2}>\Delta h_{\mathrm{t}}^{2'}$。在前一级有能量损失的情况下，本级进口温度升高，级的理想比焓降稍有增大，这就是重热现象。

假设汽轮机中各级的相对内效率都相等，则其计算式为

$$\eta_{\mathrm{i}}^{\mathrm{lev}}=\frac{\Delta h_{\mathrm{i}}^{1}+\Delta h_{\mathrm{i}}^{2}+\cdots}{\Delta h_{\mathrm{t}}^{1}+\Delta h_{\mathrm{t}}^{2}+\cdots}=\Delta h_{\mathrm{i}}^{\mathrm{mac}}\Big/\sum_{j=1}^{n}\Delta h_{\mathrm{t}}^{j} \tag{2-3}$$

整个多级汽轮机的相对内效率计算式为

$$\eta_{\mathrm{i}}^{\mathrm{mac}}=\frac{\Delta h_{\mathrm{i}}^{\mathrm{mac}}}{\Delta h_{\mathrm{t}}^{\mathrm{mac}}} \tag{2-4}$$

将式（2-3）和式（2-4）相除，可得

$$\frac{\eta_{\mathrm{i}}^{\mathrm{mac}}}{\eta_{\mathrm{i}}^{\mathrm{lev}}}=\sum_{j=1}^{n}\Delta h_{\mathrm{t}}^{j}/\Delta h_{\mathrm{t}}^{\mathrm{mac}} \tag{2-5}$$

由于重热现象，$\sum_{j=1}^{n}\Delta h_{\mathrm{t}}^{j}>\Delta h_{\mathrm{t}}^{\mathrm{mac}}$ 式（2-5）可写为

$$\frac{\eta_{\mathrm{i}}^{\mathrm{mac}}}{\eta_{\mathrm{i}}^{\mathrm{lev}}}=1+\left(\sum_{j=1}^{n}\Delta h_{\mathrm{t}}^{j}-\Delta h_{\mathrm{t}}^{\mathrm{mac}}\right)\Big/\Delta h_{\mathrm{t}}^{\mathrm{mac}}=1+\alpha \tag{2-6}$$

式中，$\alpha=\left(\sum_{j=1}^{n}\Delta h_{\mathrm{t}}^{j}-\Delta h_{\mathrm{t}}^{\mathrm{mac}}\right)\Big/\Delta h_{\mathrm{t}}^{\mathrm{mac}}$ 为重热系数，$\alpha>0$。

$\sum_{j=1}^{n}\Delta h_{\mathrm{t}}^{j}-\Delta h_{\mathrm{t}}^{\mathrm{mac}}$ 即为多级汽轮机的 1kg 蒸汽的重热量，表示前面级的损失中被后面级利用的小部分热量。重获热量后，使整个汽轮机的相对内效率 $\eta_{\mathrm{i}}^{\mathrm{lev}}$ 大于各级的平均内效率 $\eta_{\mathrm{i}}^{\mathrm{mac}}$，即

$$\eta_{\mathrm{i}}^{\mathrm{mac}}=\eta_{\mathrm{i}}^{\mathrm{lev}}(1+\alpha) \tag{2-7}$$

注意：α越大，整级的内效率就越小。因为重热系数的很少量增大是在级效率降低较多的前提下实现的。高品位能量贬值成低品位能量后，部分利用了低品位能量的份额。

2. 多级汽轮机各级段的工作特点

蒸汽在多级汽轮机中膨胀做功，压力和温度降低，比体积增大，导致沿蒸汽膨胀流程的通流面积增大，使汽轮机通流部分的结构和工作特征沿蒸汽流程发生很大变化。沿蒸汽流程

平均直径和叶片高度增大，反动度呈逐级增大趋势，漏汽损失的相对比例呈逐级下降。叶片的增长，二次流损失呈下降趋势，但叶型损失相对增大。对中间再热机组，漏汽及二次流损失较大，加上调节级部分进汽，高压缸效率最低，中压缸的工况较好，故效率最高，其次为低压缸。多级汽轮机各缸的特性见表2-1。

表2-1　多级汽轮机各缸特性

汽缸	蒸汽参数	结构	汽缸受力	容积流量	叶片形式	平均直径	级比焓降	反动度	主要损失	效率
高压缸	高温高压	多层较厚	压力热应力	小	较短直叶微弯	小	小	较小	叶高漏汽部分	最低
中压缸	高温中压	多层较薄	压力热应力	中	扭叶较长	中	中	中等	漏汽	较高
低压缸	低温低压	多层薄	压力热应力	大	扭叶长	大	大	较大	湿汽	较低

2.3.2　进汽阻力损失和排汽阻力损失

1. 汽轮机的主要损失

汽轮机的主要损失包括级内损失和级外损失。级内损失有九种，级外损失即进汽阻力损失、排汽阻力损失、轴封漏汽损失和机械摩擦损失。

2. 进汽阻力损失

蒸汽进入汽轮机工作级前必须先经过主汽阀、调节阀和蒸汽室。蒸汽通过这些部件时就会产生压力降，主汽阀和调节阀中压降较大。由于通过这些部件时蒸汽的散热损失可忽略，因此蒸汽通过汽阀的热力过程是一个节流过程，即蒸汽通过汽阀后虽有压力降落，但比焓值不变。

如果没有阀门的节流，则全机的理想比焓降为Δh_t^{mac}，由于汽阀的节流作用，实际的理想比焓降为$(\Delta h_t^{mac})'$，其差值$\delta h^{mac}=\Delta h_t^{mac}-(\Delta h_t^{mac})'$为节流引起的比焓降损失，即为汽轮机进汽阻力损失，如图2-2所示。

通常进汽压力损失为

$$\Delta p_0 = p_0 - p_0' = (0.03 \sim 0.05)p_0 \quad (2-8)$$

降低进汽阻力损失的主要方法是改善蒸汽在气门中的流动特性。

3. 排汽阻力损失

末级动叶出口的静压p_c与凝汽器喉部静压p_c'之差为汽轮机排汽阻力损失$\Delta p_c=p_c'-p_c$，汽轮机理想比焓降由$(\Delta h_t^{mac})'$变为$(\Delta h_t^{mac})'''$损失了$(\delta h^{mac})'$，如图2-3所示。

压力损失估算式：$\Delta p_c=\lambda\left(\frac{c_{ex}}{100}\right)^2 p_c$　　(2-9)

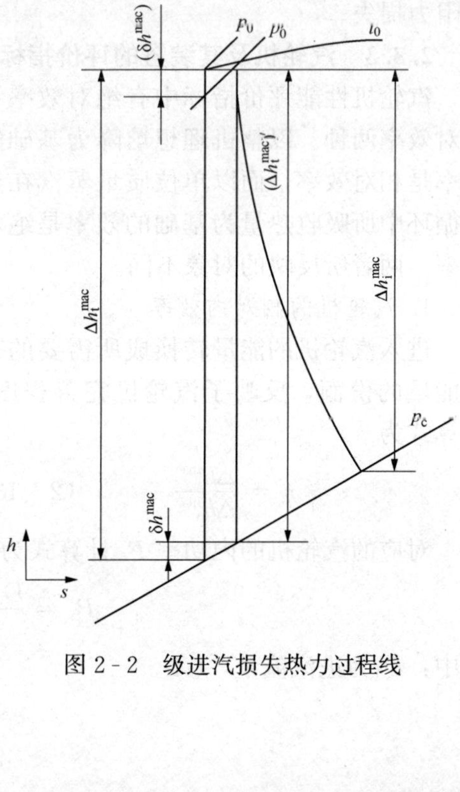

图2-2　级进汽损失热力过程线

凝汽式汽机机$c_2\leqslant100\sim120$m/s，背压式汽轮

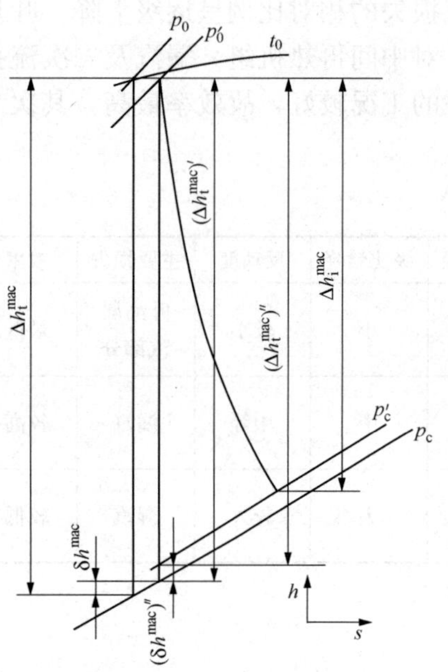

图 2-3 级排汽损失热力过程线

机 $c_2 \leqslant 40 \sim 60$m/s，$\lambda = 0.05 \sim 0.1$。一般情况下：$\Delta p_c = (0.02 \sim 0.06) p_c$。

通常，为减少汽轮机的排汽阻力损失，提高机组的热经济性，可通过扩压的方法把排汽动能转化为静压，以补偿排汽管中的压力损失。如果排汽管进口马赫数 $Ma \leqslant 0.5$，则排汽压损计算式为

$$\Delta p_c = p_c' - p_c = \frac{G_c^2 v_2}{A_1^2}\left[(\xi_{ex} - 1)\frac{1}{f^2}\right] \quad (2-10)$$

由于排汽管中扩压器的位置不同，排汽管形式也不同，即先扩压后转向和先转向后扩压两种。排汽管好坏一般可用能量损失系数 ξ_{ex} 和静压恢复系数 η_{ex} 来衡量。

当进入排汽管的汽流速度的马赫数 $Ma \leqslant 0.3$ 时，排汽可视为不可压缩流体，其能量方程式为

$$p_1 + \frac{\rho_1 c_1^2}{2} = p_2 + \frac{\rho_2 c_2^2}{2} + \Delta_0 \quad (2-11)$$

则有

$$\xi_{ex} + \eta_{ex} = 1 \quad (2-12)$$

式中：$\Delta = 0.5\rho_2 c_2^2 + \Delta_0$；$\eta_{ex} = 2(p_2 - p_1)/(\rho_1 c_1^2)$；$\xi_{ex} = 2\Delta/(\rho_1 c_1^2)$。

由式（2-11）可知：$p_1 = p_2$，$\Delta = \rho_1 \Delta h + \rho_2 \Delta h_{t2}$。

当 $\eta_{ex} = 0$，$\xi_{ex} = 1$ 时，回收压头正好补偿流动损失压头；

当 $\eta_{ex} = 1$，$\xi_{ex} = 0$ 时，余速动能全部转化为静压头。此为设计者所追求的目标；

当 $p_2' > p_1$ 时，如图 2-4 中的 1-3 线，$\eta_{ex} > 0$，$\xi_{ex} < 1$ 时，部分气流动能转化为压力能；

当 $p_2' < p_1$ 时，如图 2-4 中的 1-4 线，$\eta_{ex} < 0$，$\xi_{ex} > 1$ 时，扩压回收压力不足以弥补沿程阻力损失。

2.3.3 汽轮机及其装置的评价指标

汽轮机性能评价指标中有绝对效率和相对效率两种。以整机理想焓降为基础的效率是相对效率，而以单位质量蒸汽在热力循环中所吸收热量为基础的效率是绝对效率。两者所反映的对象不同。

1. 汽轮机的相对内效率

进入汽轮机的能量转换成所需要的有效能量的份额，反映了汽轮机完善程度。计算式为

$$\eta_i = \frac{\Delta h_i^{mac}}{\Delta h_t^{mac}} \quad (2-13)$$

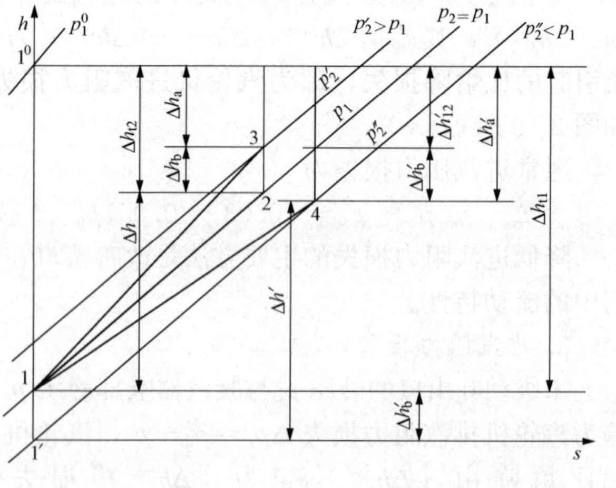

图 2-4 蒸汽在排汽管中的热力过程线

对应的汽轮机的内功率 P_i 计算式为

$$P_i = \frac{D_0 \Delta h_i^{mac}}{3.6} = \frac{D_0}{3.6}\Delta h_t^{mac}\eta_i \quad (2-14)$$

式中：D_0 为进汽流量，t/h。

2. 机械效率

其主要体现由轴承摩擦、主油泵等功率损耗的程度。反映了汽轮机轴端输出功 P_e 的份额，计算式为

$$\eta_m = P_e / P_i \tag{2-15}$$

对应的汽轮机的内功率 P_i 计算式

$$P_e = \frac{D_0 \Delta h_i^{mac} \eta_m}{3.6} = \frac{D_0}{3.6} \Delta h_t^{mac} \eta_i \eta_m \tag{2-16}$$

3. 发电机效率

发电机效率体现发电机将输入的机械能 P_e 转换成电能 P_{el} 的份额，反映发电机的完善程度。计算式为

$$\eta_g = P_{el} / P_e \tag{2-17}$$

汽轮发电机组相对内效率，反映汽轮机机和发电机的完善程度，其计算式为

$$\eta_{el} = \eta_i \eta_m \eta_g \tag{2-18}$$

发电机输出功率计算式为

$$P_e = \frac{D_0 \Delta h_i^{mac} \eta_m \eta_g}{3.6} = \frac{D_0}{3.6} \Delta h_t^{mac} \eta_{el} \tag{2-19}$$

4. 汽轮机的绝对内效率

1kg 蒸汽在循环中获得的能量，通过汽轮机转换成所需要能量的份额，反映了汽轮机在整个系统中完善程度及能量的转换能力，计算式为

$$\eta_{a,i} = \frac{\Delta h_i^{mac}}{h_0 - h_{fw}} = \eta_t \eta_i \tag{2-20}$$

式中，η_t 为循环热效率，计算式为 $\eta_t = \Delta h_t^{mac} / (h_0 - h_{fw})$；$h_{fw}$ 为锅炉进水焓，kJ/kg。

5. 绝对电效率

体现热源提供的热量转换成最终所需要能量的份额，反映系统完善程度，计算式为

$$\eta_{a,el} = \frac{\Delta h_t^{mac} \eta_{el}}{h_0 - h_c'} = \eta_t \eta_{el} = \eta_t \eta_i \eta_m \eta_g \tag{2-21}$$

6. 汽耗率

衡量汽轮机组热经济性的相对指标。只有在相同型号的机组间进行比较才有意义，不同型号机组，其值大小不能反映发电系统热经济性的好坏，其计算式为

$$d = \frac{1000 D_0}{P_{el}} = \frac{3600}{\Delta h_t^{mac} \eta_{el}} \tag{2-22}$$

7. 热耗率

衡量汽轮机组热经济性的绝对指标。其值大小能反映不型号机组间热经济性的好坏，计算式为

$$q = d(h_0 - h_c') = \frac{3600(h_0 - h_c')}{\Delta h_t^{mac} \eta_{el}} \tag{2-23}$$

对于中间再热机组，计算式为

$$q = (h_0 - h_c') + \frac{D_r}{D_0}(h_r - h_r') \tag{2-24}$$

式中：h_0、h_c' 为蒸汽初终焓值，kJ/kg；D_0、D_r 为额定进汽及再热蒸汽流量，t/h；$h_r - h_r'$ 为

单位蒸汽在再热器内的吸热量，kJ/kg。

2.3.4 轴封及其系统

轴封的主要形式有齿形轴封、蜂窝式轴封等。

1. 齿形轴封

齿形轴封分为高低齿轴封（曲径轴封）和平齿轴封（光轴轴封）两种。在汽轮机的高压段采用曲径轴封，在低压段采用光轴轴封。

工作原理：蒸汽在汽封中的流动当作绝热等焓过程。蒸汽在流经汽封片时节流加速，然后在腔室中产生涡流，将汽流动能转变为热能。随压力降低，蒸汽比体积增大，故对相同结构的汽封，汽流速度是逐级增大。又因膨胀后焓值变小、声速降低。因此，在汽封中如果出现超临界流动，只能在最后一个汽封片处出现。

2. 轴封漏汽量计算

轴封漏汽状态可分为亚临界和超临界两种。

（1）亚临界。亚临界工况的漏汽量采用不可压缩流动方程，流经汽封的蒸汽量计算式为

$$\Delta G_l = \mu_l A_l \sqrt{\frac{\rho_0 (p_0^2 - p_z^2)}{z p_0}} \tag{2-25}$$

（2）临界。临界工况时，将最后一个孔口当作喷嘴。由临界流量计算公式得通过最后一个孔口的漏汽量计算式为

$$\Delta G_{l,c} = \mu_l A_l \sqrt{\frac{p_0 \rho_0}{z + 1.25}} \tag{2-26}$$

判定是否临界的准则为

$$p_z \leqslant \frac{0.82}{\sqrt{z + 1.25}} p_0 \tag{2-27}$$

3. 轴封孔口流量系数

蒸汽通过轴封孔口的流速用渐缩喷嘴的流速公式计算，其与实际有一定的差异，由实验求取流量系数，其与轴封齿的形状及几何参数有关，可查图获得。

4. 光轴轴封漏汽量修正系数

与曲径轴封的区别是蒸汽进入下一空口前还有一定的初速，故漏汽量增大，其计算结果只需在曲径轴封的计算结果上乘一修正系数 k_1。k_1 可由光轴轴封尺寸 δ/s 和轴封片数 z 查得。

公式缺陷：①临界点计算结果不一致；②计算时必须先判别在轴封段的最末片中是否达到临界速度。

计算曲径轴封的漏汽量时，也可用单一表达式表达，即

$$\Delta G_l = 0.667 \mu_l \beta_l A_l \sqrt{p_0 \rho_0} \tag{2-28}$$

式中：β_l 为轴封的漏汽量比，即轴封前的蒸汽参数相同时，最后一个孔口处的流量与其临界流量的比。

式（2-28）可判别轴封流量是否达到临界。

若计算平齿式光轴轴封的轴封漏汽量，则需再乘上修正系数 k_1。

5. 轴封系统

组成：由端轴封、管道和附属设备组成。

作用：在任何运行工况下保证蒸汽不外泄、空气不内漏，同时回收泄漏蒸汽的热能（利用轴封加热器）和组织汽流加热和冷却转子的轴端。

类型：自密封式轴封系统和外供汽式轴封系统。

（1）自密封式轴封系统。高负荷运行时，低压轴封的供汽来自于高压轴封的漏汽。高压漏汽经喷水减温后进入低压轴封。若漏汽有剩余，则通过溢流箱进入凝汽器。低负荷时，轴封汽由外部提供。

优点：系统简单。

缺点：不能充分冷却高、中压缸高温轴端。

（2）外供汽式轴封系统。通常高、中压缸的高温端轴封由多段多室（大于3）组成。部分漏汽被引至压力相匹配的加热器，用于加热锅炉给水。低压轴封的供汽来自辅助蒸汽系统。

优点：低温辅助蒸汽对高、中压段高温轴端起到冷却作用。

缺点：系统复杂。

2.3.5 多级汽轮机的轴向推力及其平衡

1. 轴向推力

由于蒸汽在汽轮机内的做功原理不同，因而轴向推力的大小也不同。

（1）冲动式汽轮机的轴向推力。转子上的轴向推力包括：作用在动叶、作用在叶轮面和作用在转子凸肩上的轴向推力三部分，即

$$F_z = F_z^{\mathrm{I}} + F_z^{\mathrm{II}} + F_z^{\mathrm{III}} \tag{2-29}$$

1）作用在动叶上的轴向推力 F_z^{I}。动叶上的轴向推力：由动叶前后的静压差和汽流在动叶中轴向分速度的改变所产生的，其计算式为

$$F_z^{\mathrm{I}} = G(c_1\sin\alpha_1 - c_2\sin\alpha_2) + \pi d_m l_b(p_1 - p_2) \tag{2-30}$$

级的压力反动度：动叶进出口压差与级的进出口压差的比，计算式为

$$\Omega_p = \frac{p_1 - p_2}{p_0 - p_2} \tag{2-31}$$

则式（2-30）改写为

$$F_z^{\mathrm{I}} = G(c_1\sin\alpha_1 - c_2\sin\alpha_2) + \pi d_m l_b \Omega_p(p_0 - p_2) \tag{2-32}$$

在 h-s 图上，同一压差的焓降随压力（定熵）降低而增大，故压力反动度 Ω_p 小于焓降反动度 Ω_m，用 Ω_m 替代 Ω_p 计算轴向偏于安全，故可认为 F_z^{I} 正比与 $\Omega_m(p_0 - p_2)$。

2）作用在叶轮面上的轴向推力 F_z^{II}。叶轮上的轴向力取决于叶轮两侧的压差。若叶轮无平衡孔，则压差大小取决于由隔板与叶轮组成的空间压力 p_d 与动叶出口压差 p_2，则轴向力 F_z^{II} 的计算式为

$$F_z^{\mathrm{II}} = \frac{\pi}{4}\left[(d_m - l_b)^2 - d^2\right]\Omega_d(p_0 - p_2) \tag{2-33}$$

式中：Ω_d 为叶轮压力反动度，即 $\Omega_d = (p_d - p_2)/(p_0 - p_2)$。

叶轮有平衡孔，则压差大小决定于隔板漏汽量 G_{l1}、平衡孔漏汽量 G_{l2} 和叶根漏汽量 G_{l3} 的平衡，同时与动叶根部汽流产生的抽汽效应和叶轮旋转产生的泵效应有关。三者的流量取决于 p_d。

隔板漏汽量 G_{l1} 按汽封漏汽计算式计算，即

$$G_{l1}=\frac{\mu_{l1}A_1}{\sqrt{z}}\sqrt{\frac{2(p_0-p_d)}{v_d}}\qquad \mu_{l1}=0.8\sim1.3 \tag{2-34}$$

平衡孔漏汽量 G_{l2} 采用不可压缩流体的流量计算式计算，即

$$G_{l2}=\mu_{l2}A_2\sqrt{\frac{2(p_d-p_2)}{v_d}}\qquad \mu_{l2}=0.3\sim0.45 \tag{2-35}$$

动叶根部漏汽量 G_{l3} 按不可压缩流体流量计算式计算，即

$$G_{l3}=\mu_{l3}A_3\sqrt{\frac{2\Delta p_r}{v_d}}\qquad \mu_{l2}=0.4 \tag{2-36}$$

式中：Δp_r 为动叶根部轴向间隙静压、抽汽、泵效应的等效压差，MPa；A 为间隙处的漏汽面积，m^2；v_d 为 p_d 所对应的比体积，m^3/kg。

抽气效应相当于增大腔室中的压力 Δp_c。抽气效应的大小可由抽气效应压力反动度 Ω_c 表示，即

$$\Omega_c=\frac{\Delta p_c}{p_0-p_2} \tag{2-37}$$

Ω_c 可通过实验得到，一般情况下 $\Omega_c=0.01\sim0.02$，它与间隙的大小有关。泵效应增大了叶根两侧的压差 Δp_b。泵效应的大小可由泵效应压力反动度 Ω_b 表示，即

$$\Omega_b=\frac{\Delta p_d}{p_0-p_2} \tag{2-38}$$

一般情况下，$\Omega_b=0.01\sim0.02$，它与叶根处最小轴向间隙的大小有关。

因此，叶根处轴向间隙两侧的压差的计算式，即

$$\Delta p_r=[\Omega_r-(\Omega_d+\Omega_c+\Omega_b)](p_0-p_2) \tag{2-39}$$

式中：Ω_r 为动叶根部压力反动度，其计算式为 $\Omega_r=(p_{1r}-p_2)/(p_0-p_2)$。

通过动叶根部有漏汽时的流量平衡条件可以确定叶轮压力反动度 Ω_d，进而确定 p_d，并由式（2-34）确定 F_z^{II}。同理，当动叶根部有漏汽时，动叶压力反动度 Ω_p 大于叶轮压力反动度 Ω_d，而焓降反动度 Ω_m 又大于动叶压力反动度 Ω_p。因此，用 Ω_m 代替 Ω_d 将使 F_z^{II} 值偏大，有利于提高安全性。

（2）反动式汽轮机的轴向推力。在反动式汽轮机中，作用在通流部分转子上的轴向推力由三部分组成，即作用在叶片上的轴向推力、作用在轮鼓锥形面上的轴向推力和作用在转子阶梯上的轴向推力。计算方法与冲动式汽轮机类似。

2. 轴向推力的平衡

轴向推力的大小与汽轮机的容量、参数、结构及做功原理有关。反动式汽轮机的轴向推力更大些，而该力对汽轮机的安全运行没有益处，因此，应尽可能地减小。一般采用的方法如下：

（1）平衡活塞法。该方法是在转子通流部分，蒸汽流动方向的对侧，通过加大轴直径并加汽封体，在转子上形成了明显的凸肩。因其两侧的压力不同，故产生与蒸汽流向相反方向的轴向推力，以平衡转子的轴向推力。

（2）相反流动布置法。该方法是将蒸汽在汽轮机两汽缸或两部分内的流动安排成相反的方向，使其产生相反的轴向推力，相互平衡。采用该方法可以减小平衡活塞的尺寸，对于低压缸，因汽缸对称分流布置且从中间进汽，基本不用平衡活塞。

以冲动式为主的汽轮机，因叶轮两侧的压差较小，通常采用高、中压缸对置，低压缸对称分流布置，以平衡部分轴向推力，其余部分由推力轴承来承担；以反动式为主的汽轮机，高、中压缸转子采用鼓式结构，减小叶轮的轴向推力。除采用高、中压对置布置外，还在高、中压缸转子上增设平衡活塞，以减小转子的轴向推力。

2.3.6　单排汽口凝汽式汽轮机的极限功率

1. 极限功率与计算

在一定的初、终参数和转速条件下，单排汽口凝汽式汽轮机功率受到一定的限制，主要是由于末级动叶的材料强度受到限制，使叶片的高度和平均直径不能太大，从而限制了通流量。

回热抽汽凝汽式汽轮机组的发电极限功率为

$$P_{el,max}=G_{c,max}m\Delta h_t^{mac}\eta_i\eta_m\eta_g \tag{2-40}$$

式中：$G_{c,max}$为通过汽轮机末级的最大流量，kg/s；m为回热抽汽式比纯凝汽式增大的倍数，对中小型机组$m=1.1\sim1.2$，哈尔滨汽轮机厂制造的600MW汽轮机组$m=1.362$。

由于汽轮机的容量不同，单机极限功率也不同。如国产300MW双排汽、600MW四排汽汽轮机等，其单排汽口极限功率至少可达150～180MW；对于600MW两缸两排汽机组，单排汽口极限功率达300MW；苏联制造的五缸六排汽口1200MW单轴超临界汽轮机，单排汽口极限功率达200MW，该机末级叶片采用1200mm高的钛合金材料。

2. 提高单机极限功率的途径

提高机组的初参数，降低终参数以增加机组的理想焓降，可以提高单机最大功率。但当机组的初、终参数一定时，只能通过增加大蒸汽流量实现单机功率的增加。因此，应该增大机组的通流面积，特别是末级叶片的排汽面积。但叶片过长，安全性受到影响，故为提高单机最大功率，通常所采用的方法为：①较长叶片采用高强度、低密度材料，增加叶高；②排汽分流，采用多排汽口；③采用低转速，增加发电机磁极对数。但汽轮机的总质量与转速的三次方成反比，转速降低会增大汽轮机的成本，因此应尽量避免采用该方法增加单机功率。

2.4　公　式　汇　总

名称	单位	公式	备注	名称	单位	公式	备注
重热系数 α	—	$\frac{\sum_{j=1}^{n}\Delta h_t^j-\Delta h_t^{mac}}{\Delta h_t^{mac}}$	$\alpha>0$	绝对电效率 $\eta_{a,el}$	%	$\frac{\Delta h_t^{mac}\eta_{el}}{h_0-h_c'}$	或等于 $\eta_t\eta_i\eta_m\eta_g$
静压恢复系数 η_{ex}	%	$\frac{p_2-p_1}{0.5\rho_1c_1^2}$	通常使 $\eta_{ex}\geqslant0$	汽耗率 d	kg/kWh	$\frac{1000D_0}{p_{el}}$	
能量损失系数 ξ_{ex}	%	$\frac{\Delta}{0.5\rho_1c_1^2}$	通常使 $\xi_{ex}\leqslant1$	热耗率 q	kJ/kWh	$\frac{3600(h_0-h_c')}{\Delta h_t^{mac}\eta_{el}}$	非再热
汽轮机相对内效率 η_i	%	$\frac{\Delta h_i^{mac}}{\Delta h_t^{mac}}$				$(h_0-h_c')+\frac{D_r}{D_0}\times(h_r-h_r')$	再热

续表

名称	单位	公式	备注	名称	单位	公式	备注
汽轮机的内功率 p_i	kW	$\frac{D_0}{3.6}\Delta h_t^{mac}\eta_i$		轴封漏汽量 ΔG_l	kg/s	$\mu_l A_l\sqrt{\frac{\rho_0(p_0^2-p_z^2)}{zp_0}}$	临界
机械效率 η_m	%	p_e/p_i				$\mu_l A_l\sqrt{\frac{p_0\rho_0}{z+1.25}}$	亚临界
汽轮机轴端功率 p_e	kW	$\frac{D_0}{3.6}\Delta h_t^{mac}\eta_i\eta_m$				$0.667\mu_l\beta_l A_l\sqrt{p_0\rho_0}$	统一表达式
发电机效率 η_m	%	p_{el}/p_e		判别临界准则	MPa	$p_z\leqslant\frac{0.82}{\sqrt{z+1.25}}p_0$	轴封漏汽
机组相对内效率 η_{el}	%	$\eta_i\eta_m\eta_g$		冲动式汽轮机的轴向推力	N	$G(c_1\sin\alpha_1-c_2\sin\alpha_2)+\pi d_m l_b\Omega_p(p_0-p_2)$	动叶受力 F_z^{I}
发电机输出功率 p_{el}	kW	$\frac{D_0}{3.6}\Delta h_t^{mac}\eta_{el}$				$\frac{\pi}{4}[(d_m-l_b)^2-d^2]\times\Omega_d(p_0-p_2)$	叶轮受力 F_z^{II}
汽轮机绝对内效率 $\eta_{a,i}$	%	$\frac{\Delta h_i^{mac}}{h_0-h_{fw}}$	或等于 $\eta_t\eta_i$	极限功率 $P_{el,max}$	kW	$G_{c,max}m\Delta h_t^{mac}\eta_i\eta_m\eta_g$	有回热系统

2.5 典型题精解

［例 2-1］　某汽轮机前轴封由三段曲径轴封组成。第一段轴封齿数 $z_1=26$，第二段 $z_2=20$，第三段 $z_3=16$。第一段轴封前水蒸气参数 $p_0=1.8$MPa，$t_0=340$℃；第一段轴封后抽汽口与压力为 $p_1=0.85$MPa 的第一级回热抽汽相连。第二段轴封后抽汽口与压力为 $p_2=0.24$MPa 的第二级回热抽汽相连，第三段轴封后端接轴封冒汽管。各段轴封直径 $d_l=450$mm，轴封径向间隙为 $\delta=0.4$mm，轴封流量系数 $\mu_l=1$。

试计算该机组前轴封的总漏气量为多少？其中由两级回热抽汽和排入大气的漏气量各占多少？若该机组第二级回热抽汽因故障停用，则该轴封的漏汽和回收情况将发生怎样的变化？

解：各段轴封间隙面积均为 $A_l=\pi d_l\delta=3.14\times45\times0.04=5.66(\text{cm}^2)$。

(1) 计算第一段轴封漏汽量

由 p_0、t_0 之值，查水蒸气表可得 $\rho_0=6.592\text{kg/m}^3$，先判断轴封最后齿隙中是否出现临界速度。

系数 $k_{\delta1}$：$k_{\delta1}=\frac{0.85}{\sqrt{z_1+1.5}}=\frac{0.85}{\sqrt{26+1.5}}=0.162$

该段轴封前后压力比 ε_1：$\varepsilon_1=\frac{p_1}{p_0}=\frac{0.85}{1.8}=0.472>k_{\delta1}$

可知第一段轴封最后齿隙中未出现临界速度，因此按下式计算轴封漏汽量：

$$G_{l1}=0.36\mu_l A_l\sqrt{\frac{(p_0^2-p_1^2)\rho_0}{z_1p_0}}=0.36\times1\times5.66\sqrt{\frac{(1.8^2-0.85^2)\times6.592}{26\times1.8}}=1.213(\text{t/h})$$

(2) 计算第二段轴封漏汽量

由 p_0、t_0 值，查水蒸气表求得 h_0，根据等焓线与 p_1 值，可查第二段轴封前蒸汽状态，求得 $\rho_1=3.1037\text{kg/m}^3$。

系数 $k_{\delta2}$：$k_{\delta2}=\frac{0.85}{\sqrt{z_2+1.5}}=\frac{0.85}{\sqrt{20+1.5}}=0.1833$

第二段轴封前后压力比 ε_2：$\varepsilon_2=\dfrac{p_2}{p_1}=\dfrac{0.24}{0.85}=0.2836>k_{\delta2}$

可知第二段轴封最后齿隙中也未出现临界速度，则通过第二段轴封的漏汽量为

$$G_{l2}=0.36\mu_l A_l\sqrt{\frac{(p_1^2-p_2^2)\rho_1}{z_2 p_1}}=0.36\times1\times5.66\sqrt{\frac{(0.85^2-0.24^2)\times3.1037}{20\times0.85}}=0.71(\mathrm{t/h})$$

那么，流往第一段回热抽汽管的漏汽量为

$$\Delta G_1=G_{l_1}-G_{l2}=1.213-0.71=0.503(\mathrm{t/h})$$

(3) 计算第三段轴封漏汽量

由 p_2、h_0 查水蒸气表求得 $\rho_2=0.86\mathrm{kg/m^3}$。

系数 $k_{\delta3}$：$k_{\delta3}=\dfrac{0.85}{\sqrt{z_3+1.5}}=\dfrac{0.85}{\sqrt{16+1.5}}=0.203$

第三段轴封前后压力比 ε_3：$\varepsilon_3=\dfrac{p_3}{p_2}=\dfrac{0.0981}{0.24}=0.4088>k_{\delta3}$

由此可知，第三段轴封中也未出现临界速度，则该段轴封漏汽量（即排入大气的流量）为

$$G_{l2}=0.36\mu_l A_l\sqrt{\frac{(p_2^2-p_3^2)\rho_2}{z_3 p_2}}=0.36\times1\times5.66\sqrt{\frac{(0.24^2-0.0981^2)\times0.86}{16\times0.24}}=0.211(\mathrm{t/h})$$

第二段回热抽汽管回收的漏汽量为

$$\Delta G_2=G_{l2}-G_{l3}=0.71-0.211=0.499(\mathrm{t/h})$$

两段回热抽汽管总回热蒸汽量为

$$\Delta G=\Delta G_1+\Delta G_2=0.503+0.499=1.022(\mathrm{t/h})$$

(4) 第二段回热抽汽停用

第二段抽汽停用后，第一段轴封前后参数不变。故其漏汽量也保持不变，仍为 1.213t/h，而第二、三段轴封则可看成一段进行计算。

此时，系数 $k'_{\delta2}$ 为

$$k'_{\delta2}=\frac{0.85}{\sqrt{z_2+z_3+1.5}}=\frac{0.85}{\sqrt{20+16+1.5}}=0.139$$

而轴封前后压力为 $\varepsilon'_2=\dfrac{p_3}{p_1}=\dfrac{0.0981}{0.85}=0.1154$，可知 $k'_{\delta2}>\varepsilon'_2$，表明该段轴封中出现临界状态。因此，通过该段轴封的漏汽量应按下式计算：

$$G'_{lz}=0.36\mu_l A_l\sqrt{\frac{p_1\rho_1}{z_2+z_3+1.5}}=0.36\times1\times5.66\sqrt{\frac{0.85\times3.1037}{20+16+1.5}}=0.54(\mathrm{t/h})$$

第一段回热抽汽管回收的蒸汽量为

$$\Delta G_1=G_{l1}-G'_{l2}=1.213-0.54=0.673(\mathrm{t/h})$$

式中：G'_{l2} 为排入大气的流量。

分析：对于三段轴封漏汽量的计算，首先判别各轴封是否达到临界，由此选择计算漏汽量的计算式，此为解题的关键一步；当停用二段抽汽后，将使漏汽回收总热量减少，而排入大气的流量增加。因此在实际工程中应尽量避免。通过本例掌握如何计算轴封漏汽。

[例 2-2] 试问在某高压汽轮机前端轴封的第一段中需要有多少轴封片，才能使漏汽量不超过汽轮机设计流量的 1.5%？

已知轴封直径 $d_1=55\mathrm{cm}$，轴封径向间隙 $\delta=0.05\mathrm{cm}$，流量系数 $\mu_l=1$。第一段轴封前蒸汽参数 $p_0=4.1\mathrm{MPa}$，$\rho_0=13.497\mathrm{kg/m^3}$，轴封后端压力 $p_z=0.7\mathrm{MPa}$，在设计工况下，汽轮机的蒸汽流量 $G=179.2\mathrm{t/h}$。

解：根据题意，有

通过该段轴封的漏汽量 G_l：$G_l=0.015G=0.015\times179.2=2.688(\mathrm{t/h})$

若通过最后一个齿隙的速度低于临界流速，则轴封齿数可按下式计算：

$$z=\left(\frac{0.36\mu_1 A_t}{G_l}\right)^2\times\frac{(p_0^2-p_z^2)\rho_0}{p_0}=\left(\frac{0.36\times1\times8.639}{2.688}\right)^2\times\frac{(4.1^2-0.7^2)\times13.497}{4.1}=71.92(\text{片})=72(\text{片})$$

其中，$A_l=\pi d_l\delta=3.14\times55\times0.05=8.639(\text{cm}^2)$

校核计算。若最后一个齿隙中已达临界，则轴封段后的临界压力应为

$$(p_z)_{cr}=\frac{0.85\times4.1}{\sqrt{z+1.5}}=\frac{0.85\times4.1}{\sqrt{72+1.5}}=0.406(\text{MPa})$$

而 $p_z=0.7$MPa. 可知 $p_z>(p_z)_{cr}$，则轴封最后齿隙中未达临界，证明假设合理。

分析：由于题中没有给出最后一个齿隙汽流是否达到临界，因此在计算过程中，可先设其为亚临界，之后进行校核计算，如果能证明假设成立，则计算结果为正确，否则应按与假设条件不同的前提进行重新计算。通过本例的计算，应掌握如何确定轴封片数据，以保证轴封满足实际需要。

［例 2-3］ 试求某一中压凝汽式汽轮机低压轴封的漏汽量。

已知：轴封直径 $d_l=345$mm，轴封间隙面积 $A_l=5.42\text{cm}^2$，轴封齿数 $z=16$，轴封前汽压 $p_0=0.14$MPa，密度 $\rho_0=0.458\,3\text{kg/m}^3$，轴封后压力 $p_z=0.009\,3$MPa，流量系数 $\mu_l=0.81$。

解：根据轴封段前后压力比，判断最后一个齿隙中是否达临界。

$$k_\delta=\frac{0.85}{\sqrt{z+1.5}}=\frac{0.85}{\sqrt{16+1.5}}=0.203$$

又
$$\varepsilon=\frac{p_z}{p_0}=\frac{0.009\,3}{0.14}=0.066$$

可知 $k_\delta>\varepsilon$，故最后齿隙中已达临界状态。此时轴封漏汽量可由下式计算，即

$$\Delta G_l=0.36\mu_l A_l\sqrt{\frac{p_0\rho_0}{z+1.5}}=0.36\times0.81\times5.42\times\sqrt{\frac{0.14\times0.458\,3}{16+1.5}}=0.095\,7(\text{t/h})$$

分析：在计算前应先判断最后一个齿隙中是否达临界，以选择计算漏汽量计算式。因为对汽封而言，只有最后一个齿隙中的流量最先达到临界，主要是此处的压力和温度比较低，比体积较大。

［例 2-4］ 一反动式汽轮机，蒸汽流量 $G=34$t/h，蒸汽初压 $p_0=2.0$MPa，初温 $t_0=400$℃，排汽压力 $p_c=0.02$MPa，排汽恰好为饱和蒸汽。全机共有 14 级，每级效率相同，焓降相同。重热系数 $\alpha=0.05$。所有叶片的出口角 $\beta_2=22°$，速度比 $x_1=u/c_1=0.82$，转速 $n=2400$r/min。

试计算各级级效率，汽轮机内功率，转鼓直径，最后一级叶片高度（忽略进气损失和非轮周损失）。

解：由 p_0、t_0 和 p_c 值，查水蒸气特性表得 $h_0=3248.7(\text{kJ/kg})$，$h_{ct}=2349(\text{kJ/kg})$。

汽轮机理想焓降 Δh_t：$\Delta h_t=h_0-h_{ct}=3248.7-2349=899.7(\text{kJ/kg})$

根据题意可知，排汽为干饱和蒸汽，于是由 $p_c=0.02$MPa 的等压线与饱和线相交得排汽状态点 c，可得该点的焓值 $h_c=2610(\text{kJ/kg})$。

汽轮机有效焓降 Δh_i：$\Delta h_i=h_0-h_c=3248.7-2610=638.7(\text{kJ/kg})$

汽轮机相对内效率 η_{ri}^T：$\eta_{ri}^T=\frac{\Delta h_i}{\Delta h_t}=\frac{638.7}{899.7}=0.709\,9$

各级的级效率 η_{ri}^s：$\eta_{ri}^s=\frac{\eta_{ri}^T}{1+\alpha}=\frac{0.709\,9}{1+0.05}=0.6761$

每级有效焓降 $\Delta h_{i,j}$：$\Delta h_{i,j}=\frac{\Delta h_i}{z}=\frac{638.7}{14}=45.62(\text{kJ/kg})$

汽轮机内功率 P_i：$P_i=G\Delta h_i=34\,000\times638.7/3600=6029(\text{kW})$

对于反动式汽轮机，有 $\alpha_1=\beta_2$，$w_1=c_2$，由速度三角形知：$w_1^2=c_1^2+u^2-2c_1u\cos\alpha_1$，则级的轮周功率 $P_u=\frac{Gu}{10^3}(2c_1\cos\alpha_1-u)$，而 $c_1=u/0.82=1.2195u$，代入上式，则有

$$P_u=\frac{34\,000u}{3600\times10^3}(2\times1.219\,5u\cos22°-u)=0.011\,9u^2(\text{kW})$$

由题意得 $P_u=P_i$，于是 $0.011\,9u^2=431$，$u=190$m/s，则 $c_1=u/x_1=190/0.82=232(\text{m/s})$

级的平均直径 d_m：$d_m=\dfrac{60u}{\pi n}=\dfrac{60\times190}{3.14\times2400}=1.51(\text{m})$

$$c_{1z}=c_1\sin\alpha=232\times\sin22^\circ=87(\text{m/s})$$

在 $p_c=0.02\text{MPa}$ 下的蒸汽密度 $\rho=0.1316\text{kg/m}^3$，则最后一级的排汽容积流量：$G\dfrac{1}{\rho}=c_{1z}\pi d_m l_b$，由此得叶高 l_b：$l_b=\dfrac{G}{\rho c_{1z}\pi d_m}=\dfrac{34000}{3600\times0.1316\times87\times3.14\times1.51}=0.174(\text{m})$

转鼓直径 d：$d=d_m-l_b=1.51-0.174=1.34(\text{m})$

分析：本题所涉及的知识点较多，在充分理解题意的前题下，应对反动级所具有的一些特性有所了解。此题充分利用反动级的结构特点和进出口速度三角形各参数间的关系计算轮周功率；此外，利用蒸汽 $h-s$ 图确定计算所需要的参数。在计算各级的效率时，要考虑重热系数对其影响。利用连续方程确定最后一级叶高。通过本例掌握如何将多个知识点结合在一起，以解决相应问题。

习　题

一、单选题

1. 汽轮机的轴向位置是依靠____确定的？（　　）

A. 靠背轮　B. 轴封　C. 支持轴承　D. 推力轴承

2. 为减小排汽压力损失提高机组经济性，汽轮机的排汽室通常设计成（　　）

A. 等截面型　B. 渐缩型　C. 缩放型　D. 渐扩型

3. 目前，我国火力发电厂先进机组的绝对电效率可达（　　）

A. 35%左右　B. 45%左右　C. 50%左右　D. 55%左右

4. 下列说法正确的是（　　）

A. 增加轴封齿数可以减少轴封漏汽　B. 减少轴封齿数可以减少轴封漏汽

C. 加大轴封直径可以减少轴封漏汽　D. 以上途径都不可以

5. 在多级汽轮机中，全机理想比焓降为 1200kJ/kg，各级的理想比焓降之和为 1242kJ/kg，则重热系数为（　　）

A. 0.5%　B. 1.5%　C. 2.5%　D. 3.5%

6. 汽轮机的进汽节流损失使得蒸汽入口焓（　　）

A. 增大　B. 减小

C. 保持不变　D. 以上变化都有可能

7. 现代汽轮机相对内效率为（　　）

A. 30%～40%　B. 50%～60%　C. 90%左右　D. 98%～99%

8. 评价汽轮机热功转换效率的指标为（　　）

A. 循环热效率　B. 汽耗率

C. 汽轮机相对内效率　D. 汽轮机绝对内效率

9. 在多级汽轮机中重热系数越大，说明（　　）

A. 各级的损失越大　B. 机械损失越大

C. 轴封漏汽损失越大　D. 排汽阻力损失越大

10. 关于多级汽轮机的重热现象，下列哪些说法是不正确的？（　　）

A. 设法增大重热系数，可以提高多级汽轮机的内效率

B. 重热现象是从前面各级损失中回收的一小部分热能

C. 重热现象使得多级汽轮机的理想焓降有所增加

D. 重热现象使机组的相对内效率大于各级的平均相对内效率

11. 哪些指标可以用来评价不同类型汽轮发电机组的经济性？（ ）

A. 热耗率　　B. 汽耗率　　C. 发电机效率　　D. 机械效率

二、填空题

1. 压力反动度是指________和________之比。

2. 某机组在最大工况下通过的蒸汽流量 $G=130.2\mathrm{T/h}$，得到作用在动叶上的轴向推力 $\Sigma F_{z1}=104\ 339\mathrm{N}$，作用在叶轮上的轴向推力 $\Sigma F_{z2}=56\ 859\mathrm{N}$，作用在各凸肩上的轴向推力 $\Sigma F_{z3}=-93\ 901\mathrm{N}$，则机组总的轴向推力为________。

3. 在多级汽轮机中，全机理想比焓降为 1200kJ/kg，各级的理想比焓降之和为 1230kJ/kg，则重热系数为________。

4. 减小汽轮机进汽阻力损失的主要方法是：________。

5. 汽轮机损失包括级内损失、进汽阻力损失和________。

6. 汽轮发电机组中，以全机理想比焓降为基础来衡量设备完善程度的效率为________，以整个循环中加给 1kg 蒸汽的热量为基准来衡量的效率为________。

7. 汽轮机机械效率的表达式为________。

8. 若应用汽耗率和热耗率来评价汽轮机经济性，对于不同初参数的机组，一般采用________评价机组经济性。

9. 考虑整个机组的经济性，提高单机极限功率的主要途径是________。

三、简答题

1. 什么是汽轮发电机组的循环热效率？

2. 什么是热耗率？

3. 什么是汽轮发电机组的汽耗率？

4. 什么是汽轮机的极限功率？

5. 什么是汽轮机的相对内效率？

6. 什么是汽轮机的绝对内效率？

7. 什么是汽轮发电机组的相对电效率和绝对电效率？

8. 什么是轴封系统？

9. 什么是叶轮压力反动度？

10. 什么是进汽机构的阻力损失？

11. 多级汽轮机每一级的轴向推力是由哪几部分组成的？平衡汽轮机的轴向推力可以采用哪些方法？

12. 轴封系统的作用是什么？

13. 何为多级汽轮机的重热现象和重热系数？

14. 说明汽轮机轴封间隙过大或过小对汽轮机分别产生什么影响。

15. 大功率汽轮机为什么都设计成多级汽轮机？在 h - s 图上说明什么是多级汽轮机的重热现象。

16. 何为汽轮机的进汽机构节流损失和排汽阻力损失？在热力过程线（h - s 图）上表示

出来。

四、计算题

1. 试求蒸汽初参数为 $p_0=8.83\text{MPa}$，$t_0=500℃$及背压 $p_c=1.08\text{MPa}$ 时的背压式汽轮机的重热系数 α。

该机共有九级，调节级汽室压力为 $p_2=4.9\text{MPa}$，调节级相对内效率 $\eta_{ri}=0.67$。八个压力级具有同样的焓降及相对内效率。汽轮机的相对内效率 $\eta_{ri}^{T}=0.83$，蒸汽在进汽机构和排汽管中的损失可忽略不计。

2. 试求蒸汽初参数为 $p_0=8.83\text{MPa}$，$t_0=500℃$；终参数为 $p_c=3.04\text{MPa}$，$t_c=400℃$的背压式汽轮机的相对内效率 η_{ri} 和重热系数 α。已知调节级汽室压力 $p_2=5.88\text{MPa}$，调节级内效率 $\eta_{ri}=0.67$，四个压力级具有相同的焓降及相对内效率。进汽机构和排汽管中的损失可忽略不计。

3. 试估算背压式汽轮机非调节级的级数 z。假定第一级的直径 $d_1=0.9\text{m}$，最末级的直径 $d_z=0.95\text{m}$，非调节级组的理想焓降为 $\Delta H_t=364\text{kJ/kg}$，速度比为 $x_a=u/c_a=0.47$，汽轮机转速 $n=3000\text{r/min}$，重热系数 $\alpha=0.05$。

4. 若已知某轴封段的轴封间隙面积 $A_1=10\text{cm}^2$，轴封进汽参数 $p_0=5.88\text{MPa}$，$v_0=0.06\text{m}^3/\text{kg}$，流量系数 $\mu_1=1$，通过该段轴封的蒸汽量 $\Delta G_1=5\text{t/h}$。问：(1) 若最后一齿未达临界状态，试确定轴封段的轴封片数，并计算出轴封段后的汽压；(2) 若最后一齿已达临界状态，再确定轴封段的轴封片数，并算出轴封段后的汽压。

5. 高压汽轮机前端轴封制成的结构，如图2-5所示。在调节级汽室中即在轴封前的蒸汽参数 $p_0=4.90\text{MPa}$，$t_0=430℃$；蒸汽经过第一段轴封（轴封直径 $d_{l1}=0.5\text{m}$，齿数 $z_1=90$）后进入小室1，该室与低压加热器相连通，其压力 $p_1=0.039\text{MPa}$，在室2中送入参数为 $p_2=0.147\text{MPa}$ 及 $t_2=130℃$的蒸汽，以便起到冷却作用（第二段轴封的直径 $d_{l2}=0.45\text{m}$，齿数 $z_2=10$）。各段轴封的径向间隙 $\delta=0.5\text{mm}$，流量系数 $\mu_1=0.75$。试求从室1进入加热器的蒸汽量 G_1 及蒸汽焓 h_1。

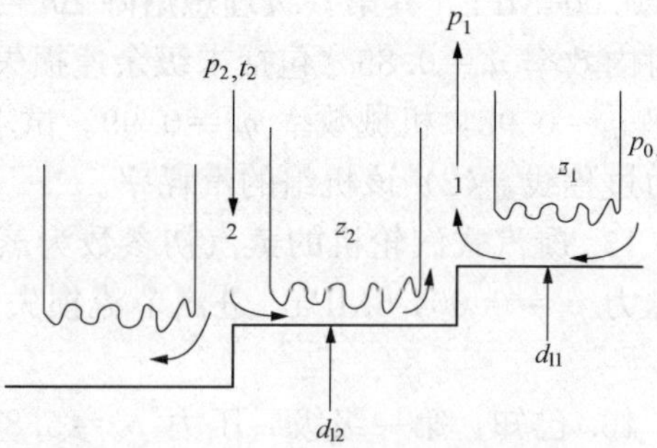

图2-5　高压汽轮机前端轴封

6. 某机组高压轴封第一段直径 $d_1=618\text{mm}$，装有74个轴封片，轴封间隙 $\delta=0.45\text{mm}$。在设计工况下调节级汽室压力（即轴封前压力）$p_0=6.01\text{MPa}$，比体积 $v_0=0.0557\text{m}^2/\text{kg}$，轴封后压力 $p_2=1.49\text{MPa}$，试计算该轴封漏过的蒸汽量 G_1 为多少？

7. 一组轴封由20个轴封片组成，其轴封直径 $d_1=300\text{mm}$，轴封片径向间隙 $\delta=0.3\text{mm}$，轴封片间距 $s=6\text{mm}$. 轴封前端蒸汽参数为 $p_0=0.8\text{MPa}$，$t_0=250℃$，轴封后的蒸汽压力为 $p_z=0.2\text{MPa}$，流量系数 $\mu_1=0.8$。试求该轴封中所漏过的蒸汽量 G_1。

8. 已知曲径轴封前的蒸汽压力 $p_0=1.8\text{MPa}$，温度 $t_0=340℃$；轴封后蒸汽压力 $p_z=1.0\text{MPa}$，轴封直径 $d_1=400\text{mm}$；轴封间隙 $\delta=0.5\text{mm}$，轴封片厚度 $\Delta=0.4\text{mm}$，片数 $z=12$。试求通过该轴封的漏汽量 G_1。

9. 凝汽式汽轮机的蒸汽初参数为压力 $p_0=8.83\text{MPa}$，温度 $t_0=535℃$。凝汽器内蒸汽压

力 p_c=0.003 4MPa，其调节级理想焓降 Δh_t=209.3kJ/kg，调节级相对内效率 η_{ri}=0.5，其余各级相对内效率 η_{ri}=0.85（包括末级汽流速度 c_2=180m/s。进汽节流损失 $\Delta p_0=0.05p_0$，排汽管损失计算式：$\Delta p_e/p_e=\lambda(c_{ex}/100)^2$，其中系数 λ=0.1，排汽管内汽流速度 c_{ex}=120m/s。试求该机组的相对内效率 η_{ri}，末级后的蒸汽状态（干度、压力）。假定发电机效率 η_g=0.98，机械效率 η_m=0.99，求该机组的汽耗率 d。

10. 已知某台中压凝汽式汽轮机的内功率 P_i=12 340kW，发电机功率 G=52.4t/h，初压 p_0=2.35MPa，初温 t_0=380℃，凝汽式压力 p_c=0.004 42MPa。

试求该机组在没有回热抽汽工况下的汽耗率、热耗率、相对内效率、绝对内效率、绝对电效率和循环热效率。

11. 某台凝汽反动式汽轮机的蒸汽初压力 p_0=6MPa，初温度 t_0=600℃，排汽压力 p_c=0.007MPa，重热系数 α=0.04，各级相对内效率为 η_{ri}=0.80。试计算当机组内功率为25 000kW时，通过汽轮机的蒸汽流量 G 为多少（忽略进排汽损失）？

12. 某 50MW 汽轮机全机理想比焓降为 1428.6kJ/kg，各级的理想比焓降之和为1514.57kJ/kg，求该汽轮机的重热系数为多少？

13. 一反动式汽轮机，蒸汽流量 G=34t/h，蒸汽初压 p_0=2MPa，初温 t_0=400℃，排汽压力 p_C=0.02MPa，排汽恰好是饱和蒸汽。全机共有 14 级，每级效率相同，焓降相同，重热系数 α=0.05。试计算各级效率、汽轮机内功率。

14. 凝汽式汽轮机的蒸汽初参数为蒸汽初压 p_0=8.83MPa，初温 t_0=535℃；排汽压力 p_c=0.004MPa，其第一级理想焓降 Δh=209kJ/kg，该级相对效率 η_{ri}=0.5，其余各压力级相对内效率 η_{ri}=0.85（包括末级余速损失在内）。设进汽节流损失 $\Delta p_0=0.5p_0$，假定发电机效率 η_g=0.98，机械效率 η_m=0.99。试求：(1) 该机组的相对内效率，并绘出在 h-s 上的热力过程线。(2) 该机组的汽耗率。

15. 凝汽式汽轮机的蒸汽初参数为蒸汽初压 p_0=8.83MPa，初温 t_0=535℃，汽轮机排汽压力 p_c=0.004 6MPa，进汽节流损失 $\Delta p_0=0.05p_0$，试问进汽节流损失使理想焓降减少多少？

16. 已知：第一级级后压力 p_2=5.88MPa，相对内效率 η_{ri}=0.67，其余四个压力级具有相同的焓降和内效率，进汽机构和排汽管中的损失可忽略不计（重热系数 α=0.03)。试求蒸汽初参数为 p_0=8.83MPa，初温 t_0=540℃，终参数 p_c=3MPa，t_0=400℃的背压式汽轮机的相对内效率和各压力级的相对内效率。

17. 已知该级蒸汽流量 G=9.5kg/s，平均直径 d_m=1.6m，动叶高度 l_b=370mm，叶轮轮毂直径 d=0.6m，轴端轴封直径 d_1=0.42m，喷嘴后的蒸汽压力 p_1=0.007MPa，动叶后的蒸汽压力 p_2=0.004 6MPa。根据级的计算，已知其速度三角形为 c_1=360m/s，$\alpha_1=20°$，$\beta_1=51°$，w_1=158m/s，$\beta_2=\alpha_1+10°$，w_2=327m/s。试求凝汽式汽轮机最末级的轴向推力。

18. 某机组在最大工况下通过的蒸汽流量 G=130.2t/h，此时计算得到作用在动叶上的轴向推力 $\sum F_{Z1}$=104 900N，作用在叶轮上的轴向推力 $\sum F_{Z2}$=58 600N，作用在各凸肩上的轴向推力 $\sum F_{Z3}$=−94 400N，机组轴向推力轴承共装有 10 个瓦块，每块面积 A=81.5cm^2，轴承工作面能承受的最大压力为 p_b=150N/cm^2，要求的安全系数为 1.5～1.7。

19. 凝汽式汽轮机的蒸汽初参数：p_0=8.83MPa，温度 t_0=530℃，汽轮机排汽压力 p_c=0.003 4MPa，全机理想比焓降 Δh_t=1450kJ/kg，其中调节级理想比焓降 Δh_t^{I}=209.3kJ/

kg，调节级相对内效率 $\eta_{ri}=0.5$，其余各级平均相对内效率 $\eta_{ri}=0.85$。假定发电机效率 $\eta_g=0.98$，机械效率 $\eta_m=0.99$。试求：（1）该机组的相对内效率；（2）该机组的汽耗率；（3）在 $h\sim s$（焓～熵）图上绘出该机组的热力过程线。

20. 一台多缸凝汽式汽轮机，如图 2-6 所示。推力轴承位于高、中压缸之间，它共有 10 个瓦块，每块面积 $A=110\text{cm}^2$。最大工况下动叶轴向力为高压部分 $\sum F_{z1}^1=3.4\times10^5\text{N}$，中低压部分 $\sum F_{z1}^2=5\times10^5\text{N}$；叶轮上的轴向力：高压部分 $\sum F_{z2}^1=6483\text{N}$，中低压部分 $\sum F_{z2}^2=3212\text{N}$；转子凸肩与轴封凸肩上的总轴向推力：高压缸侧 $\sum F_{z3}^1=96\ 600\text{N}$，中低压部分 $\sum F_{z3}^2=10\ 690\text{N}$。轴承工作面最大能承受的压力 $p_b=245\text{N/cm}^2$，中低压部分 $\sum F_{z1}^2=5\times10^5\text{N}$，试判断推力瓦工作的安全性。(要求的安全系数为 1.5～1.7)

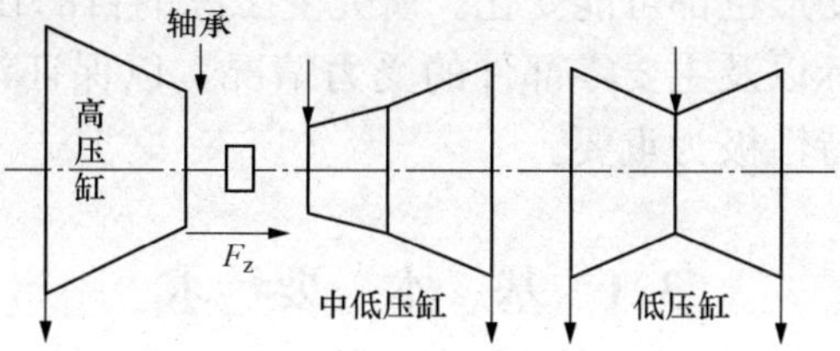

图 2-6　某汽轮机汽缸分布

第3章 汽轮机变工况特性

汽轮机设计工况是指在一定的热力参数、转速和功率等设计条件下运行的工况。在此工况下运行，汽轮机具有最高的效率，故又称经济工况。偏离设计工况的运行工况称为变工况。它包括汽轮机负荷、蒸汽参数和转速等变化、启动和停机及甩负荷等工况。

汽轮机变工况时，各级蒸汽流量、压力、温度、比焓降和效率等都可能发生变化，零部件的热应力、热膨胀和热变形也都可能变化。研究变工况的目的在于分析汽轮机在不同工况下的效率、各项热经济指标以及主要零部件的受力情况，以保证汽轮机安全、经济地运行。因此，研究汽轮机变工况特性极为重要。

3.1 基本要求

(1) 掌握渐缩喷嘴的变工况特性。

(2) 掌握级内压力与流量的关系，级组压力与流量的关系，凝汽式与背压式汽轮机非调节级各级组压力与流量的关系，压力与流量关系式的应用，级的比焓降和反动度的变化规律，撞击损失，各级的级前压力、焓降、反动度、速比、相对内效率、内功率的变化规律；变工况下，汽轮机轴向推力的变化规律。

(3) 掌握定压运行机组的配汽方式（节流配汽、喷嘴配汽），调节级压力与流量的关系，配汽方式对机组变工况运行的影响。

(4) 掌握滑压运行方式，滑压运行与定压运行方式热经济性和安全性的比较。

(5) 掌握蒸汽初终参数变化对汽轮机工作安全性、汽轮机功率的影响。

(6) 掌握凝汽式、背压式和一次调整抽汽式汽轮机的工况图。

3.2 基本概念

汽轮机的热力设计：在已经确定的初、终参数、功率和转速的条件下，计算和确定蒸汽流量、级数、各级尺寸、参数和效率，尽而得出各级和全机的热力过程线等。主要由设计单位完成。

经济工况：汽轮机在设计参数下运行为设计工况即经济工况。表明热经济指标最好的工况。

变工况（非经济工况）：汽轮机在偏离设计参数的条件下运行的工况。比热经济指标最好的工况差。

小参数：在一般情况下，参数不影响未知数的求解（即对未知数的解影响小到可以忽略），比如在工程估算一般忽略不计，但在某些特殊情况下就不能忽略了。一种近似的数学分析方法。

膨胀度：缩放喷嘴出口面积与喉部面积之比，即 $f=A_n/A_c$。反映喷嘴管型及蒸汽的流动状态。

喷嘴临界工况：喷嘴出口或喉部流速达到或超过临界速度时称喷嘴临界工况。反映汽流通过喷嘴时的流动状态。

级的临界工况：级内的喷嘴叶栅或动叶栅两者之一的流速达到或超过临界速度称该工况为级的临界工况。反映汽流通过级时的流动状态。

节流配汽：全部蒸汽通过一个或几个同时开启调节阀门，进入汽轮机的第一级（无调节级）的配汽方式。控制蒸汽进入汽轮机的一种形式。工程中又称单阀配汽。

喷嘴配汽：根据负荷大小，全部蒸汽通过顺序开启的调节阀门（有调节级），而只有通过部分开启的调节阀门有节流损失的配汽方式。控制蒸汽进入汽轮机的一种形式。工程中又称顺序阀配汽。

旁通配汽：通过设置内部或外部旁通阀增大汽轮机的流量，以增大汽轮机的功率输出或增大汽轮机的抽汽供热量。通常作为补充进汽的一种方式。

滑压运行：调节汽门全开或开度不变。根据负荷大小调节进入锅炉的燃料量、给水量和空气量，使锅炉出口汽压和流量随负荷而变化，且出口蒸汽温度不变的配汽方式。控制蒸汽进入汽轮机的又一种形式。通常又称机随炉的运行方式。

纯滑压运行方式：不需要调节级，第一级全部喷嘴进汽，且调节汽门全开，只靠锅炉出口蒸汽压力和流量的改变来调节机组负荷。滑压运行方式中的一种。

节流滑压运行方式：不需要调节级，第一级全部喷嘴进汽，调节汽门预先关小5%～15%，进行滑压运行。节流与滑压运行相结合的一种运行方式。

复合滑压运行方式（定－滑－定）：高负荷区（80%～95%），进行定压运行，较低负荷区（80%～95%与25%～50%），进行滑压运行，在滑压运行的最低负荷点（25%～50%）之下又进行初压水平较低的定压运行。根据不同负荷，节流、喷嘴与滑压运行，相互结合，是机组热经济性最佳的一种运行方式。

小容积流量工况：在容积流量相对值下降过程中，把叶根部开始出现脱流及其后容积流量更小的工况称为小容积流量工况。偏离设计工况较远，变工况程度较深。

大扇度级：把高径比较大的级称为大扇度级。大扇度级的小容积流量变工况又称为深度变工况。通常指汽轮机的末级及次末级在变工况程度较深时所反映出的特性。

鼓风工况：如果汽轮机的某级非但不做功，而且还要消耗轴上机械功，那么级的这种工况称为鼓风工况。此工况相当于某级起鼓风机的作用。即蒸汽通过级的推力排出汽轮机的工况。

透平工况：把级能对外做有效功的工况称为透平工况。即蒸汽推力级旋转后流出汽轮机的工况。

过渡工况：介于鼓风工况和透平工况之间，级的有效比焓降和相对内效率为零的工况为过渡工况。

极限真空：末级动叶斜切部分全部用于蒸汽膨胀时的压力为极限压力，对应的真空为极限真空；或随着排汽压力的降低而增加的有效焓降等于余速损失的增量时的压力为极限压力，对应的真空为极限真空。反映提高真空所能达到的最大有效值。如果继续提高真空，蒸汽在末级外虽能继续膨胀，但机组的功率也不会增加。

汽轮发电机组的工况图：汽轮发电机组的功率与汽耗量间的关系曲线称为汽轮发电机组

的工况图，也称汽耗线。对于凝汽式机组，反映汽轮机的汽耗特性；对于供热机组，反映了汽轮机进汽量、供热抽汽量、凝结汽量与功率间关系。

热电联产：将燃料的化学能转换为高品位的热能用以发电，同时将以在汽轮机中做部分功后的低位能对外供热，从而提高热量利用率的生产方式。一种能量利用率较高的循环，即供热又供电。

汽轮发电机组的空载汽耗：汽轮发电机组保持空转时为克服机械损失所消耗的蒸汽量。机组输出功率为零时的运行工况。

汽耗微增率：每增加单位功率所增加的汽耗量。与汽耗率不同。

3.3 重点与难点解析

3.3.1 喷嘴的变工况特性

任务：研究汽轮机在偏离设计工况下各级流量与热力参数的相对变化关系，以及由此产生的反动度、内功率、效率和轴向推力等的改变，并分析和估算这些变化对机组安全、经济运行产生的影响。

研究方法：在选定参考工况（如额定设计工况或最大工况）下，以喷嘴非设计工况的运行特性和小参数变化简化分析为基础，将汽轮机通流部分划分为调节级、中间级组和末级组三部分，分析、估算流量与热力参数相对于参考工况的相对变化。

喷嘴变工况的研究，主要是分析喷嘴前后压力与流量之间的变化关系。喷嘴又分渐缩喷嘴和缩放喷嘴两种型式。

缩放喷嘴在变工况时，若出口压力升高，有可能在渐扩段某处出现激波，降低流速，产生损失，使效率下降。

缩放喷嘴设计压比越小，膨胀度 f 越大。在实际压比增大时，速度系数 φ 变小，使效率下降。这主要是因为压比增大导致出口压力升高，渐扩段某处可能出现激波，产生损失所致。但渐缩喷嘴，只在设计压比 ε_n 小于临界时，速度系数 φ 与效率才下降，故渐缩喷嘴效率较高区间大于缩放喷嘴的。

1. 渐缩喷嘴初压不变时背压与流量的关系

喷嘴的流量公式为

$$G=\mu_n A_n\sqrt{\frac{2\kappa}{\kappa-1}\frac{p_0^0}{v_0^0}\left[\left(\frac{p_1}{p_0^0}\right)^{2/\kappa}-\left(\frac{p_1}{p_0^0}\right)^{(\kappa+1)/\kappa}\right]} \tag{3-1}$$

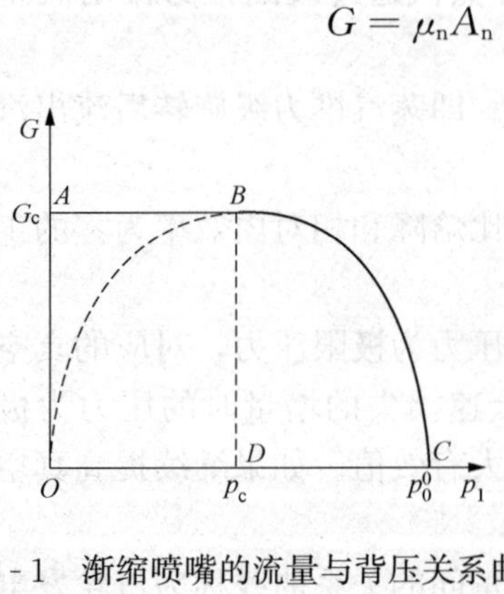

图 3-1 渐缩喷嘴的流量与背压关系曲线

对渐缩喷嘴，在定熵指数 κ 和流量系数都不变的条件下，若喷嘴前滞止参数 p_0^0、v_0^0 和出口面积 A_n 都不变，则喷嘴的流量 G 与背压 p_c 的关系，如图 3-1 所示。

当 $p_1 \leqslant p_c$ 时，$G=G_c$ 不变，如图 3-1 中的直线 AB 所示；当 $p_1 \geqslant p_c$ 时，流量沿曲线 BC 变化。

如图 3-1 所示，曲线 BC 段与椭圆的 1/4 线段相当近似。若用椭圆曲线代替，误差较小，故可用椭圆方程表示 BC 段的 $G-p_1$ 关系。变工况前后流量与压

比的椭圆关系为

$$\frac{G}{G_c}=\sqrt{1-\left(\frac{\varepsilon_n-\varepsilon_{nc}}{1-\varepsilon_{nc}}\right)^2}=\beta \tag{3-2}$$

式中：β为彭台门系数。

2. 渐缩喷嘴前后参数都变化时的流量变化

(1) 设计工况与变工况下喷嘴均为临界工况。喷嘴出口流速达到或超过临界速度时，则喷嘴处于临界工况。

若设计工况和变工况下，喷嘴内流速均达到或超过临界速度，则此两种工况下的临界流量之比为

$$\frac{G_{c1}}{G_c}=\frac{p_{01}^0\sqrt{T_0^0}}{p_0^0\sqrt{T_{01}^0}} \tag{3-3}$$

凡变工况参数，下角标多加“1”，以下均相同。若略去温度的影响，则

$$\frac{G_{c1}}{G_c}=\frac{p_{01}^0}{p_0^0}=\frac{p_{01}}{p_0} \tag{3-4}$$

由此可知，喷嘴临界流量仅正比于初压或滞止初压。

(2) 设计工况与变工况下喷嘴均为亚临界工况。喷嘴出口流速小于临界流速时，则喷嘴处于亚临界工况。若设计工况与变工况下，喷嘴都是亚临界工况，流量为

$$\frac{G_1}{G}=\frac{\beta_1 p_{01}}{\beta p_0}\sqrt{\frac{T_0}{T_{01}}} \tag{3-5}$$

若不考虑温度的变化，则

$$\frac{G_1}{G}=\frac{\beta_1 p_{01}^0}{\beta p_0^0}=\frac{\beta_1 p_{01}}{\beta p_0} \tag{3-6}$$

若工况变动前为临界工况，变动后为亚临界工况，则可用临界工况公式算到$\varepsilon_n=\varepsilon_{nc}$处，再用亚临界工况公式由$\varepsilon_n=\varepsilon_{nc}$算到变动后的工况；若相反，则计算方法相同。

3.3.2 级与级组的变工况特性

1. 级内压力与流量的关系

(1) 级内为临界工况。级内的喷嘴叶栅或动叶栅两者之一的流速达到或超过临界速度，则该工况为级的临界工况。

1) 喷嘴临界。当喷嘴为临界工况时，级内流量、压力和温度的关系为

$$\frac{G_{c1}}{G_c}=\frac{p_{01}^0}{p_0^0}\sqrt{\frac{T_0^0}{T_{01}^0}}=\frac{p_{01}}{p_0}\sqrt{\frac{T_0}{T_{01}}} \tag{3-7}$$

忽略温度的影响，则为

$$\frac{G_{c1}}{G_c}=\frac{p_{01}^0}{p_0^0}=\frac{p_{01}}{p_0} \tag{3-8}$$

2) 动叶临界。通过喷嘴的流量、压力和温度的关系为

$$\frac{G_{c1}}{G_c}=\frac{p_{11}^0}{p_1^0}\sqrt{\frac{T_1^0}{T_{11}^0}}=\frac{p_{11}}{p_1}\sqrt{\frac{T_1}{T_{11}}} \tag{3-9}$$

略去温度影响，则为

$$\frac{G_{c1}}{G_c}=\frac{p_{11}^0}{p_1^0}=\frac{p_{11}}{p_1} \tag{3-10}$$

由于叶顶漏汽不大，可认为喷嘴流量等于动叶流量。这时喷嘴在设计工况和变工况下的流量之比为

$$\frac{G_{c1}}{G_c}=\frac{p_{01}^0}{p_0^0}\sqrt{\frac{T_0^0}{T_{01}^0}}=\frac{p_{01}}{p_0}\sqrt{\frac{T_0}{T_{01}}} \tag{3-11}$$

略去温度的影响，则为

$$\frac{G_{c1}}{G_c}=\frac{p_{01}^0}{p_0^0}=\frac{p_{01}}{p_0} \tag{3-12}$$

故处于临界工况时，级的流量与滞止初压或初压成正比，与滞止初温或初温成反比；若不考虑温度的变化影响，则流量只与滞止初压或初压成正比。

（2）级内为亚临界工况。设计工况为亚临界，变工况后为亚临界工况的流量比为

$$\frac{G_1}{G}=\sqrt{\frac{(p_{01}^2-p_{21}^2)-(p_{01}-p_{21})^2\varepsilon_{nc}/(1-\varepsilon_{nc})}{(p_0^2-p_2^2)-(p_0-p_2)^2\varepsilon_{nc}/(1-\varepsilon_{nc})}}\sqrt{1-\frac{\Delta\Omega_m}{1-\Omega_m}}\sqrt{\frac{T_0}{T_{01}}} \tag{3-13}$$

假设比体积变化较小、反动度基本不变，略去温度的影响，简化得

$$\frac{G_1}{G}=\sqrt{\frac{(p_{01}^2-p_{21}^2)}{(p_0^2-p_2^2)}} \tag{3-14}$$

2. 级组压力与流量的关系

（1）工况变化前后级组均为临界工况。在各级通流面积不变的条件下，处于亚临界工况的级组，若级组前后压差由小变大，则各级流量和流速增加，此时，级组内通常最后一级最先达到临界速度，这是因为

1）后面的级的比体积较大，其平均直径往往比前面的级要大。若相邻两级的速比和反动度基本相同，则后一级的比焓降较大，即最后一级的比焓降最大，流速也最大；

2）最后一级的蒸汽压力和温度最低，当地声速最小，故蒸汽流速易达到声速。

讨论级组最后一级为临界，其余级为亚临界，并忽略温度影响时，压力与流量的关系。

若变工况前后级组的末级都是临界工况，压力与流量的关系为

$$\frac{G_{c1}}{G_c}=\frac{p_{z1}}{p_z} \tag{3-15}$$

因末级前的汽流未达临界，故对倒第二级可写出下式

$$\frac{G_{c1}}{G_c}=\sqrt{\frac{p_{(z-2)1}^2-p_{z1}^2}{p_{(z-2)}^2-p_z^2}} \tag{3-16}$$

由于通过各级的流量相等，从而有

$$\left(\frac{G_{c1}}{G_c}\right)^2=\left(\frac{p_{z1}}{p_z}\right)^2=\left(\frac{p_{(z-2)1}^2-p_{z1}^2}{p_{(z-2)}^2-p_z^2}\right) \tag{3-17}$$

由式（3-17）得

$$\frac{G_{c1}}{G_c}=\frac{p_{z1}}{p_z}=\cdots=\frac{p_{01}}{p_0} \tag{3-18}$$

故级组为临界工况时，级组流量与级组前压力成正比，与级组前绝对温度的平方根成反比。若不考虑温度变化的影响，则级组流量仅与级组前压力成正比。

（2）工况变化前后级组均为亚临界工况。由斯托陀拉（stodola）实验所得到的级组蒸汽流量与进、出口压力的关系曲线推得

$$\frac{G_1}{G}=\sqrt{\frac{p_{01}^2-p_{g1}^2}{p_0^2-p_g^2}}\sqrt{\frac{T_0}{T_{01}}} \tag{3-19}$$

若不考虑温度变化的影响，则为

$$\frac{G_1}{G}=\sqrt{\frac{p_{01}^2-p_{g1}^2}{p_0^2-p_g^2}} \tag{3-20}$$

式（3-19）或式（3-20）为著名的弗留格尔公式，是级组在变工况前后为亚临界时级组流量与压力的关系式。

由弗留格尔公式可知，级组内级数越多，同一初压下的临界压力就越小，应用它计算的误差也越小；反之误差越大。不论级组内级数多少，在设计工况下应用弗留格尔公式时，各参数相等，因此没有误差。偏离设计工况越近，误差越小，反之误差越大。级组进、出口压力相等，设计流量为零时，应用弗留格尔公式的计算误差为零。

对于实际汽轮机，级组内级数是有限的，存在着一定的计算误差。因此，为了提高计算精度，有些学者对弗留格尔公式提出了一些改进，使得计算误差有所减小。

3. 弗留格尔公式的应用条件

（1）如通流部分面积发生变化，则应进行修正，即

$$\frac{G_1}{G}=a\frac{p_{01}}{p_0}\left(a=\frac{A_1}{A}\right) \tag{3-21}$$

（2）同一工况下各级的流量相等或成相同的比例。

（3）通过各级的气流为一股均质流（调节级不能包括级组内）。

（4）级数应在3～4级以上（级数越多，由公式计算的结果越精确）。

4. 级的比焓降和反动度的变化规律

（1）级的比焓降变化规律。

1）凝汽式汽轮机。

a. 中间级。除调节级与末级以外级的比焓降为

$$\Delta h_t=\frac{\kappa}{\kappa-1}RT_0\left[1-\left(\frac{p_2}{p_0}\right)^{\kappa-1/\kappa}\right] \tag{3-22}$$

由$\frac{G_1}{G}=\frac{p_{01}}{p_0}=\frac{p_{21}}{p_2}=\cdots\Rightarrow\frac{p_2}{p_0}=\frac{p_{21}}{p_{01}}=\cdots$，得$\frac{\Delta h_{t1}}{\Delta h_t}=\frac{T_{01}}{T_0}$，则 $T_{01}\approx T_0\Rightarrow\Delta h_{t1}\approx\Delta h_t$，即凝汽式汽轮机中间级，流量变化时，级的理想比焓降基本不变。

b. 末级。流量大于设计工况时，虽 p_0 正比于 G，但出口压力 p_c 与 G 不成正比；若 p_c 不变，则流量增大，Δh_t 增大。反之，G 流量减小，Δh_t 减小。

由于 $p\propto G$，中间级、末级的最危险工况为最大流量工况。

2）背压式汽轮机。如果背压式汽轮机的最后一级在工况变动前后均达到临界状态，则各级级前压力与流量成正比。此时，这些级（除末级外）的比焓降的变化规律，就与凝汽式汽轮机的中间级一样。

但在一般情况下，即使是最后一级也不会达到临界状态。此时，忽略温度变化，由弗留格尔公式可得变工况下理想比焓降与流量的关系为

$$\frac{\Delta h_{t1}}{\Delta h_t}=B\left\{1-\left[\sqrt{\frac{p_2^2-p_g^2+p_{g1}^2(G/G_1)^2}{p_0^2-p_g^2+p_{g1}^2(G/G_1)^2}}\right]^{(\kappa-1)/\kappa}\right\} \tag{3-23}$$

其变化规律，如图3-2所示。流量变化越大，级的理想比焓降变化也越大；流量变化

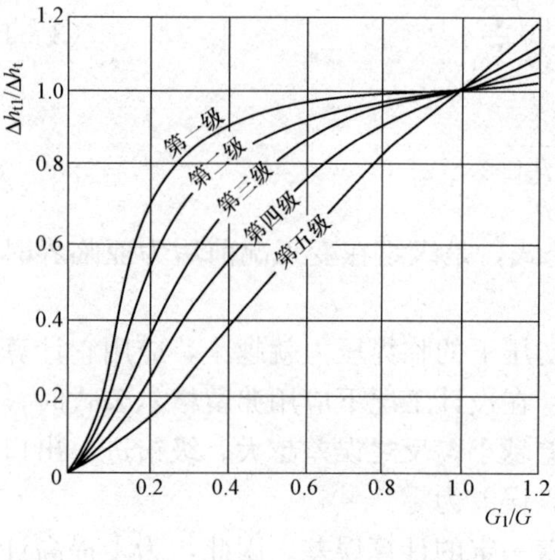

图 3-2 背压式汽轮机非调节理想比焓降变化规律

时，p_0 和 p_2 都比 p_g 大得多的级，Δh_t 变化较小；p_0 和 p_2 与 p_g 接近的级，Δh_t 变化较大，末级 Δh_t 变化最大。

（2）级的反动度的变化规律。固定转速汽轮机的反动度变化，主要由级的比焓降变化引起的。当 Δh_t 减小，速比 x_a 则增大。由动叶入口速度三角形图 3-3（a）可知：$c_{11}<c_1$（图中虚线所示），由于 u 不变，故 $\beta_{11}<\beta_1$，w_1 减为 w_{11}，动叶进口实际有效相对速度为 $w_{11}\cos(\beta_{11}-\beta_1)$，故 $\frac{w_{11}\cos(\beta_{11}-\beta_1)}{w_1}<\frac{c_{11}}{c_1}$。若反动度不变，$w_{21}=\sqrt{2\Delta h_{b1}+[w_{11}\cos(\beta_{11}-\beta_1)]^2}<w_2$，则使 $w_{21}/w_2<c_{11}/c_1$。则喷嘴流出来的汽流来不及流出动叶，不能满足连续方程，故使反动度自动增大，直至满足连续方程为止。

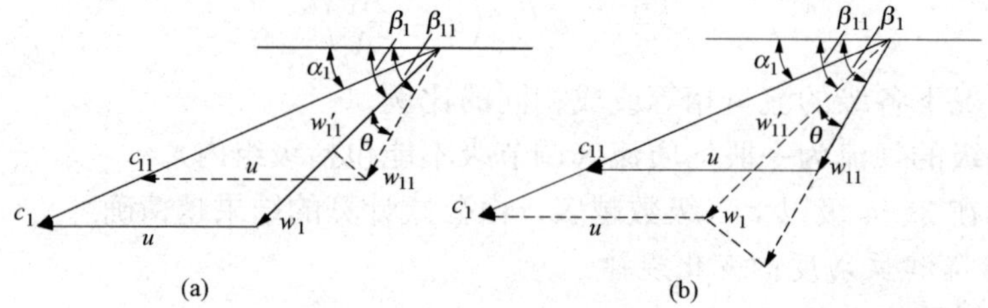

图 3-3 级的理想焓降 Δh_t 变化对动叶进口速度三角形的影响

（a）级的焓降 Δh_t 减小；（b）级的焓降 Δh_t 增加

同理，如图 3-3（b）所示。Δh_t 增大即 x_a 减小时，$\frac{w_{11}\cos(\beta_{11}-\beta_1)}{w_1}>\frac{c_{11}}{c_1}$，因而 $w_{21}/w_2>c_{11}/c_1$，故反动度必然降低。

反动度的变化规律：级的比焓降减小，速比增大，反动度增大；级的比焓降增大，速比减小，反动度减小。设计反动度较小的级，比焓降 Δh_t 变化时，反动度变化量较大；反之，变化量较小；反动度较大的级（反动级），其反动度基本不变。

对于凝汽式汽轮机末级，已达临界的条件下，若排汽压力 p_c 下降，则 Δh_b 增大而 Δh_n^0 不变，即级的比焓降增大时反动度增大；若 p_c 上升，级的比焓降减小而反动度减小。对于调节级，当动叶内蒸汽流速超过临界速度时，也是如此。若末级未达到临界，反动度的变化规律同一般压力级。

5. 撞击损失

设计工况下，气流进入动叶栅的相对运动方向角 β_1 与动叶几何进汽角 β_{11} 一致，气流能平滑的进入动叶。当级的理想比焓降 Δh_t 减小时，$\beta_{11}>\beta_1$；比焓降 Δh_t 增大时，$\beta_{11}<\beta_1$ 都会使气流进入动叶的相对运动方向改变，从而使动叶边界层厚度改变，叶形损失增加，这一附加损失称为撞击损失。β_1 的变化量以冲角（或撞击角）θ 表示，则 $\theta=\beta_1-\beta_{11}$。$\beta_{11}<\beta_1$ 时

θ为正，称正冲角，冲击背弧；$\beta_{11}>\beta_1$ 时 θ 为负，称负冲角，冲击内弧。撞击损失 δh_{b1}，按叶栅试验数据计算，其计算式为

$$\delta h_{b1}=\frac{1}{2}(w_{11}\sin\theta)^2 \tag{3-24}$$

式（3-24）反映了与动叶进口有效相对速度方向相垂直的分量全部损失掉。

6. 各级 p_0、Δh_t、Ω_m、η_i、P_i 的变化规律

（1）凝汽式汽轮机。

1）末级为临界工况。

中间级

$$G\downarrow\Rightarrow\Delta h_t-,\Omega_m-,x_a-,\eta_i-,P_i\downarrow$$
$$G\uparrow\Rightarrow\Delta h_t-,\Omega_m-,x_a-,\eta_i-,P_i\uparrow$$

末级（p_c 不变）

$$G\downarrow\Rightarrow\Delta h_t\uparrow,\Omega_m\uparrow,x_a\downarrow,\eta_i\downarrow,P_i\downarrow$$
$$G\uparrow\Rightarrow\Delta h_t\downarrow,\Omega_m\downarrow,x_a\uparrow,\eta_i\downarrow,P_i\uparrow$$

“—”表示不变。由于末级为反动级，可认为其反动度基本不变。

2）末级为亚临界工况。只有最后两、三级的变化规律与背压式汽轮机非调节级相同，其余工况均与临界工况相同。

（2）背压式汽轮机非调节级。末级一般为亚临界工况，此时的变化规律为

$$G\downarrow\Rightarrow\Delta h_t\downarrow,\Omega_m\uparrow,x_a\uparrow,\eta_i\downarrow,P_i\downarrow$$
$$G\uparrow\Rightarrow\Delta h_t\uparrow,\Omega_m\downarrow,x_a\downarrow,\eta_i\downarrow,P_i\uparrow$$

（3）调节级。讨论全开调节气门后喷嘴与动叶组成的这部分调节级。

1）动叶为亚临界工况。

$$G\downarrow\Rightarrow\Delta h_t\uparrow,\Omega_m\downarrow,x_a\downarrow,\eta_i\downarrow,P_i\propto G\Delta h_t\eta_i$$
$$G\uparrow\Rightarrow\Delta h_t\downarrow,\Omega_m\uparrow,x_a\uparrow,\eta_i\downarrow,P_i\propto G\Delta h_t\eta_i$$

2）动叶为临界工况。

$$G\downarrow\Rightarrow\Delta h_t\uparrow,\Omega_m\uparrow,x_a\downarrow,\eta_i\downarrow,P_i\propto G\Delta h_t\eta_i$$
$$G\uparrow\Rightarrow\Delta h_t\downarrow,\Omega_m\downarrow,x_a\uparrow,\eta_i\downarrow,P_i\propto G\Delta h_t\eta_i$$

3.3.3 配汽方式及其对定压运行机组变工况的影响

汽轮机的配汽方式通常有：节流配汽、喷嘴配汽和旁通配汽。目前三种配汽方式中，主要以节流和喷嘴配汽为主。在实际运行中，节流和喷嘴配汽两者可以相互转换。因此，通常把汽轮机中的第一级称为调节级。旁通配汽作为补充进汽，以增加机组功率。

1. 节流配汽

采用节流配汽的汽轮机，调节级不起调节作用而转换成一般压力级。调节汽门后的压力即为汽轮机的进口压力。在部分负荷运行时，阀后压力决定于流量，进汽温度基本保持不变。其特点：①负荷小于额定值时，所有气体节流。一般汽轮机的相对内效率基本不变，所以，节流配汽在部分负荷下，相对内效率下降的主要原因是调节汽门的节流损失，并且随负荷下降而损失增大；②同样负荷下，背压越高，节流效率越低，所以，背压式汽轮机一般不用节流配汽。

凝汽式汽轮机节流配汽的变工况特性与前面讨论的中间级情况一样。

2. 喷嘴配汽

将汽轮机高压缸的第一级设为调节级，并将该级的喷嘴分成 4 组或更多组。每一喷嘴组

由 1 个独立的调节汽门供汽，通常认为调节级后的压力相等。为减小喷嘴配汽调节级的漏汽量，调节级采用低反动度（约 0.05）的冲动式。其特点为

（1）分进汽度 $e<1$，100%负荷效率低于节流配汽。

（2）根据负荷大小，调节汽门顺序开启。只有通过部分开启的调节汽门才存在节流损失，而通过全开调门的气流没有节流损失。因此，汽轮机相对内效率高于节流。

（3）既可以承担基荷，又可调峰。但因变工况时，调节级后和高压缸温度变化较大，引起的热应力较大，对安全运行有一定的影响。

设调节级为四个喷嘴组，其中第Ⅰ、Ⅱ调节汽门全开，第Ⅲ调节汽门部分开启，第Ⅳ调节汽门关闭。两股汽流混合后的焓值为

$$h_2 = h_0 - \left(\frac{(G_{\mathrm{I}} + G_{\mathrm{II}})}{G}\Delta h_i^{\mathrm{I}} + \frac{G_{\mathrm{III}}}{G}\Delta h_i^{\mathrm{III}}\right) \tag{3-25}$$

调节级的相对内效率为

$$\eta_i = \frac{(G_{\mathrm{I}} + G_{\mathrm{II}})}{G}\eta_i^{\mathrm{I}} + \frac{G_{\mathrm{III}}}{G}\eta_i^{\mathrm{III}} \tag{3-26}$$

3. 调节级压力与流量的关系

（1）简化的调节级压力与流量的关系。

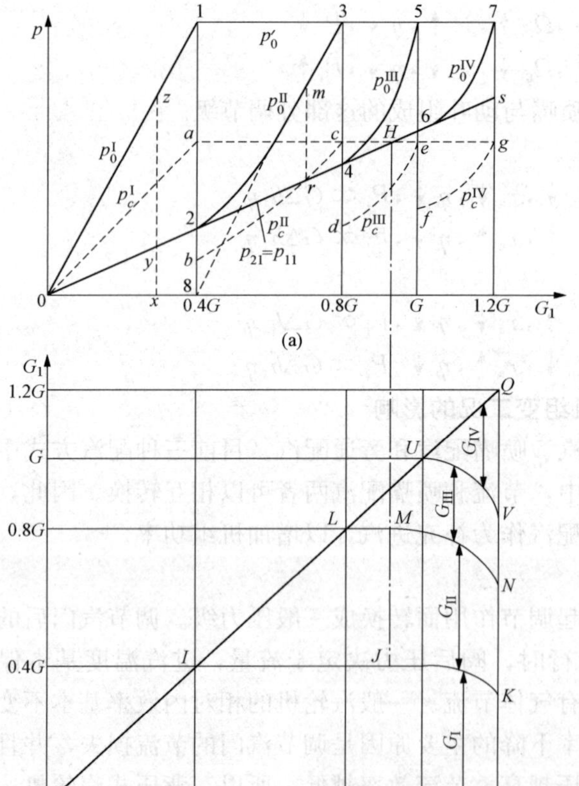

图 3-4 简化的调节级压力与流量关系

（a）各喷嘴组压力与流量关系；（b）各喷嘴组流量与总流量关系

假设：

1）忽略调节级后温度变化的影响；

2）各种工况下级的反动度都保持为零，$p_{11}=p_{21}$；

3）四个调节汽门依次开启，没有重叠度；

4）全开调节汽门后喷嘴组前压力均为 p_0' 不变。

上述假定下调节级四个喷嘴组的 p-G_1 曲线如图 3-4 所示。

（2）调节级的实际压力与流量的关系。

1）调节级后温度变化的影响。调节级后温度随流量变化而变化。部分负荷时，调节级焓降增大，调节级后温度降低。考虑温度影响，在流量 $G_1>G$ 时，调节级后压力 p_{21} 大于不考虑温度影响时的 p_{21}；$G_1<G$ 时，p_{21} 相对较小；$G_1<0.4G$ 时，第一调节汽门开启，其他关闭，调节级的焓降基本不变，级后温度也基本不变，p_{21} 正比于

流量。将调节汽门全开时节流损失比较小的工况点称为阀点。阀点节流损失小，做功较多，调节级后焓和温度较低。

2）调节级有一定反动度。在机组负荷下降时，全开调节汽门喷嘴组的理想焓降增大，动叶一般为亚临界工况，反动度下降；反之则增大。表明随机组负荷下降，调节级反动度减小，使喷嘴后压力更接近于调节级动叶后压力。

3）调节级喷嘴组前的实际压力。实际上，机组流量不断增大后，主汽门的节流压降增大，使各调节汽门前的压力，在机组负荷增大时下降。

4）调节汽门开启有一定重迭度。流量与调节汽门开度之间呈非线性关系。特别在调节汽门接近全开时，为保证汽轮机控制系统有良好的调节品质，力求使调节汽门升程与流量成线性关系。为弥补调节汽门接近全开时的非线性，后续调节汽门提前开启，故调节汽门开启有一定重叠度。

（3）调节级的最危险工况。当只有第一调节汽门全开而其他调节汽门关闭时，不但第一级的理想比焓降最大，而且流过第一喷嘴组的流量达到最大，这股流量集中在第一喷嘴组后的少数动叶上，使每片动叶分摊的蒸汽流量最大。动叶上的蒸汽作用力正比于流量和比焓降之积。因此，当第一调节汽门全开而其他调节汽门都关闭时，调节级动叶片受力最大，为最危险工况。

4. 旁通配汽

旁通配汽主要用于船舶和工业汽轮机，通过设置内部或外部旁通阀增大汽轮机的流量，增大汽轮机的功率输出或增大汽轮机的抽汽供热量。

5. 轴向推力的变化规律

转子上的轴向推力是由动叶上的汽流力、压差力和叶轮（冲动级）或转鼓（反动级）及转子凸肩两侧的压差力组成。汽流力正比于流量；压差力决定于级前、后的压差和压力反动度，故轴向推力是蒸汽流量 G、反动度 Ω、压力反动度 Ω_p、级前后压差（p_0-p_2）的函数，即

$$F_z = F_z(G, \Omega, \Omega_p, p_0 - p_2) \tag{3-27}$$

汽轮机轴向推力的变工况计算相当复杂，且难以计算准确。故在实际运行中，常用测量推力轴承工作瓦块温升的方法来监视轴向推力的变化。

（1）节流配汽凝汽式汽轮机。对节流调节的凝汽式汽轮机，当负荷变化时，除最末级外，其余各级由于比焓降不变，反动度也基本不变。

各级前后压力差与流量成正比变化，因此，汽轮机级的轴向推力与流量成正比变化。

$$\frac{\sum F_{z1}}{\sum F_z} \approx \frac{G_1}{G} \tag{3-28}$$

节流调节汽轮机的轴向推力随负荷增大而增加，且在最大负荷时达最大值。

（2）喷嘴配汽凝汽式汽轮机。对喷嘴调节的凝汽式汽轮机，在变动工况下，各压力级轴向推力的变化规律与节流调节式汽轮机相同。调节级轴向推力的变化比较复杂，它与部分进汽度和前轴封漏汽等因素有关。当有通道使调节级两侧的压力平衡时，可以不计作用在轮面上的轴向力，此时，调节级的轴向推力主要是动叶片上的轴向力，其计算式为

$$F_z = e\Delta p \Omega_m \tag{3-29}$$

（3）背压式汽轮机。背压式汽轮机调节级轴向推力的变工况特性与凝汽式汽轮机相同。

而其压力级在工况变动时，因级前、后压力与流量不成正比，且级内比焓降和反动度相应发生变化。因此，级的轴向推力也不与流量成正比。如当流量增加时，级前、后压力及压差增大，但反动度却下降，故轴向推力不一定增加；当流量减小时，级前、后压力及压差减小，但反动度增加，级的轴向推力并不一定减小。因此，背压式汽轮机通流部分总的轴向推力的最大值并非在最大功率，而是在某一中间功率时出现。

3.3.4 滑压运行的热经济性与安全性

汽轮机有两种运行方式，即定压运行和滑压运行。大容量汽轮机调峰时，采用滑压运行方式，在安全性和负荷变化灵活性上，都优于定压运行方式。一定条件下，滑压运行的热经济性也优于定压运行方式。

1. 滑压运行方式

汽轮机滑压运行时，调节汽门全开或开度不变。根据负荷大小调节进入锅炉的燃料量，给水量和空气量，使锅炉出口汽压和流量随负荷升降而升降，但出口气温不变。因此，汽轮机的进汽温度维持额定值不变，而进汽压力与流量都随负荷升降而增减，以实现对汽轮机功率的调节。汽轮机的进汽压力随外界负荷增减而变化，故称滑压运行，也称变压运行。

滑压运行又可分为三种方式：①纯滑压运行方式：不需要调节级。第一级全周进汽，调节汽门全开，只靠锅炉出口蒸汽压力和流量的改变来调节机组负荷；②节流滑压运行方式：不需要调节级。第一级全周进汽，调节汽门预先关小 5%～15%，进行滑压运行；③复合滑压运行方式（定一滑一定)：高负荷区，进行定压运行；较低负荷区，进行滑压运行。在滑压运行的最低负荷点之下又进行初压值较低的定压运行。

2. 机组滑压运行的热经济性

设滑压与定压运行机组的初（再热）温、初终压及流量相等。则热经济性比较只需比较高压缸的热经济性即可。

定压运行机组在负荷较低时，高压缸的排汽温度低于滑压运行。因此，在部分负荷时，滑压运行的经济性高于定压运行机组。低负荷进行滑压运行时，因给水泵功耗减少，故对机组热经济性所带来益处是明显的。但由于随压力下降工质在炉内的平均吸热温度下降，在冷源温度不变的情况下，又使循环热效率下降。

以滑压 $(\eta_{ai})_s$、喷嘴配汽 $(\eta_{ai})_n$ 及节流配汽 $(\eta_{ai})_{th}$ 三种方式运行的循环热效率为 $(\eta_{ai})_s=\frac{(\Delta h_i^{mac})_s^h+(\Delta h_i^{mac})^{ml}}{q_{1s}}$；$(\eta_{ai})_n=\frac{(\Delta h_i^{mac})_n^h+(\Delta h_i^{mac})^{ml}}{q_{1n}}$；$(\eta_{ai})_{th}=\frac{w_{th}}{q_{1th}}$。

滑压运行机组比定压运行机组 1kg 蒸汽多吸收的热量为 $\Delta h_0=h_{01}-h_0$；在再热器内比它少吸收的热量为 $(\Delta h_r)_{s-n}=(h_r)_s-(h_r)_n$，故 $q_{1s}=q_{1n}+\Delta h_0-(\Delta h_r)_{s-n}$，如图 3-5 所示。

滑压运行与喷嘴配汽运行方式比较，高压缸有效焓降及功率的关系为

$$(\Delta h_i^{mac})_s^h=(\Delta h_i^{mac})_n^h+\Delta h_0-(\Delta h_r)_{s-n},\quad w_s=w_n+\Delta h_0-(\Delta h_r)_{s-n}$$

当 $(\eta_{ai})_s=(\eta_{ai})_n$ 时，有 $\frac{w_n}{q_{1n}}=\frac{w_n+\Delta h_0-(\Delta h_r)_{s-n}}{q_{1n}+\Delta h_0-(\Delta h_r)_{s-n}}$ 成立的条件是 $\Delta h_0=(\Delta h_r)_{s-n}$。当 $\Delta h_0>(\Delta h_r)_{s-n}$ 时，$(\eta_{ai})_s>(\eta_{ai})_n$，否则 $(\eta_{ai})_s<(\eta_{ai})_n$。

因过热蒸汽区的等温线在高压区域弯曲较大，在低压区域比较平直，接近于等焓线，如图 3-5 所示。故在相同流量变化时，p_0 越高，Δh_0 就越大，否则相反，如图 3-5 左侧 C、D

点间大于E、F点间的Δh_0。但无论新汽压力p_0升高到什么程度，Δh_0总是小于$(\Delta h_r)_{s-n}$，只是随着p_0的升高，两者的差逐渐减小而已。因此，若不考虑给水泵耗功减少的因素，滑压运行机组的热经济性仍低于喷嘴配汽定压运行机组。

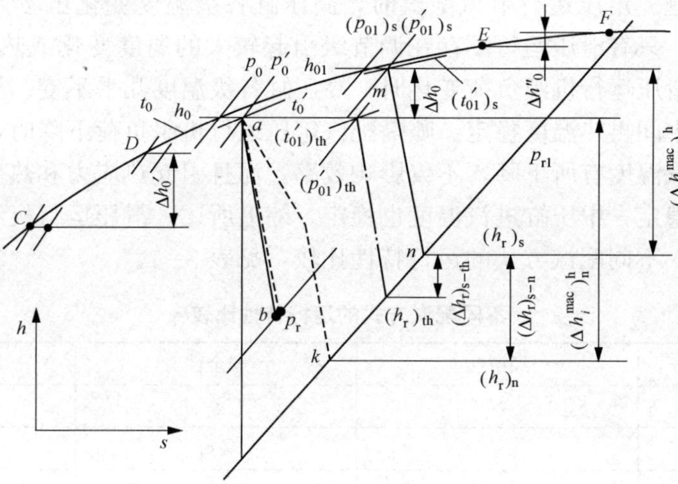

图3-5　三种配汽方式汽轮机高压缸的热力过程线

考虑给水泵耗功减少的因素，当初压力为18.0MPa时，在降到50%额定负荷以下时，滑压优于喷嘴配汽运行方式，否则相反；当初压力为25MPa时，机组由额定负荷下降时，滑压优于喷嘴配汽运行方式，即超临界机组宜采用滑压运行，如图3-6所示。

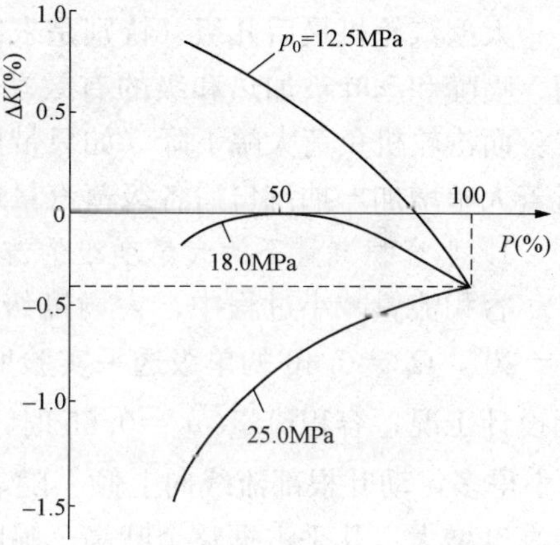

图3-6　滑压机组热经济性曲线

滑压与节流配汽运行方式比较，高压缸有效焓降及功关系为$q_{1s}=q_{1th}+\Delta h_0-(\Delta h_r)_{s-th}$，$w_s=w_{th}+\Delta h_0-(\Delta h_r)_{s-th}$，而$(\Delta h_r)_{s-th}=(h_r)_s-(h_r)_{th}$。

滑压运行热效率为$(\eta_{ai})_s=\dfrac{w_{th}+\Delta h_0-(\Delta h_r)_{s-th}}{q_{1th}+\Delta h_0-(\Delta h_r)_{s-th}}$；当$\Delta h_0>(\Delta h_r)_{s-th}$时，有$(\eta_{ai})_s>(\eta_{ai})_{th}$，否则相反。由于等压线右发散，$(p_{01}')_{th}=(p_{01}')_s$，$(\Delta h_i^h)_s$略大于$(\Delta h_i^h)_{th}$，现$(p_{01}')_{th}<(p_{01}')_s$，故$(\Delta h_i^h)_s>(\Delta h_i^h)_{th}$，即滑压运行即使不考虑部分负荷下降泵功减少，其热经济性仍高于节流配汽定压运行机组。

机组部分负荷下，喷嘴配汽的调节级温度变化较大，对各压力级的相对内效率有一定影响。不考虑泵功减少的影响，喷嘴配汽比节流、滑压配汽的热经济性好。喷嘴配汽最多只有一个调节汽门产生节流，尽管调节级效率随机组负荷下降而减小，但整机的理想焓降不变，绝对内效率较高。滑压配汽与节流配汽的主要差别在于汽轮机叶栅通道进口温度不同。滑压配汽的进口温度高于节流配汽，故滑压配汽的叶栅通道理想焓降大于节流配汽，即三者中节流配汽的热经济性最差。

3. 滑压运行机组的安全性与灵活性

定压运行喷嘴配汽汽轮机调峰时，若迅速改变负荷或夜间停机和启动，特别是调节级引起较大的温度变化或热应力，这是限制该机组调峰灵活性的主要障碍，也是影响机组的安全可靠运行的关键问题。定压运行节流配汽时，高压缸各级温度变化虽不大，但节流损失较大，热经济性较低。只有滑压运行不存在调节级引起较大的温度变化或热应力及节流损失，故最适宜于调峰。滑压运行机组负荷变化时，高压缸各级温度几乎不变。滑压运行机组在负荷降低时，能保持中间再热温度稳定。喷嘴配汽定压运行机组负荷下降时，因高压缸排汽温度下降，中压缸进汽温度有所下降，不仅影响效率，而且引起热应力和热变形。滑压运行机组高压缸排汽温度稳定，中压缸进汽温度也稳定。综上所述，滑压运行机组的安全性和灵活性都高于定压运行。不同配汽方式的运行特性比较，见表 3-1。

表 3-1 不同配汽方式的运行特性比较

配汽方式	经济性	安全性	响应能力
喷嘴配汽	好	差	好
节流配汽	差	较好	好
滑压配汽	较差	好	差

3.3.5 小容积流量工况与叶片颤振

大型汽轮机最后几级（特别是末级），在小容积流量下运行时，出现叶片振动、应力升高、喷嘴和动叶被加热和级的有效功率可能是负值等现象，影响了汽轮机的安全与经济运行。而汽轮机负荷大幅下降（如只带厂用电或空载）后，蒸汽量也大大减小；供热机组抽汽量若大幅增加，抽汽口后各级蒸汽量迅速减小等情况，都可能会产生小容积流量工况。

1. 小容积流量下的大扇度级的流动特性

容积流量减小过程中，大扇度级内的流动将发生很大的变化。通过对径高比 $\theta=2.6$，$\alpha_1=20°$，$\Omega_m=0.46$ 的单级透平实验所得的流线变化可知：容积流量 $\overline{Gv_2}=0.97$ 时，流线接近设计工况；容积流量 $\overline{Gv_2}=0.65$ 时，动叶后根部已出现沿圆周方向运动的涡流，但速度比 u 小得多，动叶根部流线向上倾。随着容积流量 $\overline{Gv_2}$ 的继续减小，动叶后根部的涡流区和脱流高度增大，几乎占据整个叶高。喷嘴与动叶外缘间隙出现涡流，并逐渐扩大到整个叶高，以接近叶顶处 u 的速度沿圆周方向运动，使喷嘴中的流线向下弯曲，动叶中的流线向上弯曲，如图 3-7 所示。真实汽轮机在小容积流量下，大扇度级内的流线变化，如图 3-8 所示。大扇度级的小容积流量属于变工况，故又称为深度变工况。

2. 动叶根部与叶间间隙外缘产生涡流的原因

由流体力学可知，发生脱流的必要条件为 $dp/dz>0$（z 是轴向）的轴向扩压流动与流体黏性的作用。表明涡流必将发生在扩压区和叶栅上下端部的边界增厚处。若叶栅上下端部有二次流，容易形成较厚的边界层。

对于大扇度级，喷嘴外缘有很大扩张角。当小容积流量工况发生时，会产生较大的负冲角，使顶部的有效进汽宽度小于出汽宽度，且外缘进口直径小于出口直径，使汽流在外缘形成扩压流动，出现涡流；动叶根部在小容积流量工况发生时，也会产生较大的负冲角，叶型凹面部分的脱流区增大，根部通道收缩性减小，该处反动度减小。当容积流量减小到一定程度，动叶根部反动度出现负值，产生脱流现象。因此，为了避免该现象的发生，根部设计反动度应大些。

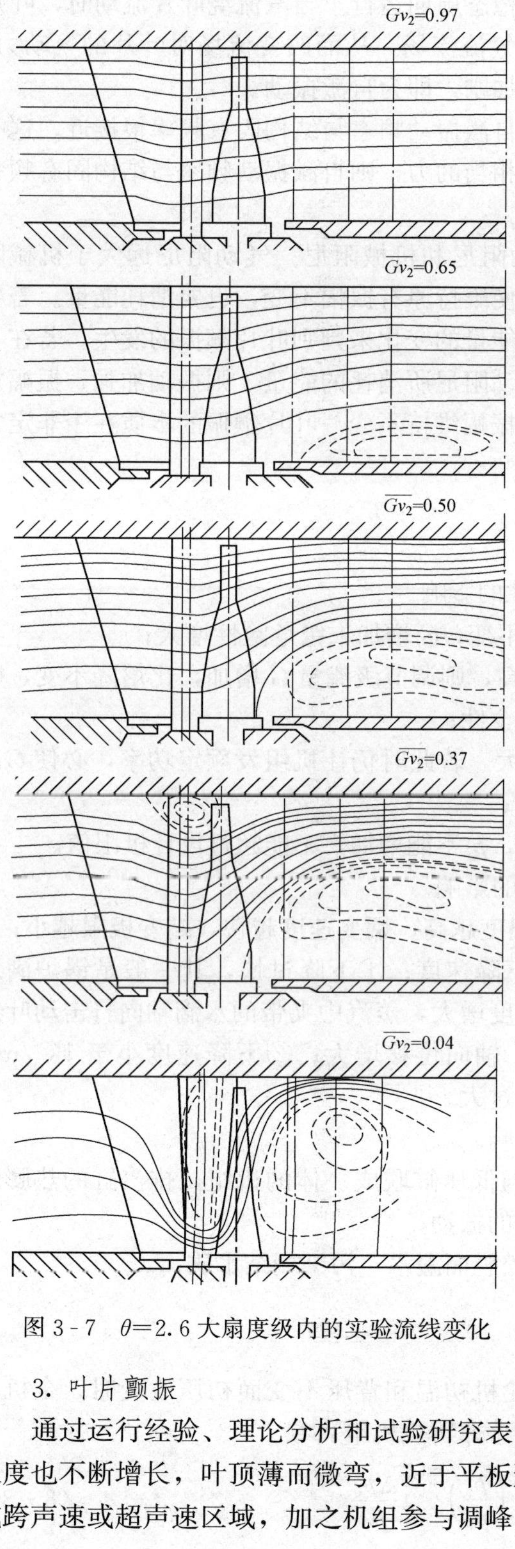

图 3-7 θ=2.6 大扇度级内的实验流线变化

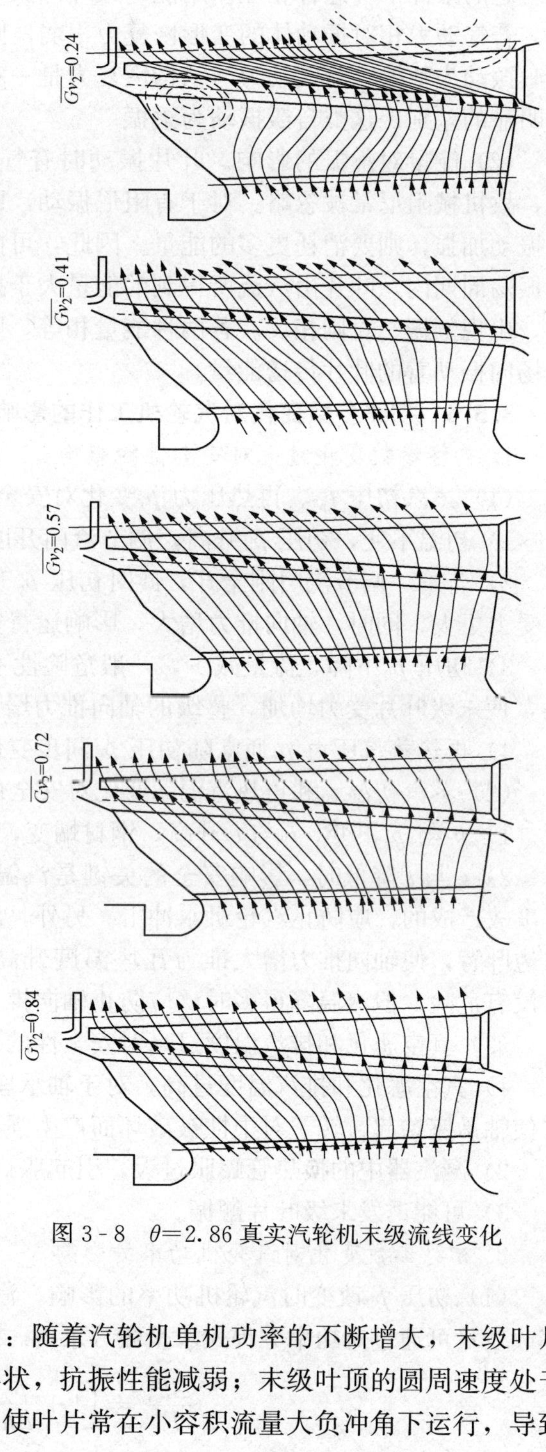

图 3-8 θ=2.86 真实汽轮机末级流线变化

3. 叶片颤振

通过运行经验、理论分析和试验研究表明：随着汽轮机单机功率的不断增大，末级叶片长度也不断增长，叶顶薄而微弯，近于平板形状，抗振性能减弱；末级叶顶的圆周速度处于或跨声速或超声速区域，加之机组参与调峰，使叶片常在小容积流量大负冲角下运行，导致叶片发生颤振以至于损坏。这几乎是各国汽轮机行业所面临的共同问题。

（1）颤振的类型。颤振是自激振动的一种类型。自激振动是不需要周期性外力，只依靠自激振动系统内各部分的相互耦合作用而维持的稳态周期运行。当汽流绕叶片流动时，叶片所受到的气动力又取决于自身的运行状态，影响气流流场，从而改变流场对叶片的气动力。在一定的条件下，这种相互作用能导致叶片振动加剧，即为自激振动。

若气动力相对振动体的变形恢复力很弱，则自激振动频率与结构固有频率很接近，这类自激振动为弛振。若气动力与结构恢复力是一对相当的力，则自激振动频率与结构固有频率有明显的差别，这类自激振动为颤振。

（2）能量对颤振的影响。叶片振动时有气动阻尼和机械阻尼。气动阻尼远大于机械阻尼，故机械阻尼常被忽略。对于有阻尼振动，即使维持原有振幅不变，也要消耗能量。若要使振动加强，则要消耗更多的能量。因此，可由能量的变化来判别叶片颤振的发生。若在一个振荡周期内，叶片由汽流所得到的能量大于振动阻尼所消耗的能量，则振动加强，振幅加大，出现颤振；否则相反。若两种能量相等，则振幅维持不变。叶片颤振的本质在于非定常流场向振动着的叶片传送能量。

3.3.6 初终参数变化对汽轮机工作的影响

1. 初终参数变化过大对安全性的影响

（1）蒸汽初压 p_0、再热压力 p_r 变化对安全性的影响。

1）初温不变，初压 p_0 升高，调节汽门开度不变，G 增加末级危险性增大；

2）若第一调节汽门刚全开，此时初压 p_0 升高，则调节级流量 G 增加，比焓降不变，叶片受力更大，同时，轴向推力增大，影响运行安全性；

3）初压 p_0 下降，流量减少，一般危险性不大。若此时仍让机组发额定功率，必使 $G>G_0$，使末级叶片受力增加，整级的轴向推力增大；

4）再热蒸汽压力 p_r 通常随初压 p_0 同步变化，p_r 不能增加，不能超过设计极限值。

（2）蒸汽初温 t_0 和再热汽温 t_r 变化对安全性的影响。

1）p_0 与 p_r 不变，t_0 与 t_r 升高，钢材蠕变，温度越高，蠕变速度越快，蠕变极限越小；

2）t_0 与 t_r 降低时，影响安全的关键是汽温下降速度；①下降过快，其一般是锅炉满水等事故造成的，应防止汽轮机水冲击。另外，湿度增大，蒸汽中夹带的水滴轴向打击动叶进口边叶背，使轴向推力增大推力瓦块温度升高，轴向位移增大；②下降速度小于 1℃/min 时没有危险，但汽温降得多时，应防止轴向推力过大。

（3）真空恶化和排汽温度过高对安全性的影响。

1）真空恶化和排汽温度过高，对于轴承座与低压缸联成一体的机组，排汽缸的热膨胀将使轴承座抬起，转子对中性被破坏而产生强烈的振动；

2）凝汽器中的换热管膨胀过大，引起胀口松脱而漏水，污染凝结水质；

3）可能诱发末级叶片颤振。

2. 初终参数变化对汽轮机功率的影响

（1）初压 p_0 改变时汽轮机功率的影响。汽轮机初温和背压不变而初压改变时，全机功率改变量可通过对功率方程式求全微分求得。对于非再热机组，有

$$\frac{\Delta P_i}{P_i}=\left[1+\frac{p_0 v_0}{\Delta h_t^{mac}}\left(\frac{p_z}{p_0}\right)^{\frac{\kappa-1}{\kappa}}\right]\frac{\Delta p_0}{p_0} \tag{3-30}$$

式中：p_z 为排汽压力，MPa。

功率的变化率与初压的变化率有关。对于中间再热机组，p_0 变化只影响高压缸的理想比焓降，因此对全机功率的变化影响较小。

（2）初温 t_0 改变对汽轮机功率的影响。汽轮机初压和背压不变而初温 t_0 改变时，对非再热机组，整机功率的改变量通过对功率方程式求全微分可得

$$\frac{\Delta P_i}{P_i}=\left(\frac{1}{\Delta h_t^{mac}}\frac{\partial(\Delta h_t^{mac})}{\partial t_0}-\frac{1}{h_0-h_{fw}}\frac{\partial h_0}{\partial t_0}+\frac{1}{\eta_i}\frac{\partial \eta_i}{\partial t_0}\right)\Delta t_0 \tag{3-31}$$

功率的变化率与初温的变化量有关，初温对功率的影响强于初压。再热机组初温与再热温度相当，功率的变化趋势与非再热机组类似。

（3）真空改变对汽轮机功率的影响。分为末级动叶中流速小于 t 和大于临界速度两种情况。但不论哪种情况，单位蒸汽流量的功率改变量 $\Delta P_i/G$ 也只与 p_2/G 有关，即

$$\frac{\Delta P_i}{G}=f\left(\frac{p_2}{G}\right) \tag{3-32}$$

式中：p_2 为末级动叶出口压力，kPa。

3.3.7　汽轮机的工况图与热电联产汽轮机

1. 凝汽式汽轮机工况图

（1）节流配汽凝汽式汽轮机工况图。空载时效率为零，汽耗率最大。随机组负荷增大，节流损失减小，效率上升，汽耗率下降，汽耗量近似比例于功率，如图 3-9（a）所示。

（2）喷嘴配汽凝汽式汽轮机工况图。与节流配汽相似，随机组负荷增大，效率提高，汽耗率下降。差别在于喷嘴配汽当调门全开时节流损失最小，故汽耗率、汽耗量及效率均为曲折线，如图 3-9（b）所示。

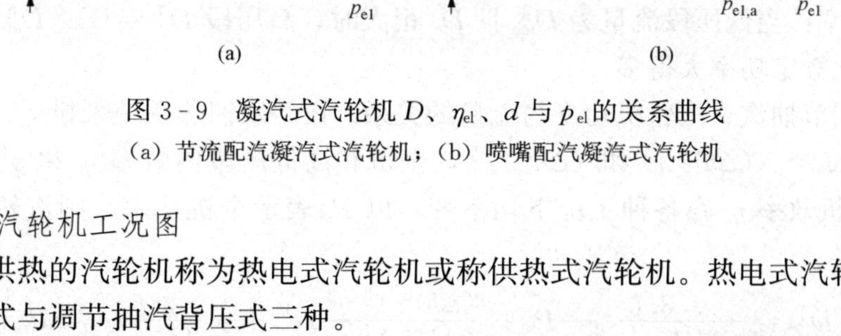

图 3-9　凝汽式汽轮机 D、η_{el}、d 与 p_{el} 的关系曲线

（a）节流配汽凝汽式汽轮机；（b）喷嘴配汽凝汽式汽轮机

2. 背压式汽轮机工况图

既发电又供热的汽轮机称为热电式汽轮机或称供热式汽轮机。热电式汽轮机主要有背压式、调节抽汽式与调节抽汽背压式三种。

背压式汽轮机的排汽全部供热用户使用，所以没冷源损失，热量利用较高。背压式汽轮机的调节汽门开度主要是由排汽管调压器的压力信号控制。可维持排汽压力不变，保证供热质量。即热负荷增加，排汽压力降低，则调节门开大；反之关小。因此，该机组发电量的大小完全取决于热负荷的多少，多余或不足的电力由电网或并列机组调节。背压式汽轮机工况

图可近似以一条正比例折线表示。其汽耗率空载汽耗都比凝汽式汽轮机大。

3. 一次调节抽汽式汽轮机

调节抽汽凝汽式汽轮机简称调节抽汽式汽轮机。热负荷为零时，一次调节抽汽式汽轮机变为凝汽式汽轮机。有热负荷时，热电负荷都可以在很大的范围内自由变动，互不影响，这是调节抽汽式汽轮机大大优于背压式之处。但前者有冷源损失，热效率低，即降低热经济性换来灵活性。一次调节抽汽式汽轮机系统简图如图 3 - 10 所示。抽汽压力 p_e 与低压段流量 $D^{Ⅱ}$ 的关系，如图 3 - 11 所示。

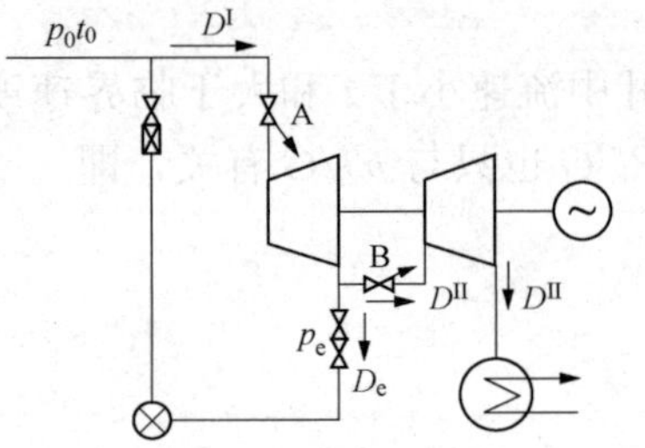

图 3 - 10 一次抽汽式汽轮机示意图

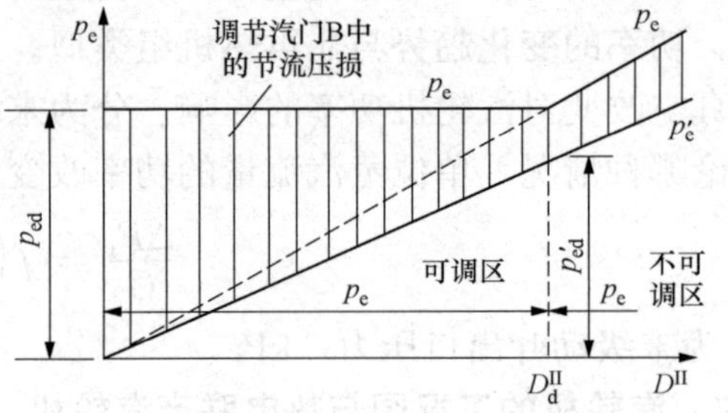

图 3 - 11 抽汽压力 p_e 与低压段流量 $D^{Ⅱ}$ 的关系

（1）一次调节抽汽式汽轮机热电负荷的调节。该汽轮机的热电负荷调节既要保证电负荷能自由变动，又要保证热负荷能自由变动，调节汽门 A 和 B 既受调速器控制，又受调压器控制。

（2）一次调节抽汽式汽轮机的特点。

1）低压段最大流量 $D^{Ⅱ}_{max}$ 与设计流量 $D^{Ⅱ}_d$：抽汽量 $D_e=0$，机组发额定功率时低压段所通过的流量。一般 $D^{Ⅱ}_{max}$ 是 $D^{Ⅱ}_d$ 的 65%～80%。

2）抽汽压力不可调节工况：当 $D^{Ⅱ}$ 必须大于设计值 $D^{Ⅱ}_d$ 时，调节汽门已不能再开大，只能靠增大压力 p'_e 与 p_e 来增大流量，故 $p_e>p_{ed}$。抽汽压力不能维持不变，这种工况称抽汽压力不可调节工况，如图 3 - 11 所示。

3）低压段最小流量：低压段应流过一最小流量 $D^{Ⅱ}_{min}$，以带走叶轮叶片高速旋转所产生的摩擦鼓风热量，避免温度过高，危及安全。$D^{Ⅱ}_{min}$ 通常是设计值的 5%～10%。

4）最大功率：当低压段流量为 $D^{Ⅱ}_{min}$ 且 D_e 很大时，高压段 $D^{Ⅰ}=D_e+D^{Ⅱ}_{max}$ 很大，全机允许的最大功率比额定功率大得多。

（3）一次调节抽汽式汽轮机功率与流量的关系。设给水回热系统未投运；全机和高低压段理想比焓降 Δh_t^{mac}、$(\Delta h_t^{mac})^{Ⅰ}$ 和 $(\Delta h_t^{mac})^{Ⅱ}$，全机和高低压段内效率 η_i 和 $\eta_i^{Ⅰ}$、$\eta_i^{Ⅱ}$，机械损失 ΔP_m 及发电机效率 η_g 在各种工况下均不变；以 P_{el} 表示全机功率，则汽轮机功率与流量的关系为

$$D^{Ⅰ}=\frac{3.6}{(\Delta h_t^{mac})^{Ⅰ}\eta_i^{Ⅰ}\eta_g}P_{el}-\frac{(\Delta h_t^{mac})^{Ⅱ}\eta_i^{Ⅱ}}{(\Delta h_t^{mac})^{Ⅰ}\eta_i^{Ⅰ}}D^{Ⅱ}+\frac{3.6}{(\Delta h_t^{mac})^{Ⅰ}\eta_i^{Ⅰ}}\Delta P_m \tag{3-33}$$

$$D^{Ⅰ}=\frac{3.6}{\Delta h_t^{mac}\eta_i\eta_g}P_{el}+\frac{(\Delta h_t^{mac})^{Ⅱ}\eta_i^{Ⅱ}}{\Delta h_t^{mac}\eta_i}D_e+\frac{3.6}{\Delta h_t^{mac}\eta_i}\Delta P_m \tag{3-34}$$

（4）一次调节抽汽式汽轮机的工况图。一次调节抽汽式汽轮机的新汽量、抽汽量与功率的关系曲线为该机的工况图，如图 3 - 12 所示。

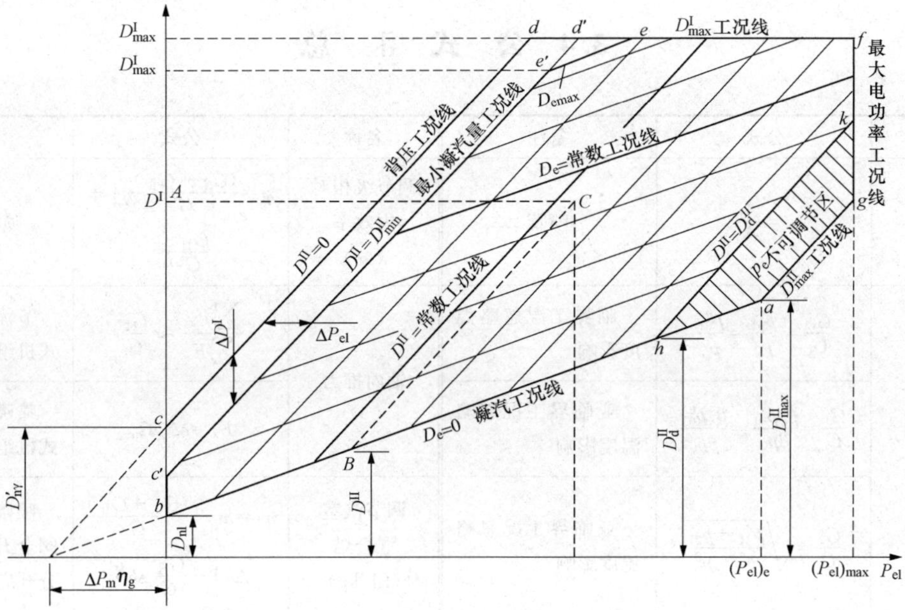

图 3-12 一次调节抽汽式汽轮机简化工况

1）凝汽工况线。$ba D_e=0$ 时，$D^{\text{I}}=D^{\text{II}}=d_1P_{el}+D_{nl}$，全机相当于凝汽式汽轮机。

2）等抽汽量工况线。D_e=常数工况线时，$D^{\text{I}}=d_1P_{el}+A+D_{nl}$，$D_e$ 线与 ba 线平行；$A>0$，D_e 线位于 ba 线之上，其中 $A=(\Delta h_t^{mac})^{\text{II}}\eta_i^{\text{II}}D_e/(\Delta h_t^{mac}\eta_i)$。

3）背压工况线。$cd D_e=D^{\text{I}}=d_1'P_{el}+D_{nl}'$时，$D^{\text{II}}=0$，等同背压机，但低压段摩擦鼓风热量无法带走，危及安全运行。当 $d_1'=3.6/\{(\Delta h_t^{mac})^{\text{I}}\eta_i^{\text{I}}\eta_g\}$ 不变，由于 $(\Delta h_t^{mac})^{\text{I}}<\Delta h_t^{mac}$，$d_1'<d_1$，故 cd 线比 ba 线陡；$D_{nl}'=3.6\Delta P_m/\{(\Delta h_t^{mac})^{\text{I}}\eta_i^{\text{I}}\}$ 不变，由于 $(\Delta h_t^{mac})^{\text{I}}<\Delta h_t^{mac}$，故 $D_{nl}'>D_{nl}$。

4）最小凝汽量工况线。$c'd'$低压段至少应流过 D^{II}_{min}，则 $D^{\text{I}}=d_1'P_{el}-\Delta D^{\text{I}}+D_{nl}'$，$c'd'$平行于 cd，低压段多发电 ΔP_{el}，故在同一 D^{I} 下 P_{el}变大。

5）等凝汽量工况线。D^{II}=常数工况线，则 $D^{\text{I}}=d_1P_{el}-B+D_{nl}$，$D^{\text{II}}$=常数工况线平行于 cd。其中 $B=(\Delta h_t^{mac})^{\text{II}}\eta_i^{\text{II}}/\{(\Delta h_t^{mac})^{\text{I}}\eta_i^{\text{I}}\}D^{\text{II}}$。由于 D^{II}在低压段做功，故 D^{I} 相同时 P_{el}增大，使各线均位于 cd 线之右；hk 线与 ag 两线间，D^{II}大于设计值 D^{II}_d，P_e 大于设计值 P_{ed}，为抽汽压力不可调节区；ag 是最大凝汽量 D^{II}_{max}工况线。调节汽门甲全开时最大进汽量工况线 ef，最大电功率工况线 gf，则由 $ababc'e'efga$ 所围成的封闭面积即为一次调节抽汽式汽轮机工况图。因此，当 D^{I}、D^{II}、D_e 与 P_{el}四个值任意两个已知，可由工况图求出另两量。

4. 二次调节抽汽式汽轮机

二次调节抽汽式汽轮机即在一次调节抽汽式汽轮机的基础之上，将低压段分为中、低压两段，从中再抽出一股蒸汽量 D_{e2}供暖，而抽汽量 D_{e1}的供汽压力较高。因此，其工况图在一次调节抽汽式汽轮机工况的基础上，再加上供汽量 D_{e2}与功率 P_{el}的关系曲线。在工况图上，已知 D^{I}、D_{e1}、D_{e2}与 P_{el}中任意三值，即可求出第四值。

3.4 公 式 汇 总

名称	公式	备注	名称	公式	备注
膨胀度	$f=\frac{A_n}{A_c}$	喷管	调节级相对内效率（%）	$\eta_i=\frac{(G_{\mathrm{I}}+G_{\mathrm{II}})}{G}\eta_{ri}^{\mathrm{I}}+\frac{G_{\mathrm{III}}}{G}\eta_{ri}^{\mathrm{III}}$	喷嘴配汽
喷嘴压力与流量关系	$\frac{G_{c1}}{G_c}=\frac{p_{01}}{p_0}=\frac{p_{01}^0}{p_0^0}$	临界工况忽略温度影响	轴向推力	$\frac{\sum F_{z1}}{\sum F_z}\approx\frac{G_1}{G}$	节流配汽凝汽式机组
	$\frac{G_1}{G}=\frac{\beta_1 p_{01}}{\beta p_0}=\frac{\beta_1 p_{01}^0}{\beta p_0^0}$	亚临界工况忽略温度影响		$F_z=e\Delta p\Omega_m$	喷嘴配汽凝汽式机组
	$\frac{G_1}{G}=\sqrt{\frac{p_{01}^2-p_{21}^2}{p_0^2-p_2^2}}$	亚临界工况忽略温度影响	调节汽室混合焓（kJ/kg）	$h_2=h_0-\frac{(G_{\mathrm{I}}+G_{\mathrm{II}})}{G}\Delta h_i^{\mathrm{I}}-\frac{G_{\mathrm{III}}}{G}\Delta h_i^{\mathrm{III}}$	喷嘴配汽（两阀全开、一阀部分开启）
级组内压力与流量关系	$\frac{G_{c1}}{G_c}=\frac{p_{01}}{p_0}=\frac{p_{01}^0}{p_0^0}$	临界工况忽略温度影响	撞击损失（kJ/kg）	$\delta h_{b1}=\frac{1}{2}\ (w_{11}\sin\theta)^2$	变工况存在
	$\frac{G_1}{G}=\sqrt{\frac{p_{01}^2-p_{g1}^2}{p_0^2-p_g^2}}$	亚临界工况忽略温度影响	全机功率（kW）	$P_i=\frac{D\Delta h_t^{mac}\eta_i}{3.6}$	
凝汽式机组非调节级焓降的变化	$\frac{\Delta h_{t1}}{\Delta h_t}=\frac{T_{01}}{T_0}$	因温度基本不变，则焓降不变	汽耗特性方程（t/h）	$D=D_{nl}+d_1 P_{el}$	凝汽式机组
背压式机组非调节级焓降的变化	$\frac{\Delta h_{t1}}{\Delta h_t}=B\left\{1-\sqrt{\frac{p_2^2-p_g^2+p_{g1}^2\ (G/G_1)^2}{p_0^2-p_g^2+p_{g1}^2\ (G/G_1)^2}}^{\frac{\kappa-1}{\kappa}}\right\}$，$B=T_{01}/T_0\left[1-\left(\frac{p_2}{p_0}\right)^{\frac{(\kappa-1)}{\kappa}}\right]$				

3.5 典 型 题 精 解

［例 3-1］ 某凝汽式汽轮机共有 10 级，第 6 级因故障被迫拆除。试问拆除第 6 级后若流量仍为设计值，则调节级汽室的压力变化多少？哪个级所受影响最大？各级后压力见表 3-2。

表 3-2 各 级 后 压 力 (kPa)

级	调节级	2	3	4	5	6	7	8	9	10
压力	1176	862	612	426	282	179	104	62.2	32.3	4.9

解： 将通流部分划分为 3 个级组，第Ⅰ级组是调节级到第 5 级，第Ⅱ级组为第 6 级，第Ⅲ级组为第 7～10 级。这样，第Ⅰ、Ⅲ级组在第 6 级拆除前、后的结构没变。

在第 6 级拆除后，第Ⅲ级组前的压力没有变化，因为通过的流量和级组后压力没变；第Ⅰ级的级后压力发生了变化，第 6 级拆除前，第Ⅰ级组后压力为 0.282MPa，第 6 级拆除后第Ⅰ级组后的压力即为第Ⅲ级

组前的压力，即0.179MPa。由此得调节级后压力的变化为

$$\frac{p_{01}^2-p_6^2}{p_0^2-p_5^2}=\frac{p_{01}^2-0.179^2}{1.176^2-0.282^2}=1，p_{01}=1.156(\text{MPa})$$

显然，在拆除第6级后，对调节级汽室的影响较小，受影响最大者为第5级，因为

$$\frac{p_{41}^2-p_6^2}{p_4^2-p_5^2}=\frac{p_{41}^2-0.179^2}{0.426^2-0.282^2}=1，p_{41}=0.365(\text{MPa})$$

即第5级的压差由0.144MPa上升到0.185 59MPa，约增大28.9%。

分析：在工程实际应用中，因一些需要拆除某级。这种情况下，分析拆除前后一些级的压力、流量关系和一些级的强度等是十分必要的。针对这些综合应用问题，分析的原则是合理划分级组，从结构没有改变的级组开始分析。因此，该题首先分级组，然后根据题意分析，变工况后哪些级后压力发生变，哪些没有变化。对发生变化的，计算出变工况后的级后压力。通过比较变工况后的级后压力的变化，即可判别出对哪些级影响比较大。如果超出安全范围，则改造措施不可行。

[例3-2]　某初参数为p_0=16.67MPa，t_0=550℃的凝汽式汽轮机，设有4个调节级喷嘴组，各喷嘴组的喷嘴数依次为8、6、4、4。设计工况下4个调节汽门完全开启，额定流量为G=300t/h，此时调节级后压力为10.0MPa。假定调节汽门开启无重迭度、调节级反动度为零，且全开调节汽门的级相对内效率为0.7，调节汽门部分开启的级相对内效率为0.65，调节汽门全开时对应喷嘴组前的压力为15.88MPa。试求机组流量为225t/h时各调节汽门的流量分配，部分开启喷嘴组前的压力，调节级的状态点焓值。

解：(1) 计算非设计工况调节级后压力

$$\frac{G_1}{G}=\frac{p_{21}}{p_2}，p_{21}=\frac{225}{300}\times 10.0=7.5(\text{MPa})$$

(2) 判定设计与非设计工况全开调门喷嘴组的工作状态

设计与非设计工况下调节级的压比分别为

$$\varepsilon=\frac{10.0}{15.88}=0.63，\varepsilon_1=\frac{7.5}{15.88}=0.47$$

显然，设计工况下全开调门的喷嘴组处于亚临界，而非设计工况下，全开调门喷嘴组处于临界工况。

设计工况的压比0.63，求得对应的流量比系数β=0.982。由设计工况的实际流量求得对应初参数的临界流量G_{cr}=300/0.982=305.5(t/h)。对应单个喷嘴的最大（临界）流量为305.5/22=13.886 4(t/h)。

(3) 计算非设计工况的流量分配

因各调节汽门顺序无重迭开启，且非设计工况下全开调门喷嘴组处于临界工况，则第Ⅰ调节汽门喷嘴组的临界流量111.091t/h，小于225t/h，表明第Ⅰ调节汽门全开；第Ⅱ调节汽门喷嘴组的临界流量83.318t/h。第Ⅰ、Ⅱ喷嘴组合计临界流量为194.409t/h，仍小于225t/h，表明第Ⅱ调节汽门全开。

如果第Ⅲ调节汽门也全开，对应喷嘴组的临界流量55.545 6t/h，与第Ⅰ、Ⅱ喷嘴组临界流量合计后大于225t/h，说明此工况下第Ⅲ调节汽门应部分开启，通过该喷嘴组的流量为30.591t/h。即该汽轮机在225t/h工况下的流量分配是：第Ⅳ调节汽门关闭，第Ⅰ、Ⅱ调节汽门全开，第Ⅲ调节汽门部分开启，各调门的流量分别是119.091、83.318、30.591、0t/h。

(4) 计算第Ⅲ喷嘴组前的压力

$$由\frac{G_{Ⅲ1}}{G_{Ⅲ}}=\sqrt{\frac{p_{Ⅲ1}^2-p_{21}^2}{p_{Ⅲ}^2-p_2^2}}，得\ p_{Ⅲ1}=\sqrt{\left(\frac{30.591}{54.545}\right)^2(15.88^2-10^2)+7.5^2}=10.204(\text{MPa})$$

(5) 计算调节级出口状态点焓值

分别由全开及部分开启调门喷嘴组前、后的压力和初温，求得对应的理想焓降232kJ/kg和105kJ/kg。由相对内效率分别求得实际焓降162.4kJ/kg和68.25kJ/kg。在h-s图上求得实际状态点的焓值分别为3271.6kJ/kg和3365.8kJ/kg。

按质量流量加权平均求得非设计工况下调节级出口状态点的焓为3284.4kJ/kg。

分析：汽轮机的进汽流量发生变化后，会引起调节的工作状态发生变化。而调节级工作状态好坏，直接影响整个机组的热经济性。首先根据机组进汽量的变化，计算出变工况后调节级的级后压力，以此判别调节级变工况前后的工作状态，即是否是达到临界。根据调节级工作状态，利用相应的计算式，确定变工况后各调节汽门的流量分配，部分开启喷嘴组前的压力。同时认为变工况前后调节级的相对内效率不变，则可确定变工况后调节阀全开和部分开启的实际比焓降，进而计算出各实际状态点的焓值。利用流量加权平均法即可得到调节级变工况后出口状态点的实际焓。计算过程中运用了压比计算式、变工况压力与流量间关系式，并结合 $h-s$ 图及相对内效率计算式。这此计算式的作用及相互间的联系，通过本例题的学习应该得到深刻的理解。

［**例 3-3**］ 渐缩喷嘴设计流量 $G_0=10\text{kg/s}$，喷嘴前压力 $p_0=0.98\text{MPa}$，背压 $p_1=0.62\text{MPa}$。变工况后背压维持不变，流量增加到 $G_1=14\text{kg/s}$。试求变工况后喷嘴前压力 p_{01} 和出口压力 p_{11}。

解：首先判断新工况下是否出现临界速度。原工况下的彭台门系数 β_1 为

$$\beta_1=\sqrt{1-\left(\frac{\varepsilon_1-\varepsilon_{cr}}{1-\varepsilon_{cr}}\right)^2}=\sqrt{1-\left(\frac{\frac{0.62}{0.98}-0.546}{1-0.546}\right)^2}=0.981\,6$$

在压力 p_0 下的临界流量 G_{cr} 为

$$G_{cr}=\frac{G_0}{\beta_1}=\frac{10}{0.981\,6}=10.18(\text{kg/s})$$

因为 $G_1>G_{cr}$，说明该工况为初压更高时的临界工况。其出口截面压力高于背压，故从出口截面上压力膨胀至背压是在喷嘴出口外进行，产生了膨胀不足损失。

变工况后，喷嘴前压力 p_{01} 为

$$p_{01}=\frac{G_1}{G_{cr}}p_0=\frac{14}{10.18}\times 0.98=1.35(\text{MPa})$$

喷嘴出口截面上的压力 p_{11} 为

$$p_{11}=\varepsilon_{cr}p_{01}=0.546\times 1.35=0.736(\text{MPa})$$

分析：本题的关键点是判别喷嘴变工况后是否达到临界。因为工作状态不同，求解喷嘴进出口压力所利用的计算式不同。同时学会如何判断喷嘴达到临界。掌握喷嘴在变工况前后，达到临界和亚临界时，流量与压力之间的关系。

［**例 3-4**］ 初参数为 $p_0=8.8\text{MPa}$，$t_0=535$ 的凝汽式汽轮机组，由于振动引起损坏，其单列调节级的动叶片被拆去，这时汽轮机的外壳和第二级可能处于在设计时未曾考虑到的高温度作用之下。试计算应该要把蒸汽的初温降低多少，才能使第二级前的蒸汽参数仍与设计值相等？已知：调节级叶轮直径 $d_m=1.2\text{m}$，机组转速 $n=3000\text{r/min}$，调节级的相对内效率 $\eta_{ri}=0.7$，该级的等熵速度比 $x_a=0.4$。

解：圆周速度为

$$u=\frac{\pi d_m n}{60}=\frac{3.14\times 1.2\times 3000}{60}=188.4(\text{m/s})$$

级的理想焓降为

$$\Delta h_t=\frac{c_a^2}{2}=\frac{1}{2}\left(\frac{u}{x_a}\right)^2=\frac{188.4^2}{2\times 0.4^2}=110.92(\text{kJ/kg})$$

级的实际焓降 Δh_i 为

$$\Delta h_i=\Delta h_t\times\eta_{ri}=110.92\times 0.7=7764(\text{kJ/kg})$$

根据 $p_0=8.8\text{MPa}$，$t_0=535℃$ 和 Δh_t、Δh_i 得

$$h_1=3397(\text{kJ/kg}),p_1=6.47\text{MPa},t_1=492℃$$

动叶拆除后，第二级前的蒸汽焓与第一级喷嘴前的焓值相同。新蒸汽温度根据 h_1 与 p_0 之值，如图 3-13 所示。利用水蒸气特性表可确定：$t_{01}=504℃$。所以初温应降低 $\Delta t=535-504=31℃$，这样可保证第二级参数与设计值相等。

分析：利用已知条件确定调节级的理想和实际焓降，进而得到调节级实际出口处的参数，即 p_1、t_1、h_1。当调节级动叶拆除后，蒸汽通过喷嘴相当于绝热节流。而绝热节流的最大特点就是节流前后焓不变，因此有第二级前的焓与第一级喷嘴前的焓值相同的重要结论，依此可确定符合第二级设计要求的初温。

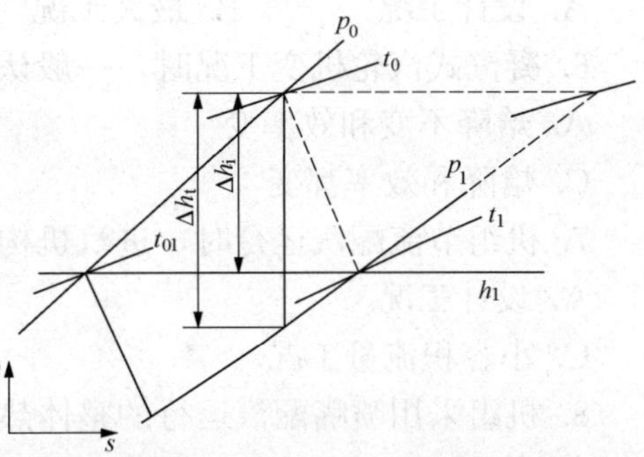

图 3-13　调节级热力过程线

[例 3-5]　汽轮机某级渐缩喷嘴在设计工况下的初压 $p_0=1.49\text{MPa}$，初温 $t_0=316℃$ 及背压 $p_1=1.25\text{MPa}$，流量 $G=41.1\text{kg/s}$。工况变动后初压为 $p_{01}=0.98\text{MPa}$，初温为 $t_{01}=300℃$，背压为 $p_{11}=0.804\text{MPa}$。试求工况变动后的流量 G_1 及温度变化的影响程度。

解：首先假设初温不变，并取最大初压 $p_{0,\max}=1.49\text{MPa}$。

对于设计工况：$\varepsilon_n=p_1/p_{0,\max}=1.25/1.49=0.839<0.546$，亚临界。

对于变动工况：$\varepsilon_{n1}=p_{11}/p_{0,\max}=0.804/0.98=0.82<0.546$，亚临界。

因此，在不考虑温度变化时，可得工况变动后流量为

$$G_1'=G\sqrt{\frac{p_{01}^2-p_{11}^2}{p_0^2-p_1^2}}=41.11\times\sqrt{\frac{0.98^2-0.804^2}{1.49^2-1.25^2}}=28.41(\text{kg/s})$$

再考虑温度变化的影响，则

$$G_1=G_1'\sqrt{\frac{T_0}{T_{01}}}=28.41\sqrt{\frac{316+273.15}{300+273.15}}=28.80(\text{kg/s})$$

温度变化的影响程度：$\dfrac{G_1-G_1'}{G_1'}=\dfrac{28.8-28.41}{28.41}=0.0137$

分析：解题的关键在于如何确定变工况前后渐缩喷嘴的工作状态。因此，利用压比判别渐缩喷嘴变工况前后是否达到临界，以确定流量计算式；由于温度发生了变化，所以分别考虑有无温度变化对流量的影响。通过计算可知，温度变化 16℃时，对变工况前后渐缩喷嘴流量的影响程度约为 1.37%。因此，在计算过程中，可以忽略温度对流量的影响，所引起的误差不大。

习　题

一、单选题

1. 过热蒸汽通过缩放喷嘴时，其速度系数最大值所对应的压比与临界压比相比(　　)

A. 大于　　B. 小于　　C. 等于　　D. 都不是

2. 过热蒸汽通过渐缩喷嘴时，其临界或超临界状态所对应的喷嘴效率与亚临界状态相比(　　)

A. 大于　　B. 小于　　C. 等于　　D. 都不是

3. 调节级最危险工况发生在(　　)

A. 流量最大　　B. 焓降最大

C. 第一调节阀门全开，其他阀门未开　　D. 仅第一调节阀门全开

4. 背压机组最危险工况发生在(　　)

A. 流量最大　　B. 焓降最大

C. 第一调节阀门全开，其他阀门未开　　D. 中间某一流量

5. 不发生撞击损失的工况(　　)

A. 设计工况　　B. 最大工况　　C. 变工况　　D. 小容积流量工况

6. 凝汽式汽轮机变工况时，一般认为中间压力级的焓降和效率的变化为(　　)

A. 焓降不变和效率变　　B. 焓降变和效率不变

C. 焓降和效率都变　　D. 焓降和效率不变

7. 机组节流配汽运行时，进汽机构损失最小的工况(　　)

A. 设计工况　　B. 最大工况

C. 小容积流量工况　　D. 都不是

8. 机组采用喷嘴配汽运行的整体热经济性与滑压运行的相比(　　)

A. 好　　B. 不好　　C. 一样　　D. 都不是

9. 在其他条件一定时，机组新蒸汽压力和温度对功率的影响(　　)

A. 压力大于温度　　B. 压力小于温度

C. 压力和温度相同　　D. 都不是

10. 背压式汽轮机和调整抽汽式汽轮机的共同点(　　)

A. 排汽压力大于 1 个大气压　　B. 能发电

C. 既能发电，又能供热　　D. 没有凝汽器

二、填空题

1. 缩放喷嘴处于背压高于设计压力值的工况下运行时，其效率________。

2. 级组最后一级最先达到临界速度是因为________。

3. 滑压运行方式是指当机组负荷变化时，主汽压力________，主汽温度________。

4. 负荷变化时，采用滑压运行与采用定压喷嘴调节方式相比，调节级后各级温度变化________，因而热应力________。

5. 不考虑温度变化，变工况前后，喷嘴为亚临界工况时，流量与初压的关系式为________；不考虑温度变化，变工况前后，喷嘴为临界工况时，流量与初压的关系式为________。

6. 凝汽式汽轮机中间级，流量变化时，级的理想比焓降________，反动度________。背压式汽轮机非调节级，流量增大时，级的理想比焓降________，反动度________。

7. 汽轮机定压运行时喷嘴配汽与节流配汽相比，节流损失________，效率________。

8. 两种配汽方式，汽轮机带高负荷时，宜采用________，低负荷时宜采用________。

9. 节流配汽凝汽式汽轮机，全机轴向推力与流量成________。最大轴向推力发生在情况________。

10. 汽轮机发电机组的功率与汽耗量间的关系曲线称为汽轮机发电机组的工况图，又称为________。

三、简答题

1. 汽轮机喷嘴配汽方式的特点有哪些？

2. 写出弗里格尔公式，并说明其使用的条件。

3. 调节级的最危险工况是什么？为什么？

4. 简述在其他参数不变的情况下，汽轮机初压升高时，为什么说末级叶片危险性最大？

5. 分析说明汽轮机某一中间级在理想焓降减小时，其反动度的变化情况。

6. 分析说明喷嘴配汽定压运行与滑压运行哪一种运行方式对变工况的适应性好。

7. 某背压式汽轮机利用喷嘴调节方式运行，其流量由设计工况增加，排汽压力近似不变，变工况前后为亚临界状态，请定性填写表 3 - 3（只需填写增、减、基本不变）。

表 3 - 3　简答题 7 用表

级	p_2/p_0	Δh_t	x_a	Ω_m	η_{ri}
调节级					
中间级					
末级					

8. 分别指出凝汽式汽轮机和背压式汽轮机的轴向推力随负荷的变化规律。

9. 利用喷嘴变工况特性的结果，为什么可以分析动叶变工况特性？

10. 采用喷嘴调节的汽轮机进汽量减小时，分析调节级、中间级和末级组的理想焓降、反动度、速度比、级效率如何变化？

四、计算题

1. 设计工况下，渐缩喷嘴前过热蒸汽的压力 $p_0=5.39$MPa，喷嘴后蒸汽压力 $p_1=3.63$MPa，问当喷嘴前蒸汽参数保持不变，欲使通过喷嘴的流量减少一半时，喷嘴后的蒸汽压力应该是多少？

2. 在设计工况下，过热蒸汽通过一渐缩喷嘴，其初压 $p_0=4.9$MPa，背压 $p_z=3.43$MPa，工况变动后，背压升高到 $p_{z1}=3.92$MPa，流量增加原流量的 1.2 倍。试确定变工况后喷嘴前后的蒸汽压力 p_{01}。（忽略初温变化的影响）

3. 某台背压式汽轮机共有五级。在设计工况下，调节级后的压力 $p_1=3.43$MPa，四个压力级后的压力分别为 $p_2=2.45$MPa，$p_3=1.47$MPa，$p_4=0.98$MPa，$p_z=0.686$MPa。试问：当蒸汽流量减少一半，而背压 p_z 保持不变时，各级的压力比将变为多少？

4. 某汽轮机级按 $\sin\alpha_1=0.2$，压力比 $\epsilon=p_2/p_0=0.8$，速度比 $x_a=u/c_a=0.461$ 及反动度 $\Omega_m=0.1$ 进行设计。工况变化后，该汽轮机级的压力比变为 $\epsilon_1=0.75$，速度比变为 $x_{a1}=0.507$，试求级的反动度将如何变化？

5. 一台超高压凝汽式汽轮机，蒸汽初参数 $p_0=12.74$MPa，$t_0=535$℃。四只汽门全开时，流量 $G_0=670$t/h，调节级后压力 $p_2=9.7$MPa，试确定流量 $G_1=600$t/h 时，各汽门的流量分配。第 1、2 只汽门各控制 12 只喷嘴，第 3 只汽门控制 13 只喷嘴，第 4 只汽门控制 14 只喷嘴，级的反动度 $\Omega_m=0$。

6. 已知渐缩喷嘴前蒸汽压力 $p_0=1.57$MPa，温度 $t_0=340$℃，初速 $c_0=240$m/s；喷嘴后蒸汽压力 $p_1=0.93$MPa，此时通过喷嘴的蒸汽流量 $G_n=0.6$kg/s。问当通过喷嘴的蒸汽流量减少到 $G_{n1}=0.45$kg/s 时。喷嘴后的压力 p_{11} 应为多少？若喷嘴前蒸汽参数不变，而初速 c_0-0 时，喷嘴后压力 p_{12} 又应是多少？

7. 设计工况下渐缩喷嘴前过热蒸汽压力 $p_0=0.981$MPa，喷嘴后蒸汽压力 $p_1=0.785$MPa。若喷嘴前温度保持不变，在新初压 $p_{01}=1.18$MPa 下，通过喷嘴的蒸汽流量减少了一半，问此时喷嘴后压力 p_{11} 应为多少？

8. 当喷嘴前的过热蒸汽的压力为 $p_0=0.785$MPa，喷嘴后蒸汽压力 $p_1=0.638$MPa 时，通过喷嘴的蒸汽流量 $G_n=0.17$kg/s。若将喷嘴后压力降低到 $p_{11}=0.54$MPa，而不改变喷嘴前的蒸汽参数，试求其蒸汽流量 G_{n1}。

9. 若喷嘴后的压力 $p_1=0.981\text{MPa}$，且保持不变，喷嘴前的蒸汽温度也维持不变，而喷嘴前的蒸汽压力从 $p_0=2.45\text{MPa}$ 增加到 $p_{01}=2.94\text{MPa}$，问通过喷嘴的蒸汽流量改变了多少？

10. 已知某渐缩喷嘴在设计工况下初压 $p_0=8.0\text{MPa}$，出口压力 $p_1=5.0\text{MPa}$，通过流量 $G=5\text{t/h}$。工况变化后，初压为 $p_{01}=9.0\text{MPa}$，出口压力为 $p_{11}=6.0\text{MPa}$。试问：(1) 若初温不变，流量 G_1 变为多少？(2) 若初温由480℃降到450℃，则流量 G_{11} 又如何变化？

11. 某渐缩喷嘴，按 $p_0=0.45\text{MPa}$，$t_0=250℃$，及 $p_1=0.20\text{MPa}$ 设计，试求当初压变为 $p_{01}=0.30\text{MPa}$，出口压力变为 $p_{11}=0.14\text{MPa}$ 时，通过喷嘴的流量变化了多少？

12. 喷嘴进口参数 $p_0=1.4\text{MPa}$，$t_0=300℃$，出口压力 $p_1=0.9\text{MPa}$，通过流量 $G=1.6\text{k/s}$。变工况后喷嘴前压力 $p_{01}=1.8\text{MPa}$，$t_0=350℃$，出口压力 $p_{11}=1.26\text{MPa}$。试求变工况后的流量 G_1。

13. 凝汽式汽轮机最末级在设计工况下，蒸汽流量 $G=131\text{t/h}$，级前蒸汽压力 $p_0=0.012\ 8\text{MPa}$，干度 $x=0.97$，级后蒸汽压力 $p_2=0.004\ 9\text{MPa}$。变工况后，流量 $G_1=152\text{t/h}$，假定变工况前后该级相对内效率 $\eta_{ri}=0.72$，且排汽状态保持不变。试计算：(1) 变工况后级前压力 p_{01}；(2) 变工况后级的有效比焓降 Δh_i。

14. 某机组在设计工况下流量 $G=150\text{t/h}$，四只调节汽门完全开启。此时第1汽门控制8只喷嘴，第2汽门控制6只喷嘴，第3汽门、第4汽门各控制4只喷嘴，调节级汽室中的压力在四只汽门全开时为 $p_2=6.0\text{MPa}$，调节级前压力 $p_0=8.5\text{MPa}$，温度 $t_0=500℃$，并假设在流量改变时不发生变化，又调节级反动 $\Omega_m=0$。试确定蒸汽流量 $G_1=120\text{t/h}$ 时，各汽门之间的流量分配。

15. 已知渐缩喷嘴前蒸汽压力 $p_0=2.16\text{MPa}$，温度 $t_0=350℃$，喷嘴后压力 $p_1=0.589\text{MPa}$，流量为3kg/s。问：(1) 若蒸汽流量保持为临界值，则最大出口压力可以为多少？(2) 若流量减为1/3，则出口压力 p_{11} 要增加到多少？(3) 若出口压力不变，初压 p_{01} 应降到多少才能使流量变为原来的4/7？

16. 渐缩喷嘴设计流量为 $G_0=10\text{kg/s}$，喷嘴前蒸汽压力 $p_0=0.98\text{MPa}$，喷嘴后压力 $p_1=0.62\text{MPa}$，变工况后出口压力不变，流量增加到 $G_1=14\text{kg/s}$。求变工况后喷嘴前压力 p_{01}。

17. 某台背压式汽轮机共有7级，一个调节级6个压力级。在设计工况下，调节级后压力 $p_1=3\text{MPa}$，前三个压力级后的压力分别为 $p_2=2.5\text{MPa}$，$p_3=2.0\text{MPa}$，$p_4=1.6\text{MPa}$，出口压力 $p_z=0.7\text{MPa}$。试问：当蒸汽流量减少一半，而出口压力 p_z 维持不变，前三个压力级的压力比将变为多少？

18. 某台喷嘴调节的凝汽式汽轮机，当新汽流量 $D_0=210\text{t/h}$ 时，调节汽室压力 $p_2=6\text{MPa}$，回热抽汽压力 $p_e=3\text{MPa}$，回热抽汽量 $D_e=35\text{t/h}$。运行中若新汽流量降为 $D_{01}=150\text{t/h}$，(1) 则该工况下调节汽室压力 p_{21} 及回热抽汽压力 p_{e1} 各是多少？(2) 倘流量降为 $D_{01}=150\text{t/h}$ 的工况时，回热抽汽故障停运，则 p_{21} 及 p_{e1} 又各是多少？

19. 若喷嘴前的蒸汽压力恒为 $p_0=5.87\text{MPa}$，喷嘴前蒸汽温度也恒定不变。当喷嘴后蒸汽压力从 $p_1=2.94\text{MPa}$ 增长到 $p_{11}=4.42\text{MPa}$ 时，问通过减缩喷嘴的蒸汽流量改变了多少？

第4章 汽轮机的凝汽设备

提高汽轮机装置的热经济性，主要通过两个途径：一个是提高汽轮机的内效率，相关内容在汽轮机原理前三章已进行了讨论；另一个则是提高朗肯循环的热效率。提高循环热效率有两个方向，一是提高工质平均吸热温度，即提高初参数，以及采用回热循环和再热循环等；二是降低平均放热温度，而这正是汽轮机凝汽设备的主要任务。因此学习汽轮机凝汽设备的工作原理，分析影响其工作效果的主要因素，尽力提高并维持凝汽设备高效运行，对汽轮发电机组的经济运行有重大影响。

4.1 基本要求

(1) 了解凝汽设备的作用、工作过程和基本结构。掌握凝汽设备的任务；了解凝汽设备的基本系统组成，能画出最简单的凝汽设备示意图，并解释各设备的作用。了解凝汽器的类型和基本结构；

(2) 掌握凝汽器压力的确定，影响凝汽器压力的各因素，掌握凝汽器最佳真空的概念，并了解与极限真空的区别；理解空气对凝汽器工作性能的影响，掌握过冷现象和过冷度的概念，并了解减小过冷度的方法；

(3) 了解真空除氧的作用和实现方法；

(4) 了解凝汽器管束布置的类型和特点；

(5) 了解凝汽器抽气设备的类型、工作原理和结构特点；

(6) 了解凝汽设备的变工况运行特性；

(7) 了解多压凝汽器的概念和特点。

4.2 基本知识点及概念

凝汽设备的作用：

(1) 凝汽设备的第一个作用是在汽轮机的排汽口建立并维持高度真空。

(2) 凝汽设备的第二个作用是回收凝结水作为锅炉给水。

(3) 凝汽设备是凝结水和补给水的先期除氧设备。

(4) 接受机组启停和正常运行中的疏水和旁路蒸汽，以回收热量和减少循环工质损失。

凝汽器中真空形成的主要原因：

由于汽轮机的排汽被冷却成凝结水，其比体积急剧缩小。如蒸汽在绝对压力4kPa时排汽的比体积是饱和水比体积的3万多倍。由于体积急剧缩小，使凝汽器内形成高度真空。

凝汽器的不同分类方法和具体类型：

(1) 按换热原理可以分为混合式与表面式。

(2) 按冷却介质，分为水冷和空冷。

（3）按冷却水供应形式，分为开式供水和闭式供水。

（4）按冷却水流程，分为单流程、双流程和多流程。

（5）按蒸汽流动形式，分为汽流向心式、汽流向侧式和多区域汽流向侧式。

（6）按汽侧压力，分为单压、双压和多压。

主凝结区：凝汽器汽测汽气混合物先流经的那部分凝汽器冷却管束作为主凝结区，是主要受热面。

空气冷却区：凝汽器汽测没有凝结的气体在最终被抽气器从空气抽出口抽出前流经的那部分冷却管束（约为全部冷却管束的5%～10%）作为空气冷却区，作用是冷却抽气口抽出的汽气混合物，减小容积流量，减轻抽气器负荷，减少工质损失。与主凝结区之间一般由挡板隔开。

汽阻：凝汽器喉部压力 p_c 与空气抽出口压力 p_c'' 之差表示凝汽器中蒸汽空气混合物的流动阻力，称为凝汽器的汽阻 Δp_c，即 $\Delta p_c = p_c - p_c''$。

水阻：凝汽器中冷却水的流动阻力称为水阻。它包括冷却水管内的沿程阻力、冷却水由水室进出冷却水管的局部阻力、水室中的流动阻力（包括由循环水管进出水管的局部阻力）。

冷却水温升 Δt：$\Delta t = t_{w2} - t_{w1}$。$t_{w2}$、$t_{w1}$ 分别为凝汽器冷却水出口水温和进口水温。

凝汽器传热端差 δt：主凝结区的 t_s 与 t_{w2} 之差 $\delta t = t_s - t_{w2}$ 称为凝汽器的传热端差。

凝汽器的冷却倍率（或循环倍率）m：循环冷却水量与进入凝汽器的蒸汽量的比值。

最佳真空：提高真空后所增加的汽轮机功率与为提高真空使循环水泵多消耗的厂用电之差达到最大时的真空值。

4.3 重点与难点解析

4.3.1 凝汽设备的作用、工作原理和基本结构

1. 凝汽设备的作用

提高汽轮机装置的热经济性，主要通过两个途径：一个是提高汽轮机的内效率；另一个则是提高循环热效率。影响汽轮机内效率的因素在汽轮机原理前三章已进行了讨论，即优化汽轮机通流部分设计，努力减小各项损失，如级内损失、进排汽阻力损失等。提高循环热效率也有两个方向，一个方向是提高工质平均吸热温度，即提高初参数，以及采用回热和再热循环等；另一个方向是降低平均放热温度，而这正是凝汽设备的主要任务。

图4-1所示为一次中间再热亚临界机组的热力循环，以及汽轮机排汽压力 p_c' 与机组循环热效率 η_t 的关系。该汽轮机新汽压力 $p_0 = 16.67\text{MPa}$，主再热蒸汽温度 $t_0 = t_r = 537℃$，再热压力 $p_r = 3.665\text{MPa}$，机组额定容量为300MW。若没有凝汽设备，排汽压力 p_c' 最低为大气压，循环热效率 η_t 为37.12%；而当排汽压力 p_c' 降低为5.0kPa时，循环热效率 η_t 增大到45.55%，两者之差的相对值 $\Delta\eta_t/\eta_t$ 达18.5%。因此，降低排汽压力，使进入汽轮机的蒸汽能膨胀到尽可能低的压力，从而增大机组的理想比焓降，对提高经济性的影响是十分显著的。

另外，电厂运行中，为防止锅炉受热面及汽轮机通流部分结垢、腐蚀，对给水品质的要求非常严格。如果给水全用化学软化水，则大容量机组的设备投资和运行费用将会非常高昂。所以必须将凝汽器回收的大量洁净的凝结水作为给水，但要严格保证其水质。

此外，凝汽设备还是凝结水和补给水去除氧器之前的先期除氧设备；接受机组启停和正

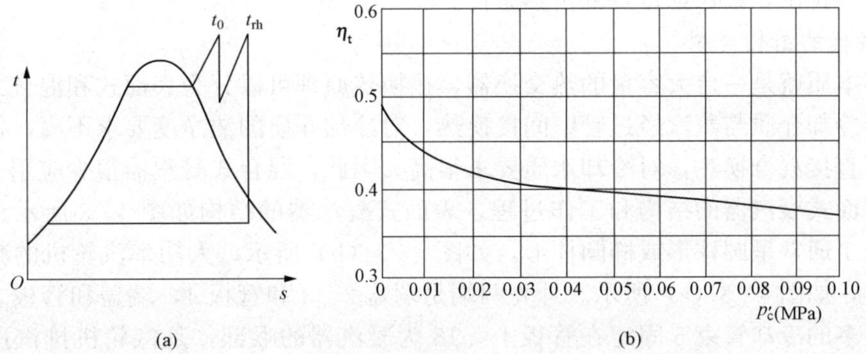

图4-1 一次中间再热亚临界机组的热力循环与热效率

(a) 热力循环；(b) $\eta_t-p'_c$关系曲线

常运行中的疏水和旁路蒸汽，以回收热量和减少循环工质损失。

2. 凝汽设备的工作原理

以水为冷却介质的凝汽设备，一般由凝汽器、凝结水泵、抽气器、循环水泵以及它们之间的连接管道和附件组成。最简单的凝汽设备，如图4-2所示。在汽轮机中做完功的乏汽不断排入凝汽器1，被循环水泵2连续送入凝汽器的冷却水冷却凝结。乏汽凝结过程释放的汽化潜热被冷却水带走，凝结水汇集至凝汽器底部的热井并进行真空除氧，然后由凝结水泵3抽出并送入锅炉给水系统。由于蒸汽体积流量很大，且夹带有极少量的不可凝结气体，加之汽轮机低压缸两侧主轴贯穿部和凝汽器本身密封不严都会导致空气漏入。为防止不凝结气体在凝汽器中逐渐积累造成压力升高和影响汽水换热，采用抽气器4不断排出不凝结气体。

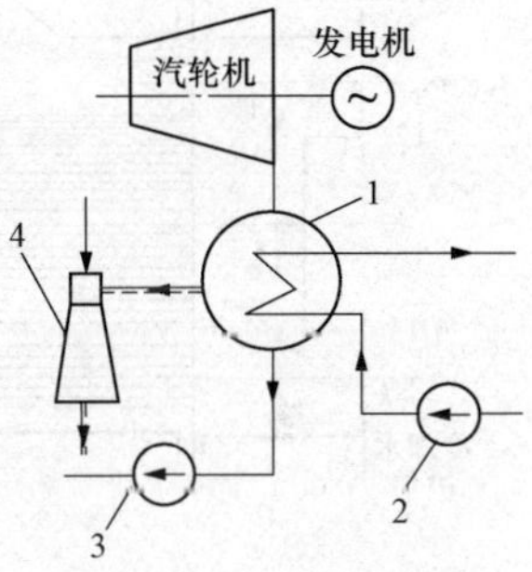

图4-2 最简单的凝汽设备

1—凝汽器；2—循环水泵；3—凝结水泵；4—抽气器

在汽、水共存的密闭容器中，其压力决定于汽、水热力平衡温度，即该温度对应的汽、水饱和压力。当温度一定时，压力升高使饱和温度上升，部分蒸汽释放汽化潜热凝结为水，导致压力下降。压力下降又使部分水吸收汽化潜热蒸发，导致压力回升。使系统处于动态平衡状态。因此，要降低容器内的压力，只需降低容器内的温度。对于凝汽器这样的开口系统，如果进入其内的蒸汽量与排出的凝结水量保持平衡，使汽、水空间的分界面维持稳定，那么，可将它当作准封闭系统。在这个准封闭空间内，压力同样决定于汽、水热力平衡温度。只要冷却水温不高，则蒸汽凝结温度也不高，一般约为30℃，所对应的饱和压力约为4～5kPa，该压力远低于大气压力，从而在凝汽器中形成高度真空。

掌握凝汽器的工作原理，必须结合传热学和换热器的相关知识，且抓住真空的维持是动态热平衡这一要点。凝汽器的真空形成和维持必须具备三个条件：

(1) 凝汽器冷却水管必须通过足够的冷却水量。

(2) 凝结水泵必须不断地把凝结水抽走，避免水位升高，淹没受热面，影响蒸汽的凝结。

(3) 真空状态下工作的设备严密性必须正常，同时抽气设备必须能及时把漏入的空气和排汽中的空气排出，以保证良好的传热条件。

3. 凝汽器的结构类型

凝汽器本质就是一台大容量的热交换器，按换热原理可以分为表面式和混合式两种。表面式凝汽器冷却介质与蒸汽经过管壁间接换热，对冷却介质的洁净度要求不高，得到了广泛的应用。而直接混合换热，对冷却水质要求很高。因此，混合式凝汽器很少应用。

（1）表面式凝汽器的结构和工作过程。表面式凝汽器的结构如图 4-3 所示。中小型凝汽器的外壳 1 通常呈圆柱形或椭圆柱形，如图 4-3（b）所示。大功率汽轮机的凝汽器外壳则呈方箱形，如图 4-3（a）所示。外壳两端是端盖 2、3 和管板 4，端盖和管板之间形成水室。数量很多的冷却管束 5 固定在管板上。18 为凝汽器的喉部，是汽轮机排汽进入凝汽器的进口部分。蒸汽入口 6 直接或通过补偿器连接到汽轮机排汽管上。冷却水从进水口 11 进入凝汽器水室 15，沿箭头所示方向流经下半冷却水管进入水室 16，转向后流经上半冷却水管进入出水室从出水口 12 流出。汽轮机的排汽自上而下横掠过管束。冷却水在管内流动，吸收管外蒸汽的热量，使其凝结，形成的凝结水汇集至热井，由凝结水泵抽走。这样，凝汽器的内部空间被分为两部分，一是蒸汽空间，称为汽侧；另一为冷却水空间，称为水侧。

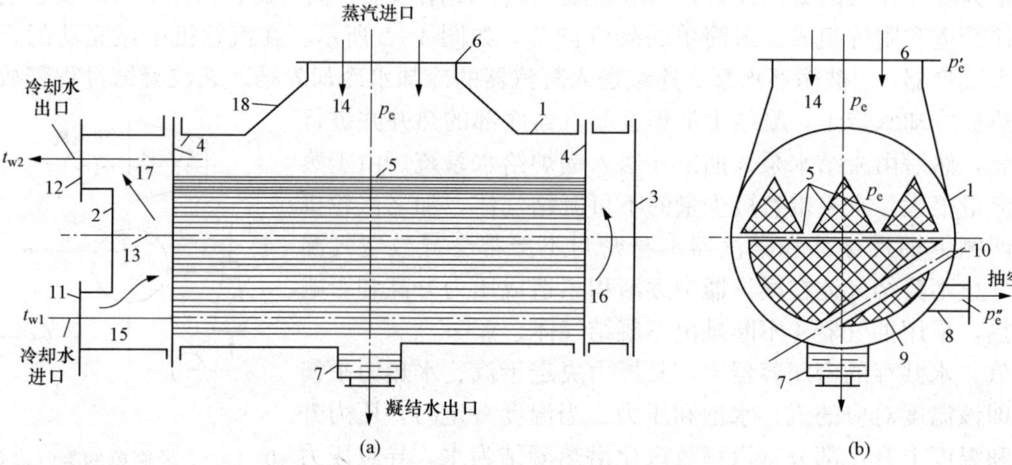

图 4-3　表面式凝汽器结构简图

（a）大型凝汽器；（b）中小型凝汽器

1—外壳；2—水室端盖；3—回流水室端盖；4—管板；5—冷却水管；6—蒸汽入口；7—热井；8—空气抽出口；9—空气冷却区；10—空气冷却区挡板；11—冷却水进水管；12—冷却水出水管；13—水室隔板；14—凝汽器汽侧空间；15～17—水室；18—喉部

另外，为提高运行热经济性，现代凝汽器进出水室中部都设有垂直隔板，将冷却水管束分为独立的两个单元。在运行时降低一定的负荷后，就可以停掉半面水侧运行，方便在线对凝汽器进行半边清洗或者查漏，而另一半继续运行。

漏入凝汽器汽侧的空气通过空气抽出口 8 被抽气器抽走。由于不断地抽出空气，所以凝汽器中正在凝结的蒸汽和空气一起流向抽空气口。为保证汽气混合物以一定的速度向抽空气口流动，抽空气口的压力 p''_c 应保持低于凝汽器进口压力 p_c。p_c 与 p''_c 之差表示蒸汽、空气混合物的流动阻力，称为凝汽器的汽阻，即 $\Delta p_c = p_c - p''_c$。汽阻越大，凝汽器进口处的压力越高，机组热经济性越差，所以应尽量减小汽阻。

为了减轻抽气器的负担，改善抽气效果，空气与少量蒸汽的混合物在被抽出之前，要尽量被冷却，以回收工质，降低混合物的容积流量。为此，将汽测汽气混合物流程尾部的一部分冷却管束（为全部冷却管束的5%～10%）作为空气冷却区。这样，凝汽器的换热空间分为主凝结区和空气冷却区9两部分，之间用隔板10隔开。

凝汽器中冷却水的流动阻力称为水阻。它包括冷却水管内的沿程阻力、冷却水由水室进出冷却水管的局部阻力、水室中的流动阻力（包括由循环水管进出水管的局部阻力）。水阻越大，循环水泵的耗功越多。因此，应设法减小水阻。

（2）表面式凝汽器的分类。根据冷却介质不同，凝汽器分为空气冷却式和水冷却式两种。其中，水冷却式凝汽器应用得较广泛。按供水方式的不同，有一次冷却供水和二次冷却供水。供水来自江、河、湖、海等天然水源，排水回水源地的，称为一次冷却供水或开式供水。供水来自冷却水塔或冷却水池等人工水源，排水回到冷却水塔（水池）循环使用的，称为二次冷却供水或闭式供水。在缺水的地区，则可采用空气作为冷却介质。

根据冷却水流程的不同，凝汽器可分为单流程、双流程、多流程凝汽器。冷却水从凝汽器冷却水管一侧进入，另一侧折返，再次流过冷却水管，从入口同侧排出，称为双流程凝汽器。若冷却水只流过一次冷却水管就排出，则称为单流程凝汽器。依此类推，还有三流程、四流程等多流程凝汽器。流程数越多，换热效果越好，但水阻也越大。

根据空气抽出口位置的不同，即凝汽器中汽流流动方向的不同，凝汽器分为汽流向侧式和汽流向心式两大类，如图4-4（a）、（b）所示。这两种凝汽器应用都较广泛。

汽流向侧式凝汽器，它的抽气口布置在凝汽器两侧，这样，排汽由排汽口到抽气口的流程较短，汽阻较小，能保证有较高的真空；另外，在管束的中部设有蒸汽通道，可使部分蒸汽畅通无阻地到达热井加热凝结水，使凝结水温度接近排汽温度。

汽流向心式凝汽器，其抽气口布置在管束的中心位置，蒸汽由管束四周向中心流动，汽阻小，而且蒸汽可以从两侧流向热井以加热凝结水，但由于下部管束不易与蒸汽接触，使各部分管子的热负荷不均匀。随着单机功率增大，凝汽器尺寸和冷却水管数量剧增。为加大管束四周的进汽边界，缩短汽流流程以减小汽阻，出现了多区域向心式凝汽器，如图4-4（c）所示。按照凝汽器容量大小，独立区域由两个到十几个不等，平行布置于矩形外壳内，每个区域中部都有空气冷却区。

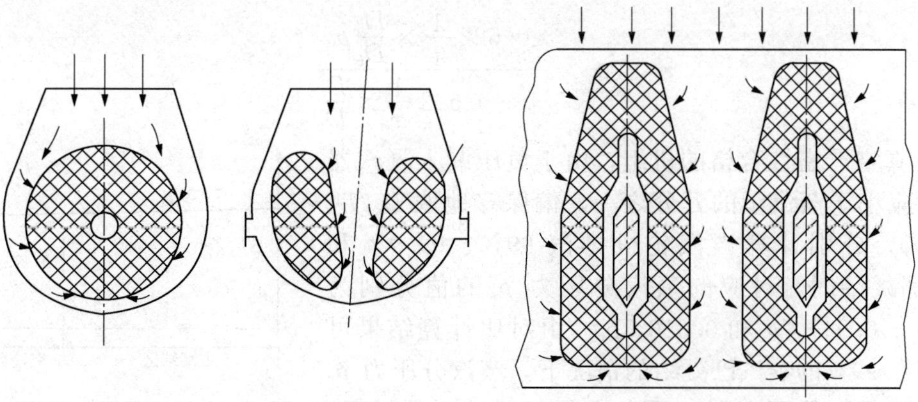

(a) (b) (c)

图4-4 凝汽器按汽流方向分类的结构示意

（a）汽流向心式；（b）汽流向侧式；（c）多区域汽流向侧式

4.3.2 凝汽器的压力与传热

1. 凝汽器压力的测量

凝汽器压力通常是指与凝汽器壳侧蒸汽凝结温度相对应的饱和压力。但是，实际上凝汽器壳侧各处的压力并不相等。根据JB/T 3344—1993《凝汽器 性能试验规程》规定：凝汽器压力，是指靠近凝汽器换热管束第一排冷凝管处（上方约300mm处，DL/T 1078—2007《表面式凝汽器运行性能试验规程》和DL/T 932—2019《凝汽器与真空系统运行导则》同样规定在第一排凝汽器管束上方300～900mm布置压力测点）的蒸汽绝对压力（静压），用p_c表示；而凝汽器入口压力是指凝汽器入口截面上的蒸汽绝对压力，用p_c'表示。压力测点p_c与p_c'的位置，如图4-5所示。p_c'与p_c之差$\Delta p_c'$取决于凝汽器喉部的阻力和扩压情况。在大型凝汽器中，它的喉部内都装设了低压加热器、抽汽管道及蒸汽导流元件等设备或部件。因此，凝汽器喉部的阻力不可忽视。

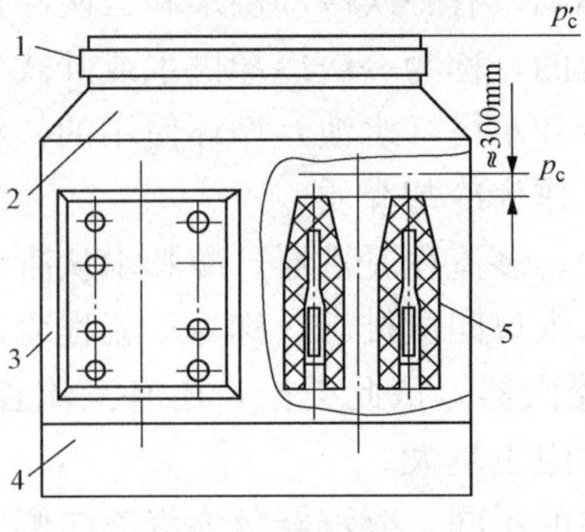

图4-5 凝汽器

1—喉部直段；2—喉部斜段；3—壳体；4—热井；5—管束

真空是指当容器中的压力低于大气压力时，低于大气压力的部分。

有些发电厂用百分数来表示真空值的大小，称为真空度。凝汽器的真空度V是指大气压力与凝汽器压力的差值H与大气压力B之百分比，即

$$V=\frac{H}{B}\times 100 \tag{4-1}$$

以上计算公式中的B和H均为实际温度条件下的测量值，未折算到标准温度0℃下，这在工程中是允许的。

2. 凝汽器压力p_c的确定

由于空气的漏入，凝汽器汽侧实际是由水蒸气和空气组成的混合气体。根据道尔顿分压定律，凝汽器压力p_c应等于蒸汽分压力p_s与空气分压力p_a之和。结合蒸汽和空气的状态方程、容积流量计算式，可以分别推导出蒸汽、空气分压力与凝汽器压力p_c的关系的表达式，即

$$p_s=\frac{p_c}{1+0.622\dfrac{1}{x}\times\dfrac{D_a}{D_c}} \tag{4-2}$$

$$p_a=\frac{0.622\dfrac{1}{x}\times\dfrac{D_a}{D_c}p_c}{1+0.622\dfrac{1}{x}\times\dfrac{D_a}{D_c}} \tag{4-3}$$

对于真空严密性合格的机组，由于负压漏入凝汽器的空气量应小于蒸汽量的万分之一，偏保守地取$D_a/D_c=1/10000$。分别计算当汽轮机排汽99%、99.9%和99.99%都凝结时，对应的蒸汽分压力p_s的值分别为$0.9938p_c$、$0.9414p_c$和$0.6165p_c$。由对比计算结果可见，即使在99%的蒸汽已凝结的情况下，蒸汽分压力p_s仍近似等于凝汽器压力p_c。因此在凝汽器的主凝结区，蒸汽分压力p_s近似等于凝汽器的压力p_c，如图4-6所

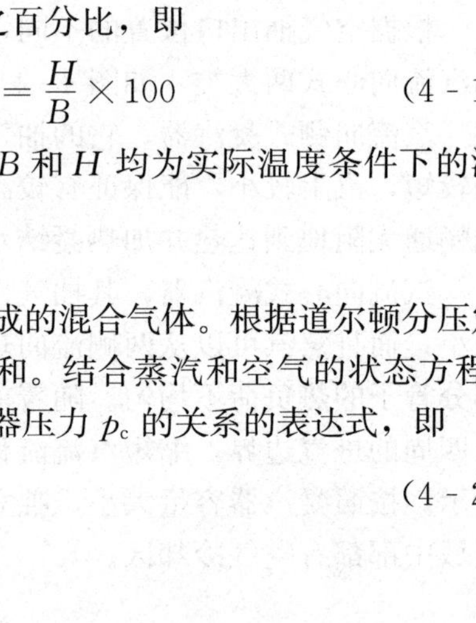

图4-6 凝汽器压力与蒸汽分压力沿换热面的分布曲线示意

示。只有在空气冷却区，蒸汽分压力 p_s 才明显小于凝汽器压力 p_c，而且越靠近空气抽出口蒸汽分压力 p_s 越小，空气分压力 p_a 越大。

假设凝汽器内各处压力近似不变（实际上，凝汽器进口与空气抽出口之间存在压差即汽阻，其值很小，大型机组一般为0.2～0.3kPa）。因此，蒸汽分压力在主凝结区也近似不变。因为蒸汽的饱和压力和饱和温度是一一对应的，所以主凝结区蒸汽凝结温度 t_s 也近似不变。而空气冷却区混合气体的温度才显著下降。蒸汽和冷却水温度沿冷却面积的变化规律，如图4-7所示。蒸汽温度在主凝结区基本不变，用 t_s 表示，在空冷区下降较多，t_s' 为空气抽出口汽气混合物温度。冷却水由进口温度 t_{w1} 逐渐吸热升温至出口温度 t_{w2}，其差值称为冷却水温升 Δt。主凝结区的 t_s 与 t_{w2} 之差称为凝汽器的传热端差 δt。则主凝结区饱和蒸汽的温度可表示为

$$t_s = t_{w1} + \Delta t + \delta t \tag{4-4}$$

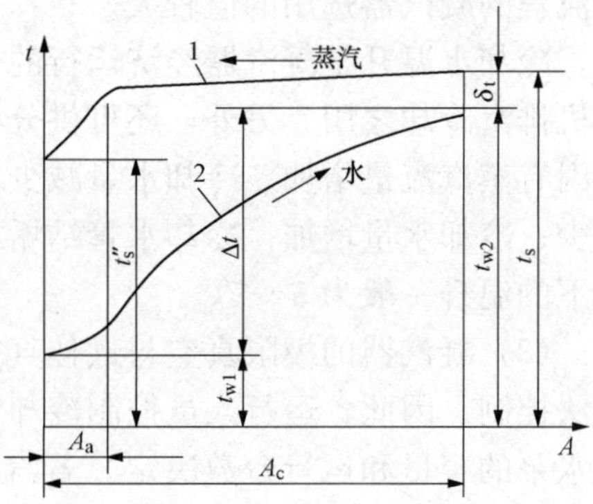

图4-7　蒸汽和冷却水的温度沿冷却表面的分布

A_c—凝汽器总传热面积；A_a—空气冷却区面积

主凝结区中，凝汽器压力 $p_c \approx p_s$，所以由式（4-4）计算出 t_s 后，求出与之对应的饱和蒸汽压力 p_s，即得到凝汽器压力 p_c。

式（4-4）是分析凝汽器压力的基本计算式。因为所有影响 t_{w1}、Δt 和 δt 的因素都会使凝汽器主凝结区蒸汽凝结温度 t_s 发生变化，最终影响凝汽器真空。下面重点分析影响凝汽器真空的主要因素。

3. 影响凝汽器压力的因素

（1）冷却水进口温度 t_{w1}。Δt 和 δt 一定时，冷却水温度 t_{w1} 越低，凝汽器压力就越低，对汽轮机的经济运行越有利。但是冷却水的进口温度不取决于凝汽器的运行工况，而取决于供水方式、气候条件和所处地区。在其他条件不变时，冬季的水温低，真空较好；夏季的水温高，真空差。开式供水比闭式供水的水温低，所以开式供水的真空较闭式供水的真空高。

此外，若电厂冷却水供水方式为开式，应注意进、排水管入口保持足够的间距，防止水流发生短路，进水吸入部分排水，升高冷却水进口水温，使真空降低。若电厂采用冷却塔或喷水池闭式供水方式，则应保持冷却塔或喷水池良好的冷却效果。

（2）冷却水温升 Δt。忽略散热，蒸汽放出的热量等于冷却水吸收的热量，因此可根据该热平衡条件求出冷却水温升，即

$$Q = 1000D_c(h_c - h_c') = 1000D_w(h_{w2} - h_{w1}) = 1000D_w c_p \Delta t \tag{4-5}$$

式中：Q 为凝汽器的传热量，kJ/h；D_c、D_w 为进入凝汽器的蒸汽量、冷却水量，t/h；c_p 为水的比定压热容，通常取 c_p—4.187kJ/(kg·K)；$(h_c - h_c')$ 为1kg排汽凝结时放出的汽化潜热，一般排汽有10%左右的湿度，该值可近似取为2177kJ/kg；h_{w2}、h_{w1} 为冷却水流出和进入凝汽器的比焓，kJ/kg。

将 $(h_c - h_c') \approx 2177$ 代入式（4-5）得

$$\Delta t = \frac{h_c - h_c'}{4.187m} \approx \frac{520}{m} \tag{4-6}$$

式中：m 为凝汽器的冷却倍率（或循环倍率），$m = D_w/D_c$。

由式（4-6）可知，冷却倍率是决定 Δt 的主要因素。t_{w1} 和 δt 一定时，m 越大，Δt 越小，真空就越高。但设计时选取的 m 越大，循环水泵功耗就越大，循环水管也就越粗，末级叶片因排汽比体积增大而增长，电站投资增加，故设计时恰当的 m 值应通过综合技术经济性比较后确定。现代凝汽式汽轮机的 m 值一般为 50～70。多流程凝汽器选用的值较小，单流程的凝汽器选用的值较大。

冷却水温升是凝汽器经济运行的一个重要指标。它可以监视凝汽器冷却水量是否满足汽轮机排汽冷却之用。另外，还可供分析凝汽器换热管是否堵塞、清洁等。冷却水温升偏大的原因有蒸汽流量增加；冷却水量减少；冷却水管清洗后较干净。温升偏小的原因有蒸汽流量减少；冷却水量增加；冷却水管结垢或脏污；真空系统漏空气严重。设计时，选用的额定负荷下的温升一般为 5～7℃。

（3）凝汽器的极限真空与最佳真空。汽轮机运行时，排汽量由外界负荷决定，运行人员无法控制。因此，运行人员控制冷却倍率的主要手段就是改变冷却水量。冷却水量主要由循环水泵的容量和运行台数决定。若汽轮机排汽量一定时，冷却水量增加，Δt 减小，在其他条件不变的情况下，排汽压力降低，则汽轮机输出功率增加。

但无论从设计角度还是运行角度而言，都不是真空越高越好。对于一台结构已定的汽轮机，蒸汽在末级动叶存在极限膨胀压力。若排汽压力低于该值，则蒸汽的部分膨胀只能发生在动叶之后，产生膨胀不足损失，而汽轮机功率不再增加，反而因凝结水温降低，导致最末级回热加热器的抽汽量增加，使机组功率减小。凝汽器的极限真空就是指在一定的进汽参数和进汽量下，使汽轮机做功达到最大值时的排汽压力所对应的真空。而且，此时需要大量增加循环水量，循环水泵功耗增加，经济上不合算。

运行中，机组要尽量保持在凝汽器的最佳真空（最有利真空）下工作。最佳真空就是指提高真空后所增加的汽轮机功率与为提高真空使循环水泵多消耗的厂用电之差达到最大时的真空值。在图 4-8 中曲线 1 是排汽压力 p_c 降低时机组电功率增量 ΔP_{el} 的变化曲线，曲线 2 是排汽压力降低时循环水泵所耗功率增量 ΔP_p 的变化曲线。由图 4-8 可知，若只有一台循环水泵工作，且冷却水量可连续调节，最佳真空时，两曲线差值 $\Delta P_{el}-\Delta P_p$ 为最大，即经济上 ΔP_{net} 收益最大。

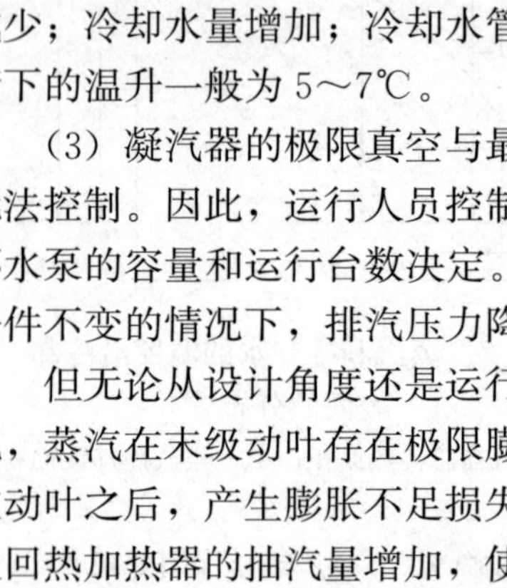

图 4-8 凝汽器最佳真空示意

1—ΔP_{el}-p_c 的关系曲线；

2—ΔP_p-p_c 的关系曲线；

3—$\Delta P_{net}=\Delta P_{el}$-$\Delta P_n$ 的关系曲线

实际上，运行循环水泵可能有几台，循环水量一般也不能连续调节，所以应通过试验确定不同负荷及不同冷却水进口水温下的最佳真空，即合理调度循环水泵的台数。例如：某电厂超临界 600MW 机组配套的凝汽器采用了变冷却倍率的设计，在不同季节时额定负荷对应的冷却倍率 m 分别为 55/48.95/33 倍。

（4）凝汽器传热端差 δt。由凝汽器的传热方程得

$$Q=KA_c\Delta t_m \tag{4-7}$$

由于空冷区传热面积 A_a 较小，故假设蒸汽凝结温度沿整个传热面积 A_c 不变，则蒸汽和冷却水之间的对数平均传热温差为

$$\Delta t_m=\frac{\Delta t}{\ln[(\Delta t+\delta t)/\delta t]} \tag{4-8}$$

将式（4-5）、（4-7）、（4-8）联立，解得

$$\delta t=\frac{\Delta t}{\exp\left(\frac{A_c K}{4187D_w}\right)-1} \tag{4-9}$$

式中：A_c 为冷却管外表面总面积，m^2；K 为凝汽器的总体传热系数，$kJ/(m^2\cdot h\cdot K)$。

由式（4-9）可知，传热端差与 A_c、K、Q 和 D_w 有关。

1）冷却管外表面总面积 A_c。设计时，传热量 Q 一定，D_w 主要由 m 确定，K 由经验公式确定。Δt 和 D_w 由设计工况对应的最佳真空确定，若减小传热端差就必须增大凝汽器的冷却面积，使造价提高，所以 A_c 要由技术经济分析比较后确定，一般 $\delta t=3\sim10$℃。现代大型凝汽器在设计负荷下所能达到的最小传热端差为 1～5℃。对多流程凝汽器可取偏小的值，对单流程凝汽器可取 5℃。运行时，A_c 基本不变。

2）冷却水温升 Δt。以某凝汽器变工况特性数据为例，见表 4-1。

表 4-1　凝汽器变工况特性

项目	单位	计算值					
蒸汽负荷率（设计工况）	%	40	60	80	100	120	140
蒸汽量 D_c	t/h	53.6	80.4	107.2	134	160.3	187.6
冷却水量 D_w	t/h	9380					
冷却面积 A_c	m^2	3210					
冷却水温升 Δt	℃	2.92	4.83	5.84	7.31	8.77	10.23
传热系数 K	$kW/(m^2\cdot K)$	7893	9559	9830	9830	9830	9830
传热端差 δt	℃	3.22	3.71	4.73	5.93	7.1	8.3
蒸汽温度 t_s	℃	21.14	23.09	25.57	28.24	30.87	33.54

由表 4-1 可见，冷却水量不变时，随着蒸汽负荷的增加，Δt 和 δt 均增加，凝汽器真空下降。

蒸汽负荷不变，冷却水量变化的工况，随着冷却水量的增加，Δt 减小，δt 增大［式（4-9）分子以线性减小，而分母以指数函数减小，减小速度更快］，但两者之和减少（$\Delta t+\delta t$ 对 D_w 的偏导数为负），凝汽器真空升高。

3）总体传热系数 K。运行时，A_c 一定，传热系数 K 是影响 δt 的主要因素。K 增大，传热加强，δt 减小，t_s 减小，凝汽器压力降低，真空提高。将冷却水管的圆筒形管壁传热近似看成平板传热，传热系数计算式为

$$K=\frac{1}{R}=\frac{1}{R_{sa}+R_c+R_w}=\frac{1}{\frac{1}{\alpha_{sa}}+\frac{\delta}{\lambda}+\frac{1}{\alpha_w}} \tag{4-10}$$

式中：R 为凝汽器总热阻，$(m^2\cdot K)/kW$；α_{sa}、R_{sa} 分别为汽气混合物对冷却水管外壁的换热系数和热阻，$kJ/(m^2\cdot K)$、$(m^2\cdot K)/kW$；R_c 为管壁本身的热阻，$(m^2\cdot K)/kW$；δ 为管壁厚度，m；λ 为管壁导热系数，$kW/(m\cdot K)$；α_w、R_w 分别为冷却水对冷却水管内壁的换热系数和热阻，$kW/(m^2\cdot K)$、$(m^2\cdot K)/kW$。

式（4-10）中各项热阻的主要影响因素如下：

①汽气混合物对冷却水管外壁的热阻。实验测得，纯净蒸汽的换热系数 α_s 为 63 000kJ/$(m^2\cdot h\cdot K)$；凝汽器中有少量空气，α_{sa} 的平均值为 28 000kJ/$(m^2\cdot h\cdot K)$；在空

冷区空气含量较大，α_{sa}仅为2000～6500kJ/(m^2·h·K)。若真空系统严密性不好，或抽气设备出力不足，造成空气积聚，换热系数将进一步下降，使总体传热系数减小，真空下降。

②管壁本身的热阻。管壁热阻取决于管壁厚度和换热管材的导热系数，因此过去管材常选用导热系数大的铜管。一般冷却水管管壁很薄，铜管壁厚仅1～2mm，管壁本身热阻很小。但当表面结垢时，会使管壁的热阻急剧增加。如铜管内表面结有0.5mm的污垢，则管壁的导热热阻约为清洁时的25倍，总热阻R增加1.66倍，即总体传热系数K约减小40%。因为铜管耐腐蚀性较差，运行一段时间后，铜管表面的腐蚀凹坑会加速污垢的沉积，污垢热阻使其导热性能迅速下降，再加上铜的机械性能较差，为了抗水流冲刷，采用较厚的管壁和较低的水速，因此目前大型凝汽器普遍采用不锈钢管作为换热管，使用海水冷却时则采用钛合金管。

③冷却水对冷却水管内壁的热阻。该热阻与冷却水流速有关。流速增加则换热加强，该项热阻减小，总体传热系数增加，但同时凝汽器的水阻增加，循环水泵功耗增大。如冷却水流速由1.8m/s升至2m/s，K提高5.5%，而水阻损失增加16%。

需要说明的是，式（4-10）只是指明了影响总体传热系数的各因素。但是由于沿换热管束，汽气混合物流速的降低及其中空气相对含量的增加都导致冷却管外侧热阻不断变化（增大），使总体传热系数不能求出理论解，实际设计时需要使用经验公式。

本节重难点解析：

设计时选择不同的t_{w1}、Δt和δt，则对应不同的设计真空，机组设备造价则相应变化，需经过技术经济比较决定。运行时，任何影响t_{w1}、Δt和δt的因素都会最终影响到凝汽器真空。但是完全可控的因素就是冷却水量，即运行中要根据环境温度、负荷调整循环水泵的转速（需要配置双速电机或电机变频装置）或者台数，使真空尽量维持在最佳真空（最佳冷却水量）；其他因素虽然不方便控制，但应该通过加强运行管理和维护，使之保持在有利状态。比如防止冷却塔冷却效果下降，维持抽气设备的高效运行；定期做真空严密性试验，发现漏空气量增大及时解决，保持凝汽器和真空系统的高严密性；通过定期胶球清洗、酸洗等技术手段，尽量减轻冷却水管污染与结垢，保证高传热系数。

4. 空气对凝汽器工作的影响

进入凝汽器的空气一是由新蒸汽带入，由于锅炉给水经过除氧，该量极少；二是通过处于真空状态下的各低压加热器和管道、排汽缸及凝汽设备等的不严密处漏入，为空气的主要来源。设备严密性正常时，漏入凝汽器的空气不到排汽量的万分之一。虽然量小，但危害严重，主要表现在以下几个方面：

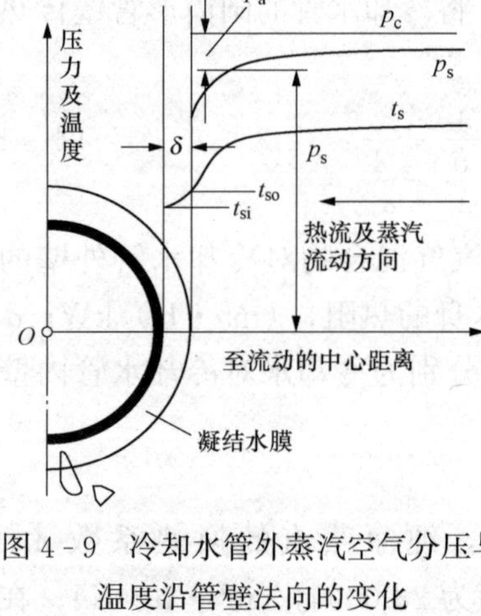

图4-9 冷却水管外蒸汽空气分压与温度沿管壁法向的变化

（1）空气阻碍蒸汽换热凝结。主凝区的空气平均分压很小，但冷却管外围的空气分压力明显增大，如图4-9所示。汽气混合物流向冷却水管，蒸汽在冷却水管表面凝结为水后滴下来流走，而空气不可能逆流流动，于是积存在冷却水管表面。这样，蒸汽分子只能通过扩散靠近冷却管外侧，大大阻碍蒸汽的凝结过程，使传热系数减小，传热端差增大，从而使真空下降。

（2）使凝结水过冷度增加。凝结水温度低于凝汽器入口蒸汽温度的现象称为过冷现象，所低的度数称为过冷度。引起运行中凝结水过冷的正常原因有：①管子外表面蒸汽分压力低于管束之间的蒸汽分压力，使蒸汽凝结温度低于管束之间混合汽流的温度；②管子外表面的水膜（包括上排管束淋下来的凝结水）受冷却水冷却，使得水膜平均温度低于水膜外表面的蒸汽凝结温度；仅这两项使凝结水的固有过冷度达2.8℃左右；③汽阻使管束内层压力降低，也使凝结水温度降低。

除此之外，引起凝结水过冷的不正常原因有：①冷却水管排列不合理，使汽阻增大；②系统严密性不好或抽气器工作不正常，使空气分压力增大；③凝结水水位过高，淹没部分管束，使凝结水进一步冷却。这些非正常原因，在设计和运行时应注意避免。

凝结水过冷产生的附加冷源热损失，使低压加热器抽汽量增加，最终体现为标准煤耗率的增加。另外，过冷还会使凝结水的含氧量增加，加重对管道和设备的腐蚀，缩短设备的使用寿命。因此，消除凝结水的过冷度不仅改善经济性，而且提高运行的安全性。

为了降低过冷度，在凝汽器内设置蒸汽通道，进入凝汽器的蒸汽可直达其底部，加热凝结水，这种凝汽器称为回热式凝汽器。回热效果好时，凝结水的过冷度可小于1℃左右。性能良好的大型凝汽器，即使热井内不采用专门的加热除氧结构，自身也可以做到无过冷。

运行中，若漏入空气增多或抽气器失常时，不仅真空降低，还将使过冷度增大；若只是冷却水量减少，则只使真空降低，过冷度不增加。可用这两条初步判断真空下降的原因。

5. 真空除氧

空气漏入凝汽器，阻碍蒸汽凝结换热，使排汽压力和排汽温度升高，降低机组经济性。严重时，由于排汽温度过高，还会引起汽轮机低压缸的变形，造成机组振动，甚至使机组被迫减负荷或停机。空气漏入凝汽器，增加空气分压力，使凝结水过冷，从而增加了空气在水中的溶解度，使凝结水中的含氧量增加，加剧凝结水管道和低压加热器的腐蚀，降低设备的可靠性，同时也增加除氧器的负担。

鉴于空气中的氧气对机组运行的不利影响，凝汽器内都设有真空除氧装置。国外有些机组为了降低电站投资，克服布置困难，不设除氧器，只靠真空除氧。如法国大多数核电站和一部分火电站不设除氧器，这样对真空除氧的要求更高。

凝汽器热井中布置的水封淋水盘式凝结水真空除氧装置，如图4-10所示。国产亚临界和超临界机组普遍采用该类型除氧装置。凝结水进入热井时，首先流入带有许多小孔的淋水盘2，水从小孔流下，形成水帘，凝结水表面积增大，被上面流下的蒸汽加热。当凝结水被加热到热井压力下的饱和温度，就可将溶于水中的氧气和其他气体除掉。水帘落下，落在角铁上，溅成水滴，表面积又增大，可被蒸汽进一步加热与除氧。被除去的气体经过许多根空气导管1导入空气冷却区，最后由抽气器抽出。

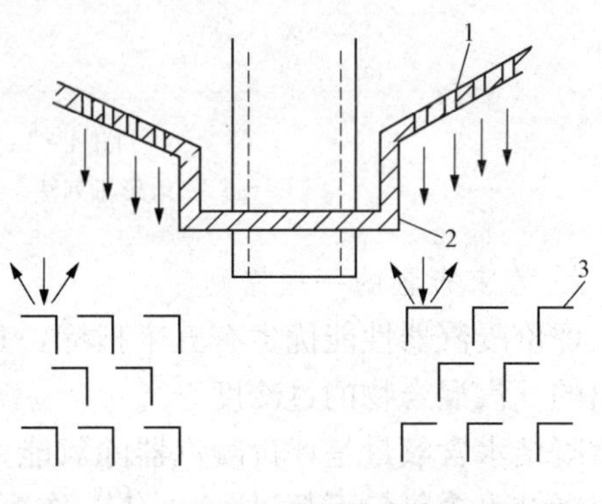

图4-10 水封淋水式凝结水真空除氧装置
1—空气导管；2—淋水盘；3—溅水角铁

一般真空除氧装置在大约60%额定负荷以上工作时的除氧效果较好，满负荷时效果最好。但在低负荷和机组启动时，由于蒸汽量少，蒸汽在上部管束就已凝结，不能到达热井加热凝结水，而且凝汽器压力低，漏入的空气量增大，使凝结水的含氧量增加，过冷度也增加，这时真空除氧效果较差。若要保证在任何运行工况下都能对凝结水进行深度除氧，则需要设置鼓泡式除氧装置。

4.3.3　冷却管束的布置

1. 冷却水管的排列方式

冷却水管在管板上的基本排列方式有三种：

（1）三角形排列法，如图 4-11（a）所示。又称错排，管子中心位于正三角形的顶点，管子密集程度最大，所需管板面积最小，但汽阻较大，通常布置在希望蒸汽空气混合物流速增大的部位，如空气冷却区；

（2）正方形排列法，如图 4-11（b）所示。管子位于菱形的四个角，上层的凝结水由下层管子的一侧滴下，只有 1/4 的下层换热管表面上的水膜被加厚，其余 3/4 的换热管表面只有极薄的水膜，对传热和凝结水过冷的影响较小，并且蒸汽流动阻力小，但采用这种排列方式，会增加冷却水管在管板上所占的面积，因而当冷却面积相同时，此种排列的凝汽器体积较大。

（3）辐向排列，如图 4-11（c）所示。冷却水管位于辐射线与同心圆的交点上，其特点是形成上宽下窄的蒸汽通道。蒸汽由外围向中心流动时，随着蒸汽的凝结，蒸汽通道相应减小。所以流速和热负荷较均匀，阻力变化不大，而且由于管子沿凝汽器高度方向有些错动，下部管子受滴淋的情况得到改善，传热效果较好。现代大型凝汽器的主凝结区多采用这种排列方式。

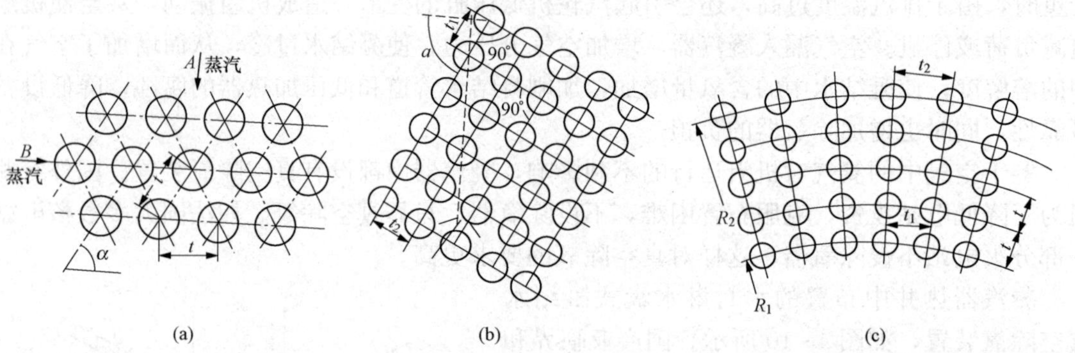

图 4-11　管束的基本排列方式

（a）三角形排列法；（b）正方形排列法；（c）辐向排列法

2. 管束布置的一般原则

评价凝汽器性能优劣有五个指标：真空、凝结水过冷度、凝结水含氧量、水阻和空冷区排出的气汽混合物的过冷度。

凝结水含氧量是评价凝汽器除氧能力的一项指标，取样点在热井出口处。现代机组一般要求凝结水含氧量不超过 42μg/L。在凝汽器结构设计合理、运行稳定时，含氧量可低至 7～14μg/L。空冷区排出的气汽混合物的过冷度，即抽气器的吸入温度，应比凝汽器进口平均压力所对应的饱和温度低 4.16℃，或平均压力所对应的饱和温度与冷却水入口温度差的 25%。该差值称为气汽混合物过冷度，该值可通过凝汽器空冷区的合理设计实现。另外，该过冷度是选择抽气设备设计容量的重要依据。

管束布置好坏与上述大部分指标有关。布置原则都是尽量均匀热负荷、增加传热效果、减小汽阻、降低过冷度、减小抽气设备负荷和工质损失。但是由于管束设计者对管束布置影响凝汽器性能的机理认识不同，凝汽器管束形式并没有统一的样式。不同制造厂设计的管束外形千差万别。例如国产和进口的凝汽器使用过的就有卵形管束、B-D管束、蛇形带状管束、辐射块状管束、平衡降流式管束、掌形管束、岛状管束、教堂窗管束、将军帽管束、山字形管束及Foster Wheeler管束等。随着对凝汽器管束布置设计原则的认识逐渐加深和计算机辅助设计手段的进步，对凝汽器管束布置的优化和改进还在持续进行中。

4.3.4 抽气设备

汽轮机设备在启动和正常运行过程中，都需要将设备（特别是凝汽器）和汽水管路中的不凝结气体及时抽出，以建立和维持凝汽器的真空，改善传热效果，提高汽轮机设备的热经济性。因此，由抽气器、动力泵、冷却器、汽水管道和阀门等组成的抽气设备就成了凝汽设备中必不可少的一个重要组成部分。

抽气器的型式很多，按其工作原理可分为射流式和容积式两大类。射流式抽气器按其工作介质又可分为射汽抽气器和射水抽气器两种。它们的工作原理基本相同，均是利用具有较高压力的独立工作流体在喷嘴中加速，高速射流在混合室中夹带周围气体分子前进，使周围形成高度真空，抽出凝汽器内的汽气混合物，一起进入扩压管，流体速度减慢，压力逐渐升高，最后以略高于大气压力排出扩散管。

射汽式抽气器的工质是经节流减压的主蒸汽或除氧器汽平衡管的工作蒸汽，射水式抽气器的工质是经射水泵升压的工业水。射流式抽气器没有运动部件，制造成本低，运行稳定可靠，占地面积小，能在较短时间内（通常5～6min）建立起所需要的真空。射汽抽气器工作原理，如图4-12所示。

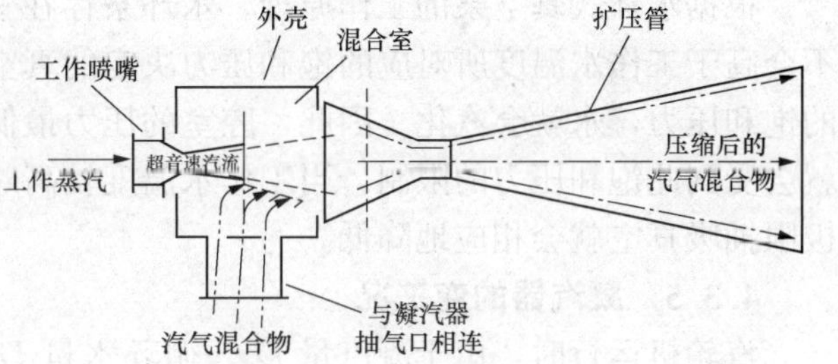

图4-12 射汽抽气器工作原理

容积式抽气器是利用运动部件在泵壳内的连续回转或往复运动，使泵壳内工作室的容积变化而产生抽气作用。用于电站凝汽设备的有滑阀式真空泵、机械离心式真空泵和水环式真空泵。

抽气器型式的选择主要根据汽轮机设备的运行情况和抽气器的特点来考虑。一般，对于高中压母管制额定参数启动的机组，工作蒸汽来源有保证，多采用射汽式抽气器。为提高经济性，射汽抽气器多制成带中间冷却器的两级或三级抽气器。另外，还要配置专用的启动抽气器，其任务是在汽轮机启动前，使凝汽器迅速建立真空，以缩短启动时间。

对于高参数大容量单元机组，由于射汽式抽气器的过载能力小以及机组滑参数启动时需要引入其他的工作汽源，使系统复杂化，所以多采用射水式抽气器。射水抽汽器具有结构紧凑、工作可靠、制造成本低，不需要设置启动抽气器等优点。缺点是功耗和运行时的噪声都比较大，占地面积大。

与射流式抽气器相比，水环式真空泵具有以下优点：①运行经济。在启动工况下，低真空的抽吸能力远大于喷射式抽气器，大大缩短机组的启动时间；在运行状态下，耗功仅为射水抽气器的23%～33%；②汽水损失较小；③泵组运行自动化程度高，操作安全、简便；

④噪声小，结构紧凑，占地面积小。因此，目前新建的国产大型机组普遍采用水环式真空泵，很多原配置射水抽气器的单元制机组也进行了改为水环泵的技术改造。水环式真空泵的缺点是结构复杂，有旋转部件，加工工艺要求高，系统复杂，造价贵。

水环式真空泵的工作原理如图 4-13 所示。水环式真空泵的主要部件有叶轮和壳体。叶轮由叶片和轮鼓组成。水环式真空泵的壳体内部为一圆柱体空间，叶轮偏心的装在这个空间内。同时在壳体侧面的适当位置开有吸气口和排气口，实现轴向的吸气和排气。

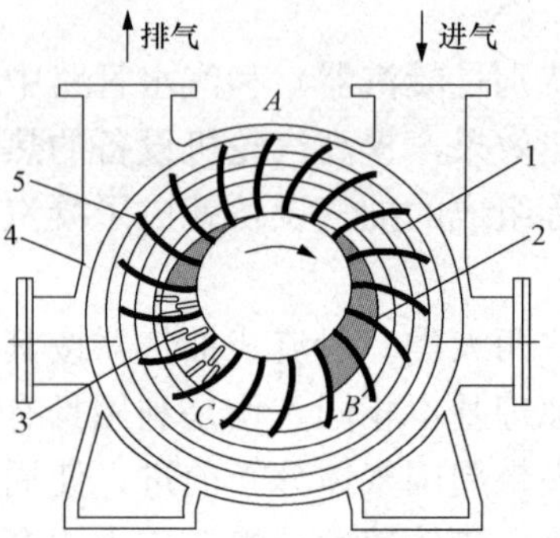

图 4-13　水环式真空泵原理

1—水环；2—吸气口；3—排气口；4—壳体；5—叶轮

水环泵工作前需要向泵内灌注一定数量的工作水。当叶轮在电动机的带动下旋转时，水在叶片推动下获得圆周速度，由于离心力的作用被甩向外径，形成沿泵壳旋流的水环，水环与叶片和轮毂共同构成若干空腔。由于叶轮是偏心布置的，相邻两叶片间的空腔容积呈周期性变化，犹如液体活塞在叶栅间做径向往复运动。当两叶片间的“水活塞”离心向外推去时，空间容积由小逐渐变大（由 A 点到 B 点），该空间产生真空，于是从轴向吸入口把气体抽吸进来。而当叶片间的“水活塞”向心向内做相对运动时，空间又逐渐由大变小（由 C 点到 A 点），于是将吸入的气体逐渐压缩，通过排气口排出。由于叶轮上有多个叶片，每个相邻叶片与水环所构成的空间均处于不同的容积变化过程。所以当叶轮转动时，吸气和排气均为一个连续、不间断的过程。水环除了起到“液体活塞”的作用，还有散热（对压缩过程）、密封（叶轮和壳体之间）及冷却（轴封件）等作用。

根据水环式真空泵的工作原理，水环泵存在一个“极限抽吸真空”，即泵最大抽吸真空不会高于工作水温度所对应的饱和压力决定的真空。这是由于工作腔室压力一旦等于水环水的饱和压力，水就会汽化。因此，腔室的压力最低不能低于水环水的饱和压力，系统的真空就会受到此饱和压力的限制。当工作水温度较高时，因为其对应的饱和压力增大，真空泵的极限抽吸真空就会相应地降低。

4.3.5　凝汽器的变工况

汽轮机运行时，由于凝汽量 D_c、循环水量 D_w、冷却水进口温度 t_{w1} 不是恒定不变，另外凝汽器漏入空气量也会变化，换热表面会脏污等，使得凝汽器内的压力 p_c 发生变化。凝汽器参数偏离设计工况时，称为凝汽器的变工况。凝汽器压力 p_c 随 D_c、D_w、t_{w1} 变化而变化的规律称为凝汽器的变工况特性。$p_c=f(D_c, D_w, t_{w1})$ 的关系曲线称为凝汽器的特性曲线。为了确定不同工况下凝汽器的压力 p_c，就需要对凝汽器的变工况进行分析。

由式（4-4）只要求得 D_c、D_w、t_{w1} 变化时相应的 Δt 和 δt，就可以确定凝汽器压力。

1. 变工况下 Δt 的变化规律

循环水温升 Δt 可由下式计算

$$\Delta t=\frac{(h_c-h_c')D_c}{4.187D_w}=\alpha D_c \qquad (4-11)$$

式中：$\alpha=(h_c-h_c')/(4.187D_w)$。

当 D_w 不变时，α 为常数，此时，Δt 与 D_c 成正比。当 D_w 变化时，计算出新的 α，确定出 Δt 与 D_c 新的比例关系。

2. 变工况下 δt 的变化规律

由式（4-9）与式（4-11）得凝汽器端差计算式为

$$\delta t=\frac{\alpha}{\exp\left(\frac{A_cK}{4187D_w}\right)-1}D_c \tag{4-12}$$

凝汽器已制造好，冷却面积 A_c 一定。当循环水量 D_w 和总体传热系数 K 不变时，δt 与 D_c 成正比，也与 d_c（$d_c=D_c/A_c$，称为比蒸汽负荷）成正比，如图 4-14 的辐射线（包括虚线）所示。

实验证明，当凝汽器负荷下降不多时，漏入的空气量不变，则 δt 与 D_c、d_c 成正比，如图 4-14 实线倾斜段所示。当凝汽器负荷下降较多时，由于汽轮机真空系统范围扩大，同时与大气压压差增大，漏入空气量增加，K 减小。由式（4-12）可知，K 减小使 δt 增大，而 D_c 减小使 δt 减小。这两方面作用的结果使 δt 缓慢下降直至为定值，如图 4-14 的实线转折段和水平段所示。当凝汽器的严密性较好时，漏入空气量几乎不变，K 减小使 δt 增大的作用较弱，则倾斜实线向左侧延长，转折段出现在更小的 d_c 处。

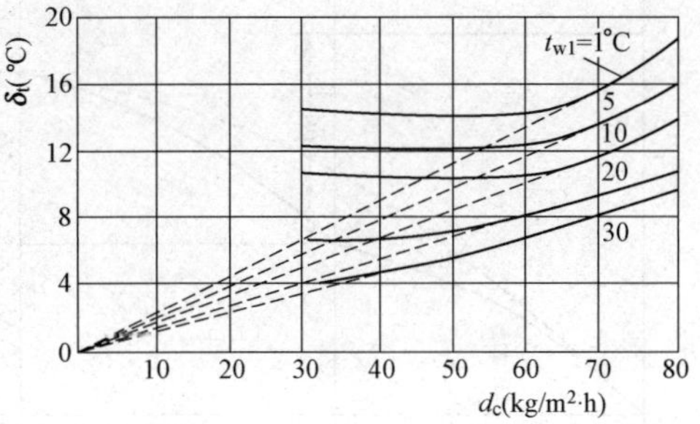

图 4-14 δt 与 d_c、t_{w1} 的关系曲线

图 4-14 中，t_{w1} 较小的曲线在上部，而且曲线的转折点发生在 d_c 较大处。假设同样的 d_c 下，t_{w1} 不同时，k 相同，即 δt 相同，又因 Δt 也相同，则 t_{w1} 较小时真空较高，漏入的空气量较大，使 K 降低，因此 δt 增大，所以曲线在上部。而且，d_c 降低时，t_{w1} 较小时真空提高快，漏气量增长快，K 下降使 δt 增加的趋势较强，所以 δt 保持不变的工况发生得较早。

3. 变工况下 p_c 的确定

当循环水量 D_w 一定时，对不同的 D_c、t_{w1}，求出对应的 Δt、δt、t_s，进而求得凝汽器的压力 p_c。为了便于使用，将 p_c 与 D_w、D_c、t_{w1} 的关系制成曲线，得到该 D_w 下的凝汽器特性曲线。循环水量 D_w 改变时，重新进行计算，作出新的 D_w 下的特性曲线。

4.3.6 多压凝汽器

有两个及以上排汽口的大容量机组的凝汽器可以制成多压凝汽器。一个四排汽口汽轮机的低压缸，如图 4-15 所示。(a) 为排汽至普通单压式凝汽器；(b) 为排汽至双压式凝汽器。其汽室被一密封隔板分为两部分或采用双壳体，冷却水流道不需要做任何变动。此时，在冷却水进口侧的汽室内，由于冷却水温度低，其压力 p_{c1} 要低于冷却水出口侧的汽室压力 p_{c2}，即 $p_{c1}<p_{c2}$。同理，有三压、四压的多压式凝汽器。最多为美国的六压式。目前华东电网中的 600MW 机组中，除了 ABB 公司的凝汽器外无一不采用双背压式凝汽器。

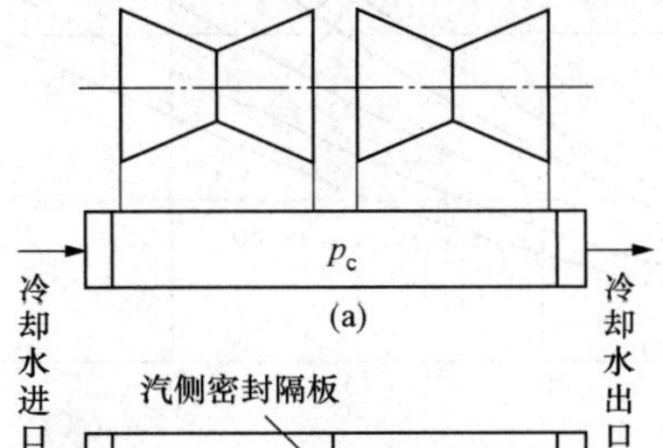

图 4-15 单压与多压凝汽器对比示意
(a) 单压凝汽器；(b) 双压凝汽器

多压凝汽器能够提高热经济性的基本原理是，

温差传热产生不可逆损失。由凝汽器的换热过程可知，换热温差差异较大。要减少不可逆损失，必须减小传热温差。理想的过程是等温差换热，即凝结温度（或凝汽器压力）随冷却水升温曲线连续变化。大型汽轮机多缸、多排汽口的结构特点提供了采用多压凝汽器的可能性。一台凝汽器分别采用双压和单压形式时，蒸汽与冷却水温度沿冷却水管长度分布的曲线，如图4-16所示。虚线表示单压凝汽器，实线表示双压凝汽器。双压凝汽器的平均压力用平均折合压力表示，它等于平均蒸汽凝结温度 $\overline{t}_s$ 对应的饱和压力，单压凝汽器的压力等于蒸汽凝结温度 t_s 对应的饱和压力。虽然双压凝汽器高压侧的蒸汽凝结温度 $t_{s2}>t_s$，但是因为低压侧蒸汽凝结温度 t_{s1} 较低，平均凝结温度 $\overline{t}_s<t_s$，即双压凝汽器的平均折合压力低于单压凝汽器。

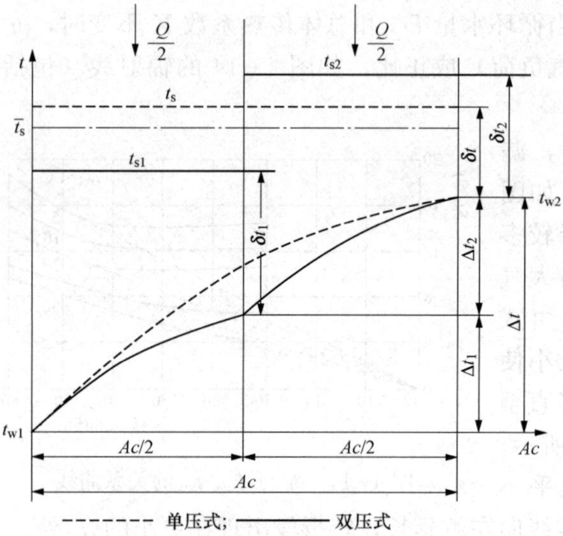

图4-16　蒸汽和冷却水温度沿冷却水管长度的分布

多压凝汽器与单压凝汽器相比具有以下优点：

（1）在一定条件下，多压凝汽器的平均折合压力比单压式的低，平均蒸汽凝结温度降低，即提高了平均凝汽器真空。

一般说来，气温高的地区（t_{w1} 高）、缺水地区（m 小）的机组更适宜采用多压凝汽器。多压凝汽器热效率增大百分数与循环倍率 m、汽室数（压力数）n、冷却水温 t_{w1} 的关系曲线，如图4-17所示。采用多压式凝汽器在经济上的效益是明显的，循环倍率越小，汽室数越多，采用多压凝汽器的效益越大。多压凝汽器比单压凝汽器装置热效率约可提高0.15%～0.25%。

（2）多压凝汽器可将低压侧凝结水引入高压侧加热，可使多压凝汽器的凝结水温度高于单压凝汽器的凝结水温度，还可减小低压加热器的抽汽量，由此带来附加效益。

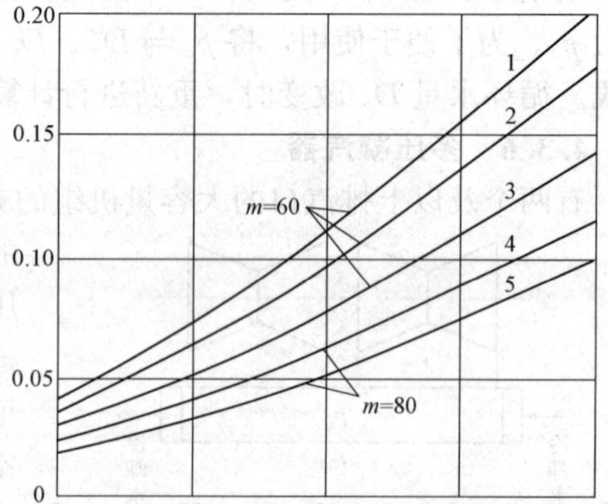

图4-17　采用多压凝汽器的热效率曲线
1、4—六压；2、5—三压；3—双压

低压汽室凝结水的回热方法有两种：一种方法是将低压侧凝结水用泵打至高压汽室内特制的喷嘴中，使水雾化，充分与高压汽室蒸汽接触而被加热，如图4-18（a）所示；另一种方法是将低压侧凝结水水位提高，从而克服两汽室的压差，依靠重力作用使低压侧凝结水自流到高压侧的底盘上，再由底盘下的许多小孔流出被蒸汽加热。如图4-18（b）所示。

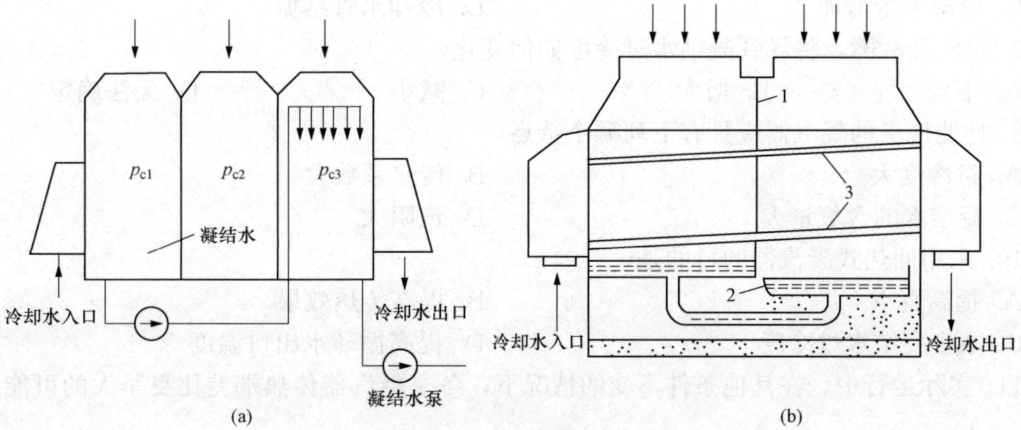

图 4-18 多压凝汽器的凝结水回热方式

(a) 凭压差自流与水泵输送；(b) 凭水位差自流

1—分隔板；2—底盘；3—冷却水管

习 题

一、选择题（选择一个正确选项）

1. 凝汽器真空提高时，凝汽器的汽侧压力(　　)

A. 提高　　B. 降低　　C. 无法判断　　D. 不变

2. 凝汽器内设置空气冷却区的作用是(　　)

A. 冷却被抽出的空气

B. 避免凝汽器内的蒸汽被抽走

C. 冷却被抽出的蒸汽和空气混合物

D. 降低空气分压力

3. 下列说法哪个正确？(　　)

A. 凝汽器内循环水的压力大于凝结水的压力

B. 凝汽器内凝结水的压力大于循环水的压力

C. 凝汽器内凝结水的平均温度低于循环水的平均温度

D. 凝汽器内的循环水来自于锅炉的给水

4. 凝汽器主凝结区蒸汽凝结温度与凝汽器循环水出口温度的差值称为凝汽器的(　　)

A. 传热端差　　B. 过冷度　　C. 冷却水温升　　D. 对数平均温差

5. 下列哪个因素不会影响凝汽器的过冷度(　　)

A. 冷却水流量　　B. 凝汽器的汽阻

C. 凝汽器冷却水管的排列方式　　D. 空气漏入量

6. 凝结水的过冷度增大，将引起凝结水含氧量(　　)

A. 不变　　B. 减小　　C. 增大　　D. 无法确定

7. 凝结水过冷度增大的可能原因是(　　)

A. 凝汽器热井水位过高　　B. 冷却水量减少

C. 冷却水量增加　　D. 冷却水管结垢

8. 抽气器故障，将导致凝结水过冷度如何变化(　　)

A. 不变　　B. 增大　　C. 减小　　D. 无法确定

9. 性能优良的凝汽器应具有下列哪个特点(　　)

A. 过冷度大　　B. 传热系数大

C. 凝结水的含氧量大　　D. 汽阻大

10. 采用回热式凝汽器的目的是(　　)

A. 提高真空　　B. 提高传热效果

C. 减小凝结水过冷度　　D. 提高循环水出口温度

11. 实际运行中，在其他条件不变的情况下，冬季凝汽器传热端差比夏季大的可能原因是(　　)

A. 夏季冷却水入口温度 t_{w1} 升高

B. 夏季冷却水管容易结垢

C. 冬季冷却水入口温度 t_{w1} 低，凝汽器内真空高，漏气量增大

D. 冬季冷却水入口温度 t_{w1} 低，冷却水管收缩

12. 下列哪种因素会导致凝汽器真空下降(　　)

A. 机组负荷降低　　B. 冷却水管的清洁度下降

C. 冷却倍率提高　　D. 大气环境温度下降

13. 不考虑抽气设备的抽吸能力，在其他条件不变的情况下，冷却水量越大，则(　　)

A. 凝汽器的真空越高　　B. 凝汽器的真空越低

C. 汽轮机的出力越大　　D. 电厂的效益越高

14. 凝汽器的冷却倍率是指(　　)

A. 进入凝汽器的冷却水量与进入凝汽器的蒸汽量之比

B. 进入凝汽器的蒸汽量与进入凝汽器的冷却水量之比

C. 冷却水在凝汽器中的流程次数

D. 冷却水吸热量与蒸汽放热量之比

15. 某凝汽器的冷却倍率为 70，汽轮机排汽焓和凝结水比焓分别为 2350kJ/kg 和 150kJ/kg，冷却水的定压比热为 4.186 8kJ/(kg·℃)，则其冷却水温升约为(　　)

A. 7.5℃　　B. 3.6℃　　C. 5.2℃　　D. 6.6℃

16. 某凝汽设备的循环倍率为 50，当凝汽量为 1000t/h 时，所需的循环水量为(　　)

A. 200t/h　　B. 2000t/h　　C. 1000t/h　　D. 50 000t/h

17. 不考虑抽气设备的抽吸能力，在其他条件不变的情况下，进入凝汽器的蒸汽量减少，则(　　)

A. 凝汽器的真空降低　　B. 凝汽器的真空提高

C. 凝汽器的真空不变　　D. 真空变化不能确定

18. 在其他条件不变的情况下，凝汽器中空气分压力的升高将使得传热端差(　　)

A. 增大　　B. 减小

C. 不变　　D. 可能增大也可能减小

19. 关于凝汽器的极限真空，下列说法哪个正确(　　)

A. 达到极限真空时，凝汽器真空无法再提高

B. 达到极限真空时，汽轮机功率无法再提高

C. 达到极限真空时，汽轮机综合效益最好

D. 以上说法都不对

20. 下列哪个地区采用多压凝汽器最为有利(　　)

A. 冷却水丰富且气温较低的地区　　B. 缺少冷却水且气温较低的地区

C. 冷却水丰富且气温较高的地区　　D. 缺少冷却水且气温较高的地区

21. 某凝汽器冷却水出水温度34℃，传热端差3℃，热井中凝结水水温33℃，此时过冷度是(　　)

A. 1℃　　B. 2℃　　C. 3℃　　D. 4℃

22. 当冷却水入口温度和冷却水量一定时，凝汽器的压力随凝汽器热负荷的减小而(　　)

A. 增大　　B. 增大到一定程度后基本不变

C. 减小　　D. 减小到一定程度后基本不变

23. 正常运行时，凝汽器内真空的形成与维持，与下列四个答案中哪个无关(　　)

A. 抽气器抽吸不凝结气体

B. 蒸汽在较低的温度下凝结

C. 凝结水泵将凝汽器水从凝汽器内抽出

D. 汽轮机的末级叶片比较长，蒸汽膨胀得比较充分

24. 冷却水只流过一次换热管的凝汽器称为(　　)

A. 双流程凝汽器　　B. 单流程凝汽器　　C. 四流程凝汽器　　D. 三流程凝汽器

25. 下列哪些因素会导致凝汽器内的压力降低(　　)

A. 漏入凝汽器内的空气量增加　　B. 冬季或气温低的天气

C. 冷却水管结垢加剧　　D. 循环水量减小或机组负荷增大

二、填空题（填入适当的词语，使句子正确完整）

1. 以水为冷却介质的凝汽设备，一般由______、______、______、______以及它们之间的连接管道和附件组成。

2. 凝汽设备的第一个作用是______；凝汽设备的第二个作用是______。

3. 按换热方式凝汽器可分为______式和______式两大类。

4. 按冷却介质不同，凝汽器可分为______和______两种。

5. 根据冷却水流程不同，表面式凝汽器分为______、______和______凝汽器。

6. 目前凝汽器采用较多的汽流方向有汽流向侧式、______和______。

7. 蒸汽在凝汽器内的热力过程可以看成是一个定压过程，蒸汽只放出______后凝结成水。

8. 相同条件下，冬季与夏季相比，凝汽器效果较好的是______。

9. 真空除氧过程中，机组满负荷时除氧效果______，机组低负荷时除氧效果______。

10. 评价凝汽器优劣的指标有______、______、______、______和______。

11. 汽轮机凝汽设备常用的抽气器有______、______和______三种型式。

12. 水环式真空泵当工作水温度升高时，其抽吸能力会______。

三、名词解释（解释下列概念）

1. 凝汽器的汽阻；2. 凝汽器的水阻；3. 凝汽器的冷却倍率；4. 凝汽器的极限真空；5. 凝汽器的最佳真空；6. 凝汽器的传热端差；7. 凝汽器的过冷度；8. 回热式凝汽器；9. 凝汽器的特性曲线；10. 多压凝汽器。

四、简答题

1. 画出以水为冷却介质的凝汽设备的原则性系统图，并说明汽轮机凝汽设备的组成、工作过程及其任务。

2. 凝汽器的工作原理是怎样的？

3. 画出表面式凝汽器中蒸汽凝结温度和冷却水温度沿冷却面的分布曲线，标注曲线上各特征端点的符号，并注释符号的意义。

4. 已知某台凝汽器在设计工况下运行，排汽量为780t/h，冷却水进口温度 $t_{w1}=30$℃，冷却水出口温度 $t_{w2}=35$℃，凝汽器入口蒸汽温度 $t_s=40$℃，凝结水温度 $t_c=39$℃，试求：冷却水的温升、凝汽器的传热端差、凝汽器的冷却倍率、循环水的流量和凝结水的过冷度。

5. 已知某300MW凝汽式汽轮机，凝汽器换热面积是17 900m^2，在设计工况时，冷却水流量为33 800t/h，冷却水入口水温为20℃，冷却水出口水温为29.63℃，凝汽器压力对应的饱和温度为33.58℃水的比定压热容 c_p 取4.187kJ/(kg·℃)。试求：该凝汽器在前述工况下的热负荷和总体传热系数。

6. 结合公式分析引起机组真空下降的常见因素有哪些？

7. 某凝汽器运行一段时间后真空系统漏点增多，其他条件不变，试结合公式分析凝汽器传热端差、真空如何变化？过冷度如何变化？

8. 在循环水进水温度和冷却水量一定的前提下，当汽轮机负荷减小时，凝汽器真空将如何变化？为什么？

9. 汽轮机在负荷不变的情况下运行，凝汽器真空逐渐下降，分析可能存在哪些原因？

10. 极限真空和最佳真空有什么区别？

11. 试述凝汽器的最佳真空是如何确定的？

12. 凝汽器中空气的主要来源有哪些？空气的存在对凝汽器的工作有什么影响？

13. 什么是凝结水的过冷度？过冷度太大对机组运行有何危害？

14. 影响凝汽器凝结水过冷度有哪些因素？

15. 如何判断凝汽器真空下降是汽侧原因还是水侧原因？

16. 在凝汽器设计和运行中如何减小过冷度？

17. 凝汽设备中抽气器的任务是什么？其主要类型有哪些？

18. 为什么采用多压凝汽器。

第 5 章　汽轮机零件强度校核

汽轮机结构复杂，工作条件恶劣，处于高温、高压、高转速、振动、腐蚀等环境中。因此需要对汽轮机主要零部件进行强度计算和校核，从设计、制造和安装方面保证设备的可靠性，确定汽轮机安全运行的工况范围及应该控制的极限值，为拟定合理运行方式提供理论依据，确保所有工况下机组能安全可靠运行，在宏观服役年限内合理消耗汽轮机的寿命。

5.1　基　本　要　求

（1）了解汽轮机本体的主要零部件的基本结构和作用；了解汽轮机零件的静强度、动强度、热应力和热疲劳等相关概念；了解汽轮机零件强度校核的目的。

（2）了解汽轮机主要零部件的强度校核方法和危险工况。

（3）掌握叶片及叶片组的振动形式和叶片动强度校核准则。

（4）掌握转子临界转速的现象及由质量不平衡引起转子振动时的幅频、相频特性，掌握转子找动平衡的两个线性条件。

（5）了解机组的轴系扭振。

（6）了解汽轮机零件热应力的产生原因及控制。

5.2　基　本　概　念

汽轮机本体零件根据工作时是否转动，分为转子［主要有动叶片、主轴和叶轮（转鼓）、联轴器等部件］和静子［汽缸、喷嘴、隔板套（静叶持环）、隔板（静叶环）、汽封等部件］两部分。

汽轮机零件的强度：在外力作用下，零件内部抵抗外力产生的某几种应力与零件材料抵抗这几种应力的能力。

强度分析计算的三要素：外力、应力和材料的许用极限。

静应力：只要汽轮机工况不变，应力的大小及方向不随时间变化，即静态或准静态力。

动应力：即使汽轮机工况不变，应力的大小及方向也随时间周期性变化。

热应力：汽轮机启停机和变工况时，零件径向和轴向会产生较大的温度梯度，金属胀缩受到约束，从而产生热应力，热应力的大小和方向随运行方式变化。

叶片的结构：叶片一般由叶根、叶身（工作部分或叶型部分）、叶顶和叶顶连接件（围带和拉金）组成。

叶片的自振频率：叶片受到瞬时外力作用后，在原平衡位置两侧做往复自由振动，其振动频率为叶片的自振频率。

激振力：引起叶片振动的周期性外力。

强迫振动：周期性激振力的作用下迫使叶片振动，外界激振力始终作用在叶片上，强迫叶片按外界激振力的频率振动，与叶片的自振频率无关。

低频激振力：级的圆周上个别地方汽流速度异常，引起的频率为 kn 的周期性激振力。

高频激振力：喷嘴叶栅各静叶片出汽边厚度对应的尾迹区引起的频率为 $z_n n$ 的周期性激振力。

叶片组与自由叶片：用围带或拉金连接成组的叶片称叶片组，单个叶片称自由叶片。

叶片或叶片组的振型：叶片或叶片组在不同的自振频率下与激振力发生共振时所具有的振动形状。强迫振动可分为两大类：弯曲振动和扭转振动，弯曲振动又可分为切向振动和轴向振动。

A 型振动：叶片或叶片组发生的叶身振动、叶顶也振动的振动形式。

B 型振动：叶片或叶片组发生的叶身振动、叶顶不动的振动形式。

静频率：叶片在静止时（未考虑离心力影响）的自振频率。

动频率：叶片在旋转状态下（考虑离心力影响）的自振频率。

叶片振动的主振型：①切向 A_0 型振动的动频率与低频激振力频率 kn 合拍时的共振，称为第一种共振；②切向 B_0 型振动的动频率与高频激振力频率 $z_n n$ 相等时的共振，称为第二种共振；③切向 A_0 型振动的动频率与高频激振力频率 $z_n n$ 相等时的共振，称为第三种共振。上述几种振型又称为叶片振动的主振型。

调频叶片：对有些叶片要求其某个主振型频率避开某类激振力频率才能安全运行，这个叶片对这一主振型，称为调频叶片。

不调频叶片：对有些叶片允许其某个主振型频率与某类激振力频率合拍而处于共振状态下长期运行，不会导致叶片疲劳破坏，这个叶片对这一主振型，称为不调频叶片。对一具体叶片，具有各种振型，对某一主振型为不调频叶片，对另一主振型可能是调频叶片。

耐振强度（复合疲劳强度）：表示材料在承受静动联合应力时的一种机械性能。在某一温度和某一静压力下，试件在空气环境中，作弯 - 弯试验，循环 10^7 次不被破坏可承受的交变动应力幅值。

安全倍率：考虑汽轮机运行中各种因素对耐振强度与蒸汽弯曲力的影响，修正后的耐振强度与修正后的蒸汽弯曲应力的比值，它是表征叶片抵抗疲劳破坏能力的系数。

许用安全倍率：确保叶片安全运行的安全倍率界限值。

叶片频率分散度 Δf：同一叶轮上各叶片 A_0 型振动最大与最小静频率差与平均值的百分比，即

$$\Delta f=\frac{f_{\max}-f_{\min}}{(f_{\max}+f_{\min})/2}\times 100\%$$

式中：$f_{\max}$ 与 $f_{\min}$ 分别为一级动叶片中 A_0 型振动的最大与最小静频率，Hz。

一个叶轮上各叶片或叶片组的制造尺寸、安装质量不可能绝对相同，因此各叶片或叶片组的振动频率必然有高有低，$\Delta f>8\%$ 表示叶片装配质量不合格，应消除缺陷使 $\Delta f\leqslant 8\%$，才算装配合格，然后才能校核振动安全性。

转子临界转速：在工程中，把汽轮机转子的转速升高或下降过程中出现振幅峰值的转速称为转子临界转速。从低到高依次称为第一、二、……临界转速，并用 n_{c1}、n_{c2}、……表示。

刚性转子：工作转速低于第一临界转速的转子。

挠性转子：工作转速高于第一临界转速的转子。

5.3 重点与难点解析

5.3.1 汽轮机零件强度校核概述

因为汽轮机的运行环境随时间动态变化，所以汽轮机零部件的工作应力可以分为以下三种：

（1）静应力：只要汽轮机工况不变，应力的大小及方向不随时间变化，即静态或准静态力。如转子各零部件受到的离心力引起的拉伸应力，叶片受到汽流力产生的弯曲应力，传递扭矩产生的转子扭转应力，长叶片受到的扭转应力，叶根销钉和联轴器螺栓处的剪切应力等。

（2）动应力：即使汽轮机工况不变，应力的大小及方向也随时间周期性变化。主要是动叶片受到交变汽流力以及转子由于不平衡质量离心力等原因引起的振动应力。

（3）热应力：热应力是金属材料在温度变化引起的热变形受到约束时内部产生的应力。汽轮机零件的热应力主要是由于汽轮机启停机和变工况时，非均匀换热导致零件径向和轴向产生较大的温度梯度，金属胀缩受到约束，从而产生热应力。热应力的大小和方向随运行方式变化而改变。例如转子在冷态启动时，外表面温度高，膨胀快，而中心孔表面温度低膨胀慢，故外表面受压缩热应力，中心孔受拉伸热应力；反之，汽轮机停机时，转子外表面受拉应力，中心受压应力。每启停一次，汽轮机零部件所受热应力方向就交变一次，称为一次应力循环。多次应力循环，使金属晶格结构发生变化，进而在材料表面出现疲劳裂纹，最终导致零件的断裂。

因此，汽轮机零件的强度校核分为：①基于静应力分析的静强度校核。设计、制造和改造时，对汽轮机所有零部件都要进行静强度校核；②基于动力学分析的振动特性和响应问题，即动强度校核。对汽轮机转动部件需要进行动强度校核，确保运行的安全性；③基于热应力分析的热疲劳寿命损耗分配和热应力监测、控制与保护。由于零件壁面越厚，不稳定传热引起的温度梯度就越大，相应的热应力也越大。因此，主要针对转子和汽缸等厚壁元件。

静强度校核的一般步骤为确定零部件的危险部位和危险工况；分析危险部位所受的外载荷；根据工况特点和必要的几何要素计算各种应力，并选择安全系数与材料许用应力，判断零件安全性。

静强度校核时最小许用应力的选择与零件的材质和工作温度有关。工作温度低于材料蠕变温度时（马氏体钢 450℃，奥氏体 480～520℃），最小许用应力取工作温度下的屈服极限除以安全系数。工作温度高于材料蠕变温度时，其许用应力分别按屈服极限、蠕变极限及持久强度极限分别除以对应的安全系数，取三者中的最小值作为强度校核依据。

动强度校核则因为目前动应力的准确计算尚未完全解决，而叶片和转子在周期性激振力作用下的振幅和频率通过计算或试验可以准确获得。因此，动强度校核通常是将动应力的计算转化为对振动特性和响应的分析计算。例如叶片动强度常用安全倍率和共振避开率来校核。

汽轮机的寿命管理通常是以转子的寿命为依据。而转子的寿命损耗主要是由温度变化造成的热应力引起的。由于汽轮机转子是高速旋转的部件，目前尚无直接测量转子金属温度的有效手段，但是可以根据汽缸与蒸汽的温度测量结果，由传热模型模拟转子的温度场和应力场，进行转子寿命预分配和在线寿命管理。

5.3.2 汽轮机叶片的动强度

汽轮机运行时，叶片受到的作用力主要有离心力和汽流作用力两种。离心力会在叶片横截面上产生拉应力。当离心力的作用线不经过某个截面的形心时，还会在该截面上产生弯应力。叶片所受的离心力不随时间变化，是静应力。汽流作用力成周期性变化，可以看作是由不随时间变化的平均值分量和随时间变化的交变分量组成。不变的分量在叶片中引起静弯曲应力，交变的分量迫使叶片振动并在叶片中引起交变的振动应力。静应力和静强度的设计校核主要在汽轮机设计阶段进行。而汽轮机振动事故的预防分析与处理，除设计阶段要考虑动应力和动强度外，还贯穿汽轮机组全寿命期的运行管理和维护。因此，重点介绍汽轮机叶片的动强度和转子振动相关内容。

1. 叶片振动的分类

叶片的振动分为两大类，即自由振动和强迫振动。

（1）自由振动。叶片受到一个瞬时作用力开始振动。如叶片受到敲击或用手拉马上放开，叶片在弹性力和惯性力作用下，在平衡位置左右往复振动。若无阻尼，振动将一直持续下去，这种振动称为自由振动。

1）振动的频率称为自振频率，其大小取决于叶片本身的形状、尺寸、材料及叶片的边界条件（如叶根的紧固程度、有无围带、拉金等）。

2）实际叶片在自振过程中，总是受到阻尼作用，振动逐渐衰减并消失，回到原来的平衡位置。振幅随时间变化的过程可用曲线表示。振幅按指数规律递减，而频率不变。

叶片在工作时的阻尼主要来自三方面：①相邻物体接触表面之间的干摩擦力。例如叶片振动时叶根和轮缘槽接触面的摩擦力；②介质阻力，例如叶片在蒸汽或燃气中振动的阻力；③材料内摩擦力。

（2）强迫振动。当受到周期性激振力作用，叶片将发生强迫振动，其频率等于激振力频率。强迫振动的振幅主要取决于①激振力幅值大小；②激振力频率与叶片自振频率的接近程度，参见理论力学有阻尼受迫振动幅频特性曲线。激振力频率与自振频率越接近，振幅越大。当两者相等或自振频率为激振力频率的整数倍时将发生共振，称为两者合拍，此时振幅及动应力明显增大，最终可能导致叶片疲劳破坏，其特征为损坏断面较光亮平整，具有贝壳纹路。

在汽轮机叶片强迫振动中，激振力往往是矩形的脉冲波，周期为 T；当叶片自振频率等于激振力频率或是其整数倍时，即使是脉冲激振力，也要激起叶片的共振。以倍数 $k=3$ 时为例，共振现象如图 5-1 所示。0 时刻被脉冲激振力激励的叶片做有阻尼的自由振动，经过三个周期，在原相位处又受到一次冲击。未完全衰竭的自由振动振幅，叠加下一周期脉冲激振力激励的振幅，振幅被周而复始的放大。

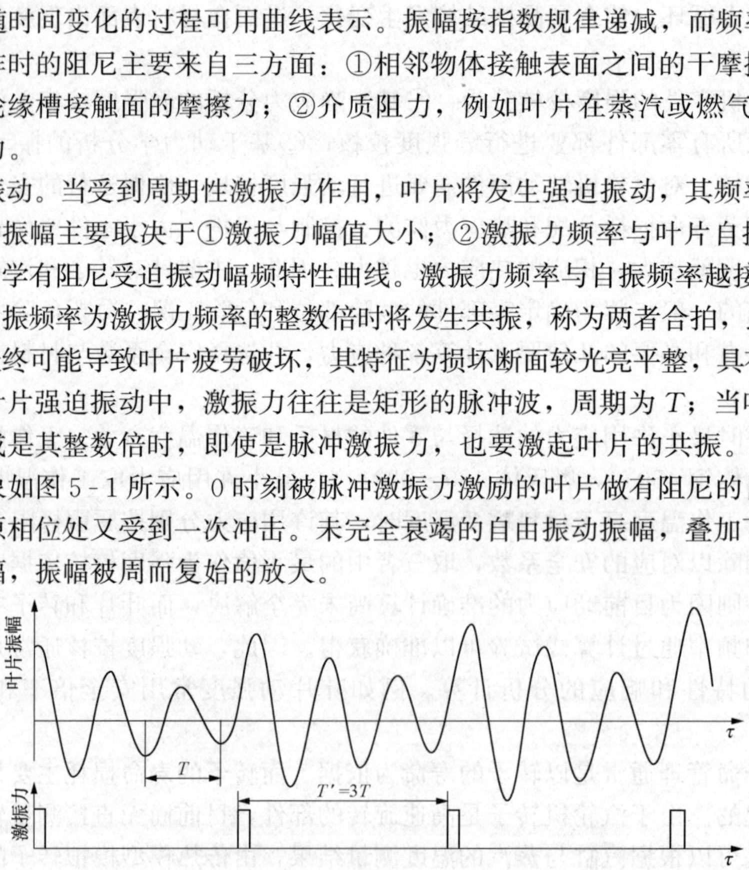

图 5-1 叶片自振频率为激振力频率三倍时的共振现象

运行经验表明，在汽轮机事故中，叶片损坏占相当大比重，其中又以叶片振动损坏为主。据国外统计，叶片事故约占汽轮机事故25%以上，据国内1977年对1156台汽轮机统计，发生叶片损坏或断裂事故者约占31.7%，其中大多数事故是由振动疲劳所致。

研究叶片动强度主要是研究激振力和叶片振动特性，以及叶片在动应力作用下的承载能力，应该指出目前还不能精确地对叶片动应力进行理论计算。

2. 激振力产生的原因及其频率计算

叶片受到的交变激振力是由于级中汽流流场不均匀所致。可分为两类：叶栅尾迹扰动和结构扰动。激振力按频率高低可以分为低频激振力和高频激振力两种。

（1）叶栅尾迹扰动。汽流绕流叶栅时，由于附面层的存在，叶栅表面汽流速度近于零。附面层以外汽流速度为主流区速度，作用在叶片上的汽流力较大；因叶片出口边总有一定的厚度，当汽流流出叶栅时在出口边形成尾迹，尾迹区汽流速度降低，作用在叶片上的汽流力较小，如图5-2所示。当工作叶片旋转到喷嘴尾迹区时，作用在叶片上的汽流力突然减小，而离开尾迹区时汽流作用力又突然增大，这样叶片每经过一个喷嘴片就受到一次扰动。叶片受到周期性的激振力作用，这种激振力频率较高，称为高频激振力。

（2）结构扰动。由于制造加工的误差及结构等方面的原因，级的圆周上个别地方汽流速度的大小或方向存在异常，动叶每转到此处所受汽流力就变化一次，这样形成的激振力频率较低，称为低频激振力。引起低频激振力的常见原因有：

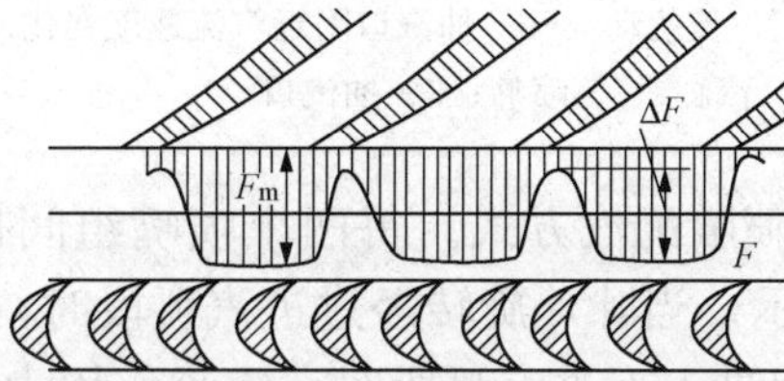

图5-2 喷嘴后汽流力的分布

1）个别喷嘴损坏、安装或加工尺寸有偏差。某些喷嘴的加工厚度、节距和安装角偏离设计值，则出口的面积和角度与其他喷嘴不同，使这些喷嘴后的汽流参数不同。叶片旋转到这些喷嘴处，受到突变汽流力的作用，引起振动。

2）上下两隔板结合面处喷嘴错位或有间隙。若隔板制造偏差，当上下隔板接合时，则喷嘴型线部分便会错开，或者接合面没有结合严密有间隙，如图5-3中（a）和（b）所示。在该处形成汽流突变，形成激振力。斜切分面不剖分喷嘴叶型，可避免这种激振力，如图5-3（c）所示。

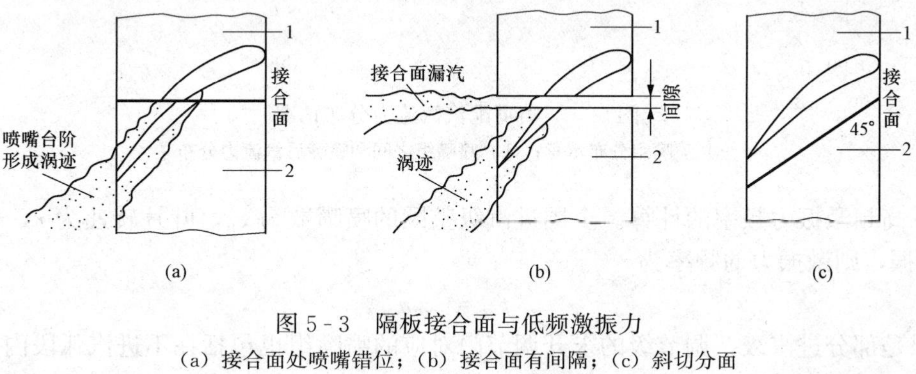

图5-3 隔板接合面与低频激振力

（a）接合面处喷嘴错位；（b）接合面有间隙；（c）斜切分面

1—上隔板；2—下隔板

3）级前后有抽汽口。当部分汽流沿抽汽口流出时，使抽汽口附近的喷嘴出口汽流的轴向通流量减少，相应的轴向速度小，引起扰动，如图 5 - 4 所示。

4）加强筋对汽流的扰动。高压级短叶片为了提高相对叶高，降低端部损失，采用窄喷嘴时，为了保证隔板的强度和刚度，在窄喷嘴前沿周向均匀地设置了加强筋，如图 5 - 5 所示。沿加强筋壁面的附面层，使加强筋两侧附近的汽流速度减小，从而使汽流参数沿圆周方向不均匀，形成激振力。

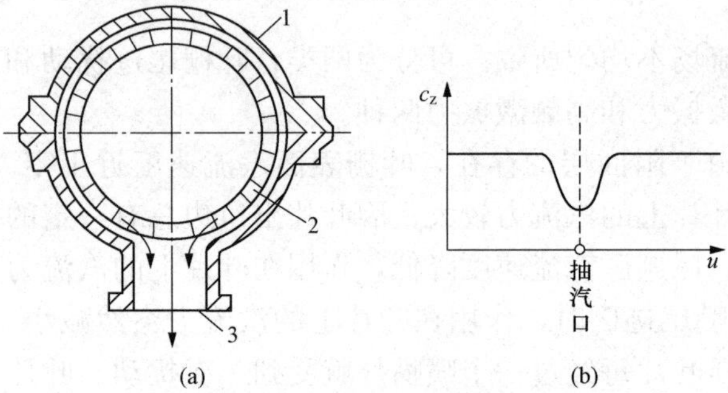

图 5 - 4　抽汽口与低频激振力

（a）抽汽口附近汽流扰动；（b）抽汽口附近汽流速度变化

1—汽缸；2—喷嘴；3—抽汽口

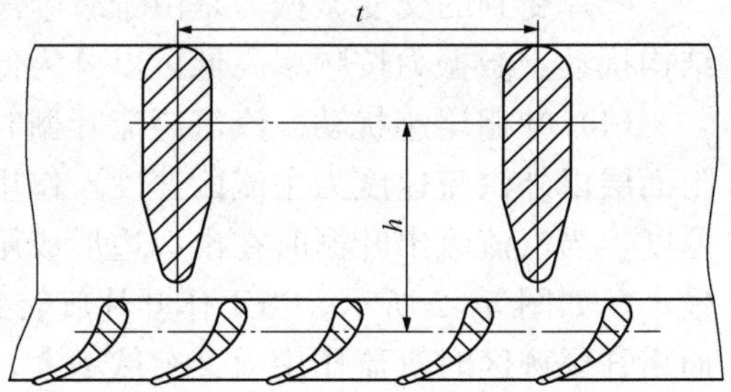

图 5 - 5　具有加强筋的窄喷嘴隔板展开

5）采用喷嘴配汽方式。每两个喷嘴组间被不通汽弧段隔开，且沿圆周向不一定对称，如图 5 - 6 所示。当叶片旋转经过进汽弧段时，受到汽流力 F_m（该弧段的平均汽流力）的作用。而当叶片进入不进汽弧段时，汽流作用力 F_m 突然降为零，引起低频激振力。与喷嘴出口汽流尾迹产生的激振力 ΔF 比较，部分进汽产生的激振力 F_m 较大。

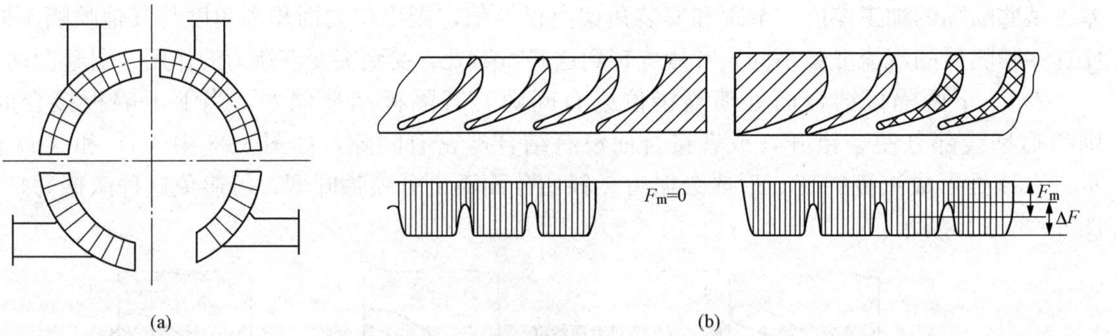

图 5 - 6　喷嘴配汽汽流力分布情况

（a）喷嘴组分布示意；（b）喷嘴组之间和喷嘴后汽流力分布

（3）高频激振力频率的计算。全周进汽级整圈的喷嘴数为 z_n，叶片转速为 n，叶片受到 $z_n n$ 次激振，则激振力的频率为

$$f_{ex} = z_n n \tag{5-1}$$

如果是部分进汽级，调节级的未开调节门对应的喷嘴组也包括在不进汽弧段内。设某工况的部分进汽度为 e，进汽喷嘴数为 z_n'，叶片转速为 n(r/s)，如图 5 - 7 所示，则叶片转一圈所需的时间为 $1/n$(s)，通过进汽弧段 AB 所需的时间为 e/n(s)。叶片通过进汽弧段时，共受到 z_n' 次激振力的作用。因此，每秒受到激振力的次数，即激振力的频率为

$$f_{ex}=\frac{z_n'}{e/n}=\frac{z_n'}{e}n=z_n n \qquad (5-2)$$

式中：$z_n=\frac{z_n'}{e}=\frac{e\pi D_m/t_1}{e}=\frac{\pi D_m}{t_1}$，相当于按部分进汽喷嘴数 z_n' 的节距 t_1，把喷嘴布满全周时的喷嘴数，故称为当量喷嘴数，D_m 为喷嘴组平均直径。

由于隔板上的喷嘴数 z_n 为 40～90，对于 3000r/min 的汽轮机，这种激振力的频率范围为 2000～7000Hz。

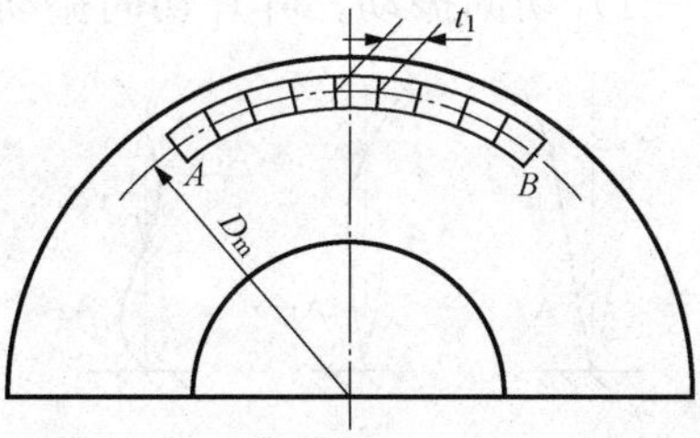

图 5-7 调节级喷嘴组示意

（4）低频激振力的计算。

1）对称激振力。若引起汽流扰动的因素沿圆周对称分布，则激振力频率 $f_{ex}=kn$，其中 n 为转速；k 为一个圆周内的激振力次数。

2）非对称激振力。若引起汽流扰动的因素在圆周非对称分布，应按扰动分布规律分析。如两个扰动因素沿转动方向相隔 $\pi/2$ 角度，转速 n(r/s)，则每秒转过 $2\pi n$ 弧度，周期 $T=(\pi/2)/(2\pi n)$，$f_{ex}=4n$；如两个扰动因素沿转动方向相隔 $3\pi/2$ 角度，则每秒转过 $2\pi n$ 弧度，周期 $T=(3\pi/2)/(2\pi n)$，$f_{ex}=3n/4$。如果两个异常点的分布没有规律，就不可能与叶片自振频率合拍，引起共振。

3. 叶片与叶片组的振型

振型是指叶片和叶片组在不同的自振频率下与激振力发生共振时所具有的振动形状。叶片和叶片组在不均匀汽流力的作用下，可以产生弯曲振动和扭转振动两种强迫振动型式。弯曲振动又可分为切向（即轮周向）振动和轴向振动；扭转振动主要发生于长扭叶片。

通过实验，激发叶片共振。如在叶片上撒沙子，可以观察振型。

（1）单个叶片的振型。单个叶片的弯曲振动是绕最大、最小主惯性轴的振动，分为切向和轴向振动两种。

切向振动：叶片发生的沿其最大主惯性轴Ⅱ—Ⅱ轴（绕最小主惯性轴Ⅰ—Ⅰ轴）方向的振动，因为Ⅱ—Ⅱ轴与轮周切向 y—y 轴的夹角较小，所以称切向振动，如图 5-8（a）所示。

轴向振动：叶片发生的沿其最小主惯性轴Ⅰ—Ⅰ轴（绕最大主惯性轴Ⅱ—Ⅱ轴）方向的振动。因为Ⅰ—Ⅰ轴与轮周轴向 x—x 轴的夹角较小，所以称轴向振动，如图 5-8（b）所示。

单个叶片的扭转振动沿叶片高度方向绕截面形心轴线的振动，如图 5-8（c）所示。主要发生于长扭叶片。

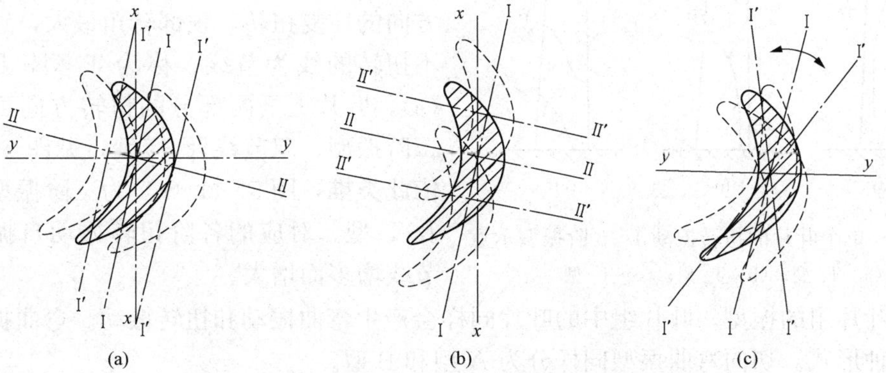

图 5-8 单个叶片的基本振动形式

（a）切向振动；（b）轴向振动；（c）扭转振动

1）切向振动。叶片切向振动时，按叶顶自由与否分为A型振动和B型振动两类。

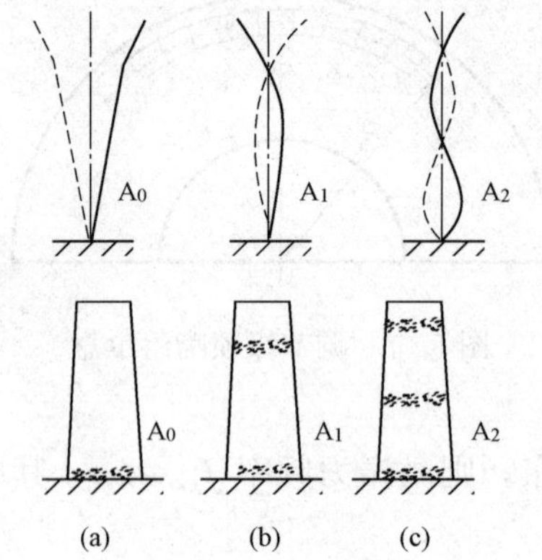

图5-9　A型振动1～3阶振型示意
(a) A_0 型；(b) A_1 型；(c) A_2 型

叶根固定，叶片在激振力作用下振动，顶端也振动，称A型振动；而叶顶固定或叶顶基本不动的振型称为B型振动。按自振频率由低到高，叶身上不动的节点数（从宽度方向观察为节线）增加，依次命名为 A_0、A_1、A_2、A_3…型振动和 B_0、B_1、B_2、B_3…型振动。A型振动1～3阶次振型，如图5-9所示。A_0 型振动在最低的自振频率下振动，弯曲形状为一阶振型，叶根不动，叶身没有不动节点（节线），顶部振幅最大，自上而下逐渐减小。A_1 型振动为二阶振型，在高一挡的自振频率下振动，叶片弯曲，叶片顶部振幅最大，向下逐渐减少，出现不动节点（节线），节点上下振动相对位移相反，然后振幅又先增大后减小，根部不动。A_2 型振动为三阶振型，在更高一挡的自振频率下振动，除根部不动外，叶身还有两个节点（节线）。

B型振动1～3阶次振型，如图5-10所示。B_0 型振动顶部不动，叶片中间没有节点（节线）；B_1 型振动叶片中间有一个节点（节线）。B_2 型振动，叶片中间有两个节点（节线）。

对同一叶片按自振频率从低到高排列：A_0、B_0、A_1、B_1、A_2、B_2…。上述振型中，A_0 型最危险，B_0 型次之。

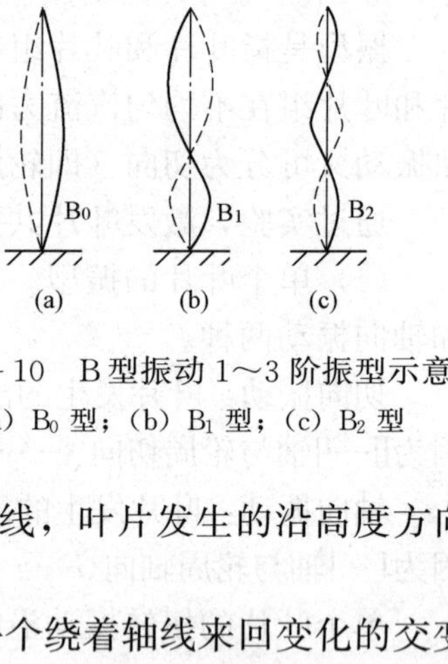

图5-10　B型振动1～3阶振型示意
(a) B_0 型；(b) B_1 型；(c) B_2 型

2）轴向振动。理论上叶片轴向振动有 A_0、A_1 型，但是由于轴向惯性矩大，振动频率高，一般不易出现有节点的轴向振动。此外，对装在叶轮上的叶片，当叶片产生轴向振动时，叶轮往往也产生轴向振动，叶片和叶轮作为一整体做轴向振动。因此讨论叶片的轴向振动时应该将叶轮和叶片作为一个振动系统来考虑。只有叶轮较厚，而叶片较长时，可忽略叶轮振动，只考虑叶片的振动。

3）扭转振动。叶片各个横截面重心的连线，组成了一条轴线，叶片发生的沿高度方向绕轴线的振动称为扭转振动，主要发生于长扭叶片。

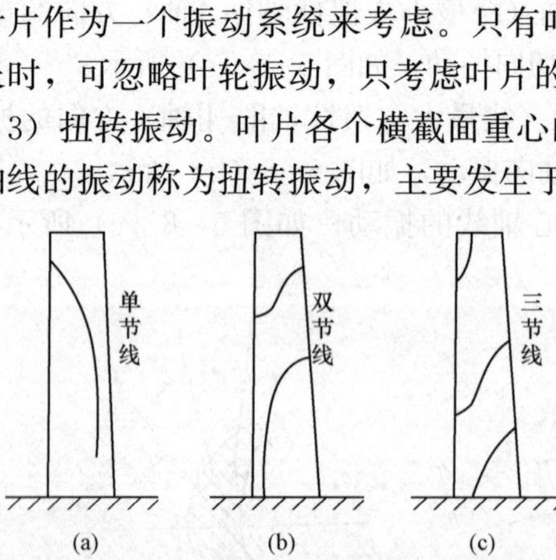

图5-11　单个叶片的扭转振动1～3阶振型示意
(a) T_1 型；(b) T_2 型；(c) T_3 型

当叶片受到一个绕着轴线来回变化的交变扭矩共振时，形成一阶振型，所有截面发生同方向的往复扭转，顶部转角最大，这时叶片中不扭转的线为节线，称为 T_1 型，见图5-11（a）；叶片上下两部分的扭转方向可相反，称二阶振型、双节线及 T_2 型，见图5-11（b）；依此类推，图5-11（c）为三阶振型、三节线及 T_3 型。对应的各阶扭转振动自振频率，随节线增多而增大。

（2）叶片组的振型。叶片组中的叶片同样会产生弯曲振动和扭转振动。弯曲振动有切向和轴向两种形式。切向弯曲振型同样分为A型和B型。

1）叶片组切向A型弯曲振动。叶片组A型振动叶顶产生位移，且组中各叶片保持同频振动，振动的幅度和相位都相同。按照自振频率由低到高，叶身上节点逐渐增加，如图5-12所示。依次为A_0、A_1、A_2……型振动，其中A_0型最危险。当叶身上有拉金时，节点往往在拉金附近。

由于围带（或拉金）的影响，叶片组A型的自振频率与相同尺寸的单个叶片频率不同。可能大于也可能小于单个叶片的自振频率。

2）叶片组切向B型弯曲振动。叶片组的B型振动，由于组内叶片振动的相位不同，其同一阶次的振动中有不同的振动型式，归结为两类B型振动。

叶片组内左半边和右半边相应的叶片振型是对称的，如图5-13（a）所示。叶片组中心线两侧等距离的叶片振动相位相反，即叶片组中心线两侧等距离叶片对围带的作用力刚好相反，称为B_{01}型振动（第一类对称）。B_{01}型振动叶片数为奇数时，中间叶片保持不动。

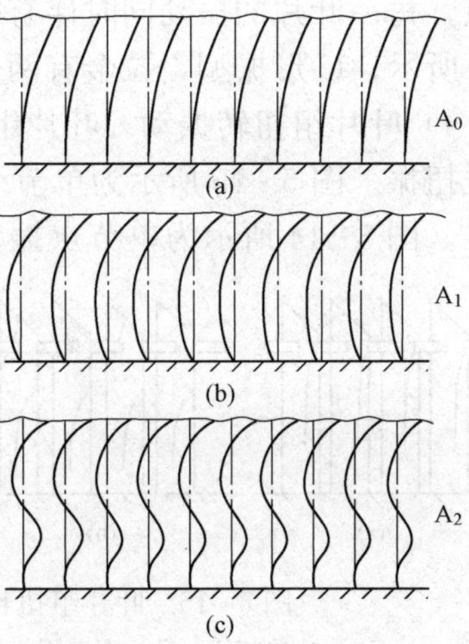

图5-12　叶片组A型1～3阶振型示意

（a）A_0型；（b）A_1型；（c）A_2型

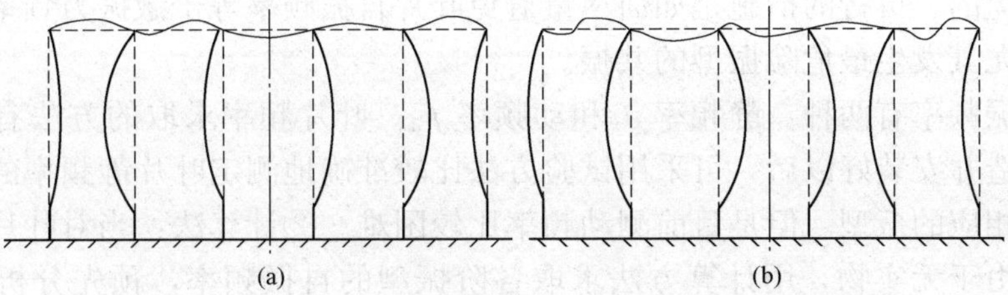

图5-13　叶片组切向B_0型弯曲振动振型示意

（a）B_{01}型；（b）B_{02}型

第一个叶片和最末一个叶片、第二个叶片和倒数第二个叶片…，它们做同样的振动，如图5-13（b）所示。即叶片组中心线两侧等距离的叶片振动相位相同，中心线左侧叶片对围带作用力基本平衡，右侧亦然，称为B_{02}型振动（第二类对称）。

B型振动，围带不动，不起统一各叶片振动相位的作用，组内各叶片振动频率不同，所有叶片振动频率都避开激振力频率比较困难，共振区的范围较大。

以上讨论的叶片和叶片组切向振动，随着激振力的频率逐渐提高，将交替出现A型和B型振动，自振频率依次增高，即$f_{A_0}<f_{B_0}<f_{A_1}<f_{B_1}<f_{A_2}\cdots$。低阶次振动，振幅较大，叶片内的动应力较大，因此$A_0$、$B_0$、$A_1$型是最危险的振型，通常在叶片的安全校核中主要考虑这几种振型。更高频率的振型由于振幅小，即使出现危险性也较小。

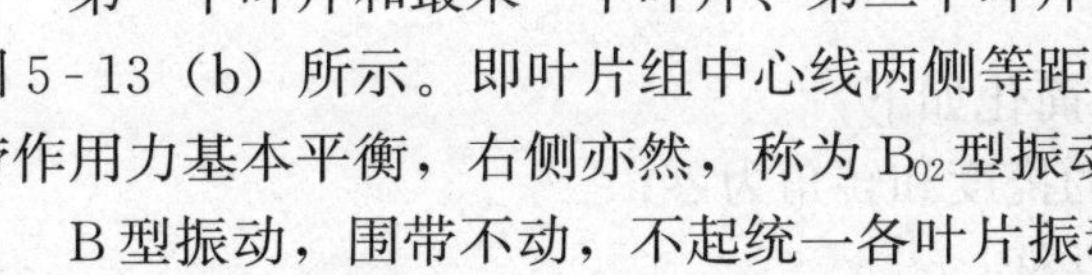

图5-14　叶片组轴向振动

（a）轴向X形；（b）轴向U形

3）叶片组轴向弯曲振动。轴向振动要与叶轮的轴向振动共同分析，同组中两部分叶片各做反方向振动，围带上出现不振动的节点，每一叶片的振动同时伴有叶片的扭转振动。X形振型，拉金有一个节点，如图 5 - 14（a）所示；U形振型，拉金有两个节点，如图 5 - 14（b）所示。

4）叶片组扭转振动。叶片组扭转振动也分为两类：一类是组内各个叶片的扭振，又称节线扭振。图 5 - 15 所示为单节线、双节线与三节线扭振；另一类是叶片组扭振，又称节点扭振，图 5 - 14 所示为单节点振动与双节点振动，其为轴向振动中伴随出现的各叶片的扭振，如图 5 - 15 所示。

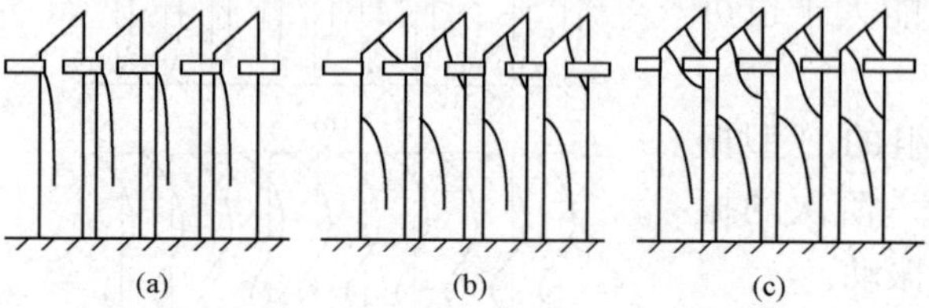

图 5 - 15　叶片组扭转振动
（a）单节线；（b）双节线；（c）三节线

一般主要讨论切向振动，因为切向振动是绕叶片最小主惯性轴的振动，即使很小的激振力也可能激发相当严重的振动；蒸汽对叶片作用力的方向几乎都是这个方向。因此，切向振动容易发生且比较危险，特别是低频的 A_0、B_0、A_1型。

4. 叶片自振频率的计算

汽轮机运行时，激振力是不可能完全消除的，只能尽量减少或降低，因此叶片发生强迫振动是不可避免的。可行的措施是如何尽量避免叶片自振频率等于激振力频率或为其整数倍而发生共振，尤其发生最危险振型的共振。

叶片的自振频率有两种：静频率 f 和动频率 f_d。叶片频率求取的方法有两类。①试验法：当叶片制造并安装好以后，可采用试验方法比较准确地测定叶片静频率的数值，对于长叶片还可测取相应的振型。但是目前测动频率比较困难。②计算法：当对叶片进行改型或设计新叶片时，由于无实物，用计算方法求取各阶振型的自振频率，预先分析是否会发生共振，以选择最佳的设计方案。

叶片自振频率的计算方法：首先根据叶片的结构及实际工作情况作出假定，得出简化的力学模型，然后根据模型列出微分方程式，求出它的通解。再由叶片的边界条件确定积分常数，最后求出符合假定条件下的叶片自振频率。

（1）叶片弯曲振动的微分方程。力学模型简化如下：

1）叶片根部为刚性固定，即根部截面处的挠度和转角为零；

2）叶片看作一个由无限个质点组成的弹性杆；

3）叶片只在一个平面内振动，只考虑其弯曲变形，不考虑剪切力、扭矩产生的变形对弯曲变形的影响；

4）不考虑周围介质和材料内部阻尼对振动的影响；

5）不考虑离心力对振动的影响，即计算的是叶片弯曲振动的静频率。

叶片可认为是弹性梁，当叶片受到外界脉冲力作用后，叶片发生弯曲自由振动。叶片振动时各点的挠度 y（某时刻叶片质点相对于平衡位置的位移）是时间 τ 和叶高 x 的函数，叶片的挠度曲线（各点挠度的连线），如图 5 - 16 所示。由于叶片振动是简谐振动，因此叶片振动挠度曲线可以用下式来描述：

$$y = y_0 \cos(\omega_p \tau + \alpha) \tag{5 - 3}$$

式（5 - 3）中，y_0 为叶片处于最大位移时的挠度曲线，即振幅的连线，又称为振型曲线，它与时间无关，是叶高 x 的函数，即 $y_0 = y_0(x)$；ω_p 为叶片振动的圆频率，计算式为

$\omega_p=2\pi f$，f 为频率，Hz；α 为振动的初相位角。

叶片受力分析：叶片做自由振动，没有外力作用。在振动的任一瞬间，弹性力和惯性力 $\left[q(x)=-ma=-\rho A_x\dfrac{\partial^2 y}{\partial\tau^2}\right]$ 总是大小相等，方向相反，互相平衡。虽然在振动的过程中惯性力是随时间变化的，但弹性力也相应变化，它们之间总是维持平衡。

根据达朗伯原理，一个非自由质点系运动时，作用于该质点系的主动力系（激振力系）、约束反力系与质点系的惯性力系在形式上组成平衡力系。叶片做自由振动时，主动力系为零，弹性力系是内力，不用考虑，故只有约束力系和惯性力系。

可以把叶片视为在惯性力系 q 作用下、受约束的静止梁，惯性力系以单位长度上的分布载荷 q 表示，如图 5-16 所示。

在梁上任取一微段 dx，在微段上所受的力矩如图 5-17 所示。距叶根 x 处，其弯矩为 M，切力为 Q。当距叶根的距离变化 dx 时，弯矩和切力随之变化，即微段右边的弯矩 M_1 和切力 Q_1 为

$$M_1=M+\frac{\partial M}{\partial x}dxQ_1=Q+\frac{\partial Q}{\partial x}dx$$

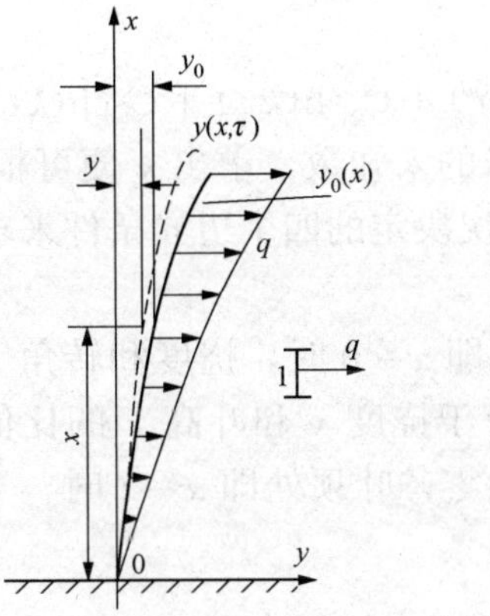

图 5-16　叶片自振的挠度曲线

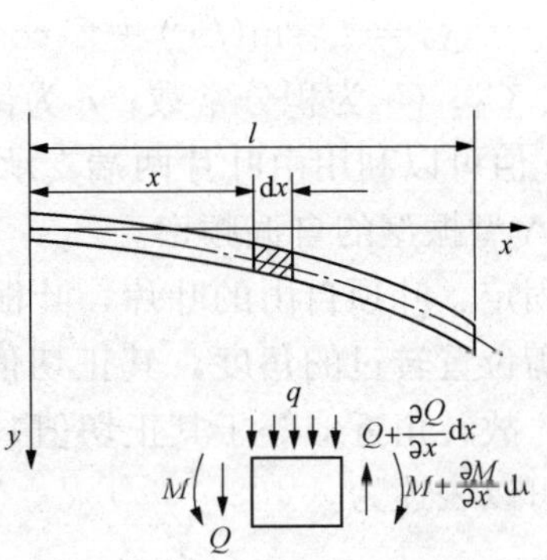

图 5-17　叶片振动受力分析

根据微段受力平衡，可以分别写出力和力矩的平衡关系式，即

$$\sum F=0;\ Q+qdx-\left(Q+\frac{\partial Q}{\partial x}dx\right)=0 \tag{5-4}$$

$$\sum M=0;\ M+qdx\frac{dx}{2}+Qdx-\left(M+\frac{\partial M}{\partial x}dx\right)=0 \tag{5-5}$$

由式（5-4）可得 $\dfrac{\partial Q}{\partial x}=q$；由式（5-5）并略去二次微分项，可得 $\dfrac{\partial M}{\partial x}=Q$，则有

$$\frac{\partial^2 M}{\partial x^2}=\frac{\partial Q}{\partial x}=q=-\rho A_x\frac{\partial^2 y}{\partial\tau^2} \tag{5-6}$$

由材料力学知，当挠度较小时弯矩和挠度的关系为

$$M=EI_x\frac{\partial^2 y}{\partial x^2} \tag{5-7}$$

式中：E 为材料弹性模量，GPa；ρ 为材料密度，kg/m^3；I_x 是距叶根 x 处叶型截面的惯性矩，m^4；A_x 是距叶根 x 处叶型截面面积，m^2。

结合式（5-6）和式（5-7）可得叶片弯曲振动的微分方程为

$$\frac{\partial^2}{\partial x^2}\left(EI_x\frac{\partial^2 y}{\partial x^2}\right)+\rho A_x\frac{\partial^2 y}{\partial \tau^2}=0 \tag{5-8}$$

叶片弯曲振动的微分方程可用于求解等截面叶片的自振频率和振型；对变截面叶片，由于沿叶高 A_x 和 I_x 是变化的，直接解上式在数学上有困难，故变截面叶片的自振频率在工程上用能量法计算。

（2）等截面叶片自振频率计算。对等截面叶片沿叶高 A_x 和 I_x 是不变的，则式（5-8）可以改写为 $EI\frac{\partial^4 y}{\partial x^4}+\rho A\frac{\partial^2 y}{\partial \tau^2}=0$，将式（5-3）分别对 x 和 τ 求偏导并代入上式得

$$\frac{\partial^4 y_0}{\partial x^4}-\frac{\rho A\omega_p^2}{EI}y_0=0 \tag{5-9}$$

令

$$k^4=\frac{\rho A\omega_p^2}{EI}\text{或}(kl)^4=\frac{\rho Al^4}{EI}\omega_p^2 \tag{5-10}$$

因 y_0 与时间无关，结合式（5-10），则式（5-9）改写为

$$\frac{d^4 y_0}{dx^4}-k^4 y_0=0 \tag{5-11}$$

式（5-11）的通解为

$$y_0=C_1\sin(kx)+C_2\cos(kx)+C_3\text{sh}(kx)+C_4\text{ch}(kx) \tag{5-12}$$

式中：C_1、C_2、C_3、C_4 为积分常数；k 为待求的未知数，求出 k 便可根据式（5-10）求得自振圆频率，k 值可以利用由叶片两端支承情况决定的四个边界条件来求得。

下面求解 A 型振型的自振频率。

对于叶根固定、叶顶自由的叶片，叶根处即 $x=0$ 时，挠度和转角（转角即叶片振动过程中，相对平衡位置转过的角度，其正切值等于挠度 y 和叶高 x 的比值；因叶根附近叶片弯曲角度很小，故转角近似等于其正切值）为零；叶顶处即 $x=l$ 时，弯矩和切力为零。因此，边界条件可以表述为

1）当 $x=0$，$(y_0)_{x=0}=0$，$\left(\frac{dy_0}{dx}\right)_{x=0}=0$；

2）当 $x=l$，$(M_0)_{x=l}=0$，故 $\left(\frac{d^2 y_0}{dx^2}\right)_{x=l}=0$；$(Q_0)_{x=l}=0$，故 $\left(\frac{d^3 y_0}{dx^3}\right)_{x=l}=0$。

将边界条件代入式（5-12），最后求得包含未知数 k 的频率方程式为

$$\cos(kl)=-\frac{1}{\text{ch}(kl)}=-\text{sech}(kl) \tag{5-13}$$

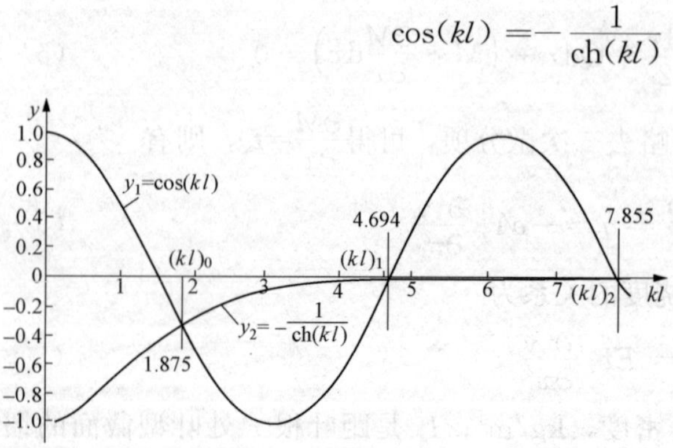

图 5-18 频率方程图解法

令 $y_1=\cos(kl)$，$y_2=-\frac{1}{\text{ch}(kl)}$用图解法解该方程，如图 5-18 所示。可得到无穷多个解。

由式（5-10），可得自由振动的圆频率为

$$\omega_p=\sqrt{\frac{(kl)^4 EI}{\rho Al^4}}=\sqrt{\frac{(kl)^4 EI}{(\rho Al)l^3}}=(kl)^2\sqrt{\frac{EI}{ml^3}}$$

式中：$m=\rho Al$ 为参与振动的叶片质量。

因此自振频率公式为

$$f=\frac{\omega_{\mathrm{p}}}{2\pi}=\frac{(kl)^2}{2\pi}\sqrt{\frac{EI}{ml^3}}=\frac{(kl)^2}{2\pi}\sqrt{\frac{EI}{\rho Al}} \tag{5-14}$$

（kl）的一系列值已经求得，故对应不同阶次的自振频率可由（kl）值代入式（5-14）求得，如等截面叶片的 A_0 型自振频率如下：

$$f_{A_0}=\frac{1.875^2}{2\pi}\sqrt{\frac{EI}{ml^3}}=\frac{1.875^2}{2\pi}\sqrt{\frac{EI}{\rho Al^4}} \tag{5-15}$$

对结构尺寸相同的等截面自由叶片，其他振型（如 A_1、A_2…）的自振频率与 A_0 型自振频率的比值 φ 之间的关系为

$$\varphi_1:\varphi_2:\cdots:\varphi_n=(kl)_1^2/(kl)_0^2:(kl)_2^2/(kl)_0^2:\cdots:(kl)_n^2/(kl)_0^2=6.27:17.55:34.39:\cdots$$

因此任一振型的自振频率都可以用 A_0 型频率值来表示：

$$f_{A_n}=\varphi_n f_{A_0}=\varphi_n\frac{1.875^2}{2\pi}\sqrt{\frac{EI}{ml^3}} \tag{5-16}$$

由以上推导可得以下结论：

1）由于频率方程的特征根有无穷多个，则连续质量分布的弹性体就有无穷多个自振频率；

2）叶片自振频率只与结构尺寸（A、I、l）和材料性能（E、ρ）有关，与激振力大小无关；

3）通过改变叶片的抗弯刚度 EI 和叶片质量 m，可以改变叶片的自振频率；

4）叶片的抗弯刚度 EI 越大、质量 m 越小、高度 l 越低，频率就越高；反之，频率就越低。

（3）叶片组自振频率的计算。等截面叶片组振动时，要受到围带或拉金的反作用，使其自振频率有别于单叶片。对于每个叶片，依然认为是自由振动的弹性梁。与单个等截面叶片自振频率的计算相比，相同之处是振动微分方程式（5-11）、通解式（5-12）和自振频率计算式（5-14）相同。不同之处是安装围带或拉金后，一方面，围带或拉金弯曲变形产生的反弯矩，相当于提高抗弯刚度，提高自振频率；另一方面，围带或拉金的质量增加了叶片惯性质量，使自振频率降低；受此影响频率计算的边界条件有所变化，故可以归结为受到附加反弯矩及惯性质量作用的自由叶片计算。

1）等截面叶片组B型振动自振频率计算。边界条件有多种可能性，与叶顶的连接牢固度有关。以下只讨论两种极端情况，实际频率值介于两种极端情况之间。

a. 叶顶刚性固定。设叶片顶端与围带之间完全刚性固定，与根部相同，都是挠度为零，转角为零。此时边界条件表述为

①当 $x=0$，$(y_0)_{x=0}=0$，$\left(\frac{\mathrm{d}y_0}{\mathrm{d}x}\right)_{x=0}=0$；②当 $x=l$，$(y_0)_{x=l}=0$，$\left(\frac{\mathrm{d}y_0}{\mathrm{d}x}\right)_{x=l}=0$。

将边界条件代入式（5-12），得频率方程式为

$$\cos(kl)=\frac{1}{\mathrm{ch}(kl)} \tag{5-17}$$

用图解法可求得频率方程式的一系列根：

$$(kl)_0=4.730,\ (kl)_1=7.853,\ (kl)_2=10.966,\ (kl)_3=14.137,\ (kl)_4=17.28\cdots$$

将（kl）的一系列值代入式（5-14）求得一系列B型振动自振频率值，如

$f_{B_0}=\frac{4.730^2}{2\pi}\sqrt{\frac{EI}{ml^3}}$，它们与单个等截面叶片$A_0$型自振频率之比为$\phi_n=f_{B_n}/f_{A_0}=6.364$、17.542、34.393、56.848、84.935…

b. 叶顶铰链连接。围带与叶片顶端连接不牢固时，相当于用铰链连接，此时叶顶不能移动，但是可以自由转动，所以围带不弯曲，围带给叶片的反弯矩为零，即$M_s=0$，此时边界条件表述为

①当$x=0$，$(y_0)_{x=0}=0$，$\left(\frac{dy_0}{dx}\right)_{x=0}=0$；②当$x=l$，$(y_0)_{x=l}=0$，$\left(\frac{d^2y_0}{dx^2}\right)_{x=l}=0$。

将边界条件代入式（5-12），得频率方程式

$$\tan(kl)=\text{th}(kl) \tag{5-18}$$

用图解法可求得频率方程式的一系列根

$(kl)_0=3.927$，$(kl)_1=7.069$，$(kl)_2=10.21$，$(kl)_3=13.35$，$(kl)_4=16.49$…

将（kl）的一系列值代入式（5-14）求得一系列B型振动自振频率值，如

$f_{B_0}=\frac{3.927^2}{2\pi}\sqrt{\frac{EI}{ml^3}}$，它们与单个等截面叶片$A_0$型自振频率之比为$\phi_n=f_{B_n}/f_{A_0}=4.387$、14.214、29.652、50.694、77.346…

应该指出：叶片组振动时围带总要弯曲变形，故实际B_0自振频率与单个叶片A_0型自振频率之比介于4.387和4.88之间，远低于叶顶用围带刚性固定时的6.364，即不可能用围带将叶片完全刚性固定。

2）等截面叶片组各种振动频率的计算。对用围带联成的叶片组的自振频率进行计算时，振动微分方程式（5-11）仍然适用。根部固定端，挠度和转角都为零，叶顶受到围带弯曲产生的反弯矩M_s和围带质量往复振动的惯性力Q_s，如图5-19所示。边界条件可以表述为

①当$x=0$，$(y_0)_{x=0}=0$；②当$x=0$，$(dy_0/dx)_{x=0}=0$；③当$x=l$，$(M_0)_{x=l}=-M_s$；④当$x=l$，$(Q_0)_{x=l}=-Q_s$。

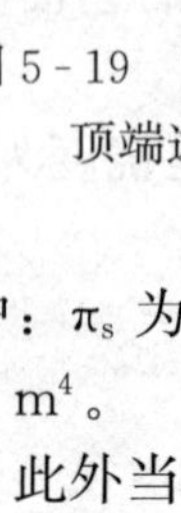

图5-19 围带成组叶片顶端边界条件

可以把叶片组简化为叶片顶部作用了一个弯矩和一个切力的单个叶片一样来考虑，余下的问题是怎样求得M_s和Q_s。

根据《汽轮机原理》教材中叶片静强度计算一节中给出的关于围带反弯矩计算的公式，并考虑到振动时挠度y不仅是叶高x的函数，而且是时间τ的函数，故写成偏导数的形式，围带的反弯矩表达式为

$$M_s=\pi_s\frac{EI_0}{l}\left(\frac{\partial y}{\partial x}\right)_l \tag{5-19}$$

式中：π_s为叶片组的反弯矩系数，反映围带对叶片的相对刚度；I_0为根部截面的最小主惯性矩，m^4。

此外当叶片振动时，叶顶的围带也做往复振动。围带往复运动的惯性力作用在叶片顶部，使叶片顶部截面产生切力，其大小为一个叶顶节距长度围带质量的惯性力，即

$$Q_s=-m_s\left(\frac{\partial^2 y}{\partial \tau^2}\right)_l \tag{5-20}$$

式中：m_s为一个节距围带的质量，kg。

根据材料力学知识，弯矩、切力与挠度的微分关系为

$$(M_0)_{x=l}=-M_s=EI\left(\frac{\partial^2 y}{\partial x^2}\right)_l,(Q_0)_{x=l}=-Q_s=EI\left(\frac{\partial^3 y}{\partial x^3}\right)_l$$

将式（5-19）和式（5-20）代入上两式后可得

$$\left.\begin{aligned}\left(\frac{\partial^2 y}{\partial x^2}\right)_l&=-\frac{\pi_s}{l}\left(\frac{\partial y}{\partial x}\right)_l\\\left(\frac{\partial^3 y}{\partial x^3}\right)_l&=\frac{m_s}{EI}\left(\frac{\partial^2 y}{\partial \tau^2}\right)_l\end{aligned}\right\}\tag{5-21}$$

式（5-21）为等截面叶片组的第三和第四边界条件的偏微分形式。对挠度曲线公式 $y=y_0\cos(\omega_p\tau+\alpha)$ 求导，分别求出 $\left(\frac{\partial y}{\partial x}\right)_l$、$\left(\frac{\partial^2 y}{\partial x^2}\right)_l$、$\left(\frac{\partial^3 y}{\partial x^3}\right)_l$、$\left(\frac{\partial^2 y}{\partial \tau^2}\right)_l$，将结果代入式（5-21）得到第三和第四边界条件的常微分形式：当 $x=l$ 时，$(\mathrm{d}^2y_0/\mathrm{d}x^2)_l=-\pi_s\ (\mathrm{d}y_0/\mathrm{d}x)_l/l$；当 $x=l$ 时，$(\mathrm{d}^3y_0/\mathrm{d}x^3)_l=-m_s\omega_p^2(y_0)_l/(EI)$。

根据上述所得的四个边界条件及式（5-12），可得围带联结的等截面叶片组的频率方程式为

$$\pi_s=\frac{\alpha_s[\mathrm{ch}(kl)\sin(kl)-\mathrm{sh}(kl)\cos(kl)]-\frac{1}{kl}[1+\mathrm{ch}(kl)\cos(kl)]}{\frac{1}{kl}[\mathrm{ch}(kl)\sin(kl)+\mathrm{sh}(kl)\cos(kl)]-\alpha_s[1-\mathrm{ch}(kl)\cos(kl)]}kl\tag{5-22}$$

式中：α_s 为一个节距围带的质量 m_s 与一个叶片的质量 m 之比，即 $\alpha_s=m_s/m$。

注：式（5-22）实际包含了频率方程式（5-13）、式（5-17）和式（5-18）等各种特殊情况，例如对自由叶片没有围带，即 $\alpha_s=0$ 和 $\pi_s=0$，代入式（5-20）即得式（5-13）。

对于结构尺寸已经确定的叶片组，π_s 和 α_s 均为定值。从频率方程式中解出其无穷多个根值 kl，代入式（5-14）即求出各阶频率值。但是，为了应用方便，通常将叶片组任一阶自振频率 f_n 与结构尺寸相同的单个叶片 A_0 型自振频率 f_{A_0} 之比写成 $\varphi_n=f_n/f_{A_0}$。叶片组任一阶自振频率 f_n 的计算式为

$$f_n=\varphi_n f_{A_0}=\varphi_n\frac{(1.875)^2}{2\pi}\sqrt{\frac{EI}{ml^3}}\tag{5-23}$$

φ_n 值与振动的阶次及围带的结构尺寸（α_s、π_s 值）有关。A_0、B_0、A_1 型振动的 φ_n 与 α_s、π_s 的关系曲线，如图 5-20 所示。根据叶片的结构尺寸算出 α_s 和 π_s 后，利用这些曲线查出 φ_n，便可利用式（5-23）算出叶片组 A_0、B_0、A_1 型振动的自振频率。

结论：①当叶片用围带连接成组后刚性和质量都增加。刚性（π_s）增加使自振频率提高，质量（α_s）增加使自振频率降低。因此，叶片组的 A 型自振频率可能比单个叶片的高也可能低。取决于 α_s、π_s 的综合影响，有可能 $\varphi_n>1$ 或 <1。

②B 型振动围带刚性和质量的变化，对自振频率的影响不大。

以图 5-20 中 B_0 型为例。φ_n 只是在一个狭小的范围内变化，比 A_0，A_1 的 φ_n 值变化范围要小得多，说明围带的结构不同，对 B_0 型自振频率影响不大。因为叶片组作振动时，叶顶基本不动，围带变形及质量影响较小，不同围带的差别显示不出来；

B_0 型的两条曲线上没有标注 α_s。两条线间的区域表示 B_0 型自振频率的变化范围。这不是由围带的质量不同所引起，是由于 B 型振动时组内各个叶片振动相位不同，自振频率也略有差异产生。

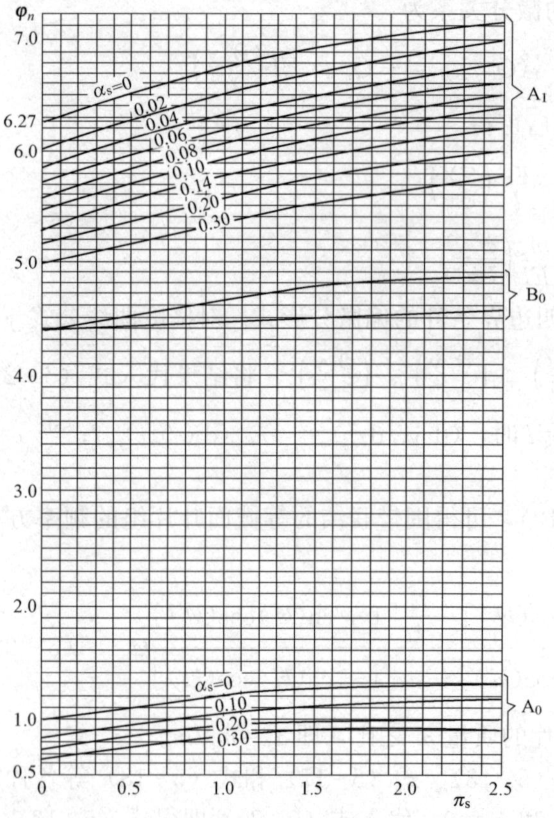

图 5-20 围带连接的叶片组 A_0、B_0、A_1 型振动的 φ_n 与 π_s 和 α_s 的关系

③对于结构尺寸已确定的叶片组，自振频率的升高有一定的规律，将交替出现 A_0、B_0、A_1 及 B_1 型。

3）拉金连接的叶片组自振频率的计算。对于用拉金连成的叶片组，振动微分方程式（5-11）同样适用，只是边界条件不同。叶根刚性固定，位移和转角为零；叶顶无约束，弯矩和切力为零；拉金处受到拉金变形产生的反弯矩和反复振动产生的惯性力。将这些边界条件代入式（5-12），得到频率方程式，解出一系列的 kl 值，然后算出用拉金成组的等截面叶片的各阶 A 型自振频率。

为了应用方便，求出任一阶自振频率与单个叶片 A_0 型振动频率的倍数 $\varphi_w = f_n / f_{A_0}$，$\varphi_w$ 与 π_w（拉金成组叶片的反弯矩系数）、α_w（一个节距的拉金质量与一个叶片质量之比）、l_1/l（拉金相对高度）有关，将这些变量曲线化，根据叶片的结构尺寸就可以方便的算出各阶自振频率。拉金成组叶片的 A_0、A_1 型 φ_w 曲线，如图 5-21 所示。

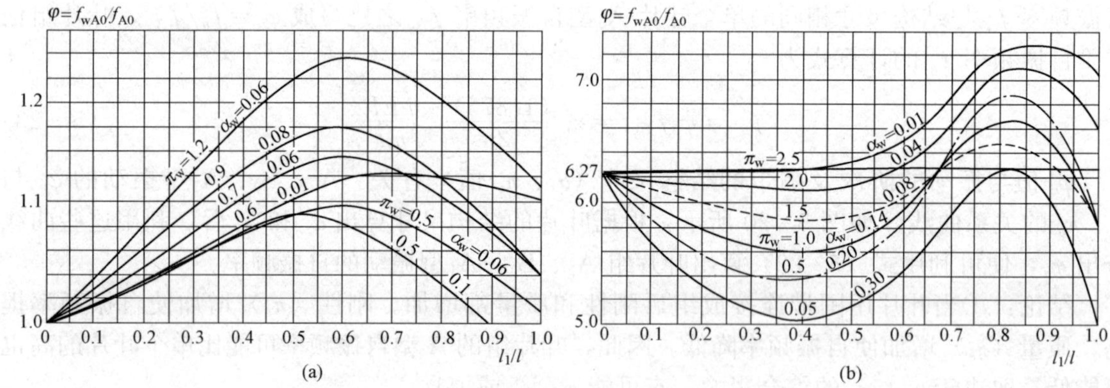

图 5-21 不同拉金位置下叶片组的自振频率

(a) A_0 型；(b) A_1 型

由图 5-21 可知：

①自振频率与振型有关。振型不同，φ_w 值大小范围相差很大，A_0 型约为 1～1.25，A_1 型约为 5～7.2；

②自振频率与拉金位置有关。一方面由于拉金受迫弯曲成波浪形，相应产生一个反弯矩

作用于叶片，以提高叶片的刚度，使自振频率提高。另一方面，由于拉金质量参与振动，增大了叶片的惯性，使自振频率降低。综合作用的结果，对 A_0 型振动，拉金位置在 0.6l 附近时，φ_w 最大。若拉金安装位置偏低，这时虽然拉金质量的影响减少，但由于在较低位置，叶片转角较小，拉金变形较小，反弯矩小。因此，自振频率较 0.6l 处低；若拉金安装位置偏高，这时叶片转角大，拉金变形较大，反弯矩大。但是同时振动位移也较大，拉金质量带来的惯性力增大更快，自振频率反而降低。对 A_1 型振动，振动节点一般在 0.8l 附近，拉金在该位置时惯性力的影响可以忽略，自振频率最高。所以，通过改变拉金的位置可以改变叶片组的自振频率；

③自振频率与拉金本身的质量和刚度有关。安装在相同的高度，质量 α_w 越小，刚度 π_w 越大，则 φ_w 越大。同样质量下，若选用空心拉金（减轻质量）或加强连接牢固度（提高刚度系数）都能使自振频率提高。

（4）变截面叶片自振频率的计算。由于变截面叶片的叶型截面积和惯性矩沿叶高是变化的，很难用简单的函数关系表达。因此，不能用解析法求解其自振频率。在工程中，常用能量法（瑞利法）或初参数法近似计算单个变截面叶片自振频率。

能量法一般只能求出 A_0 型弯曲振动的自振频率。它以能量守恒为理论基础，如图 5 - 22 所示。叶片做无阻尼自由振动的任何时刻，总能量保持不变，即在任一瞬间动能和位能之和为常数，即

$$T_{\max} = V_{\max} = T + V = \text{const}$$

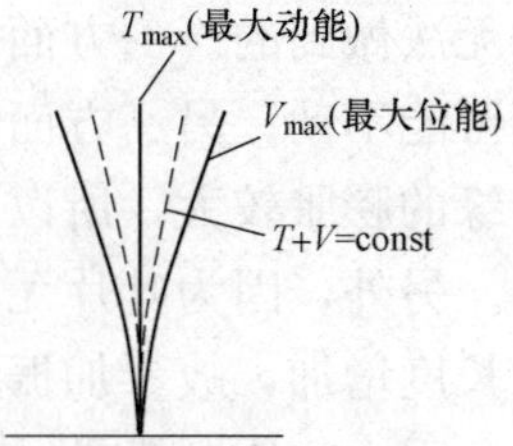

图 5 - 22　叶片振动时的能量转换

动能与速度有关，而简谐运动（叶片振动为简谐运动）的速度与圆频率有关。因此，可由式（5 - 3）叶片振动挠度曲线公式，经过求导得到振动速度表达式，进而得到通过平衡位置时的最大振动速度，最后得到最大动能与圆频率的表达式。根据材料力学相关知识，最大弹性位能最终可以表达为与极限位置时的振型曲线相关的积分式。根据能量法的原理，就可以得到 A_0 型自振频率为

$$f_{A0} = \frac{\omega_p}{2\pi} = \frac{1}{2\pi}\sqrt{\frac{\int_0^l EI_x\left(\frac{d^2 y_0}{dx^2}\right)^2 dx}{\int_0^l \rho A_x y_0^2 dx}} \tag{5-24}$$

若已知叶型截面积 A_x、惯性矩 I_x 以及 y_0 沿叶高 x 的变化规律，可利用式（5 - 24）计算出叶片自振频率。叶片截面积变化曲线一般已由叶片成型计算时求得，而振型曲线 y_0 未知，需要进行假定。这种假定必然带来计算上的误差，精度取决于假定曲线形状与实际振型曲线的接近程度。在实际计算时，常采用叶片工作时受到的均布气流力 q 作用下，所产生的静挠度曲线来代替振型曲线 y_0，计算自振频率略高于真实值 2%左右。

初参数法可以用来计算变截面叶片各种振动的自振频率和相应的振型，还可以计算多支点多跨轴系的临界转速，但是计算过程比较复杂，可利用软件进行计算。

初参数法的基本原理如下：将变截面叶片简化为一段段带集中质量，各段刚度相同的阶梯直杆，通过试凑法求叶片振动频率。

对于结构尺寸已确定的、在一定支承边界条件下的叶片有确定的自振频率。即叶片以自振频率做自由振动时，必须满足终端的边界条件。任选一自振频率 ω，求出叶片各段振动时的惯性载荷，并将该载荷作用在叶片上，通过材料力学方法，利用叶片根部（初始端）固定

的边界条件，按照力学递推公式，求得叶片任一截面的力学参数。如切力 Q、弯矩 M、转角、挠度。这样逐段推算，一直推算到叶片的顶端（终端）。如果顶端满足边界条件，则假设的频率为叶片的自振圆频率；如果不满足边界条件，必须另假设频率重新试凑，直到满足边界条件为止。这种计算方法，由于任一截面的力学参数可以用初始端的力学参数表示，并通过初参数进行计算，因此，称为初参数法。

（5）自振频率理论计算值的修正。在进行叶片自振频率的计算时，包括建模和为求解积分常数设定边界条件时，做过若干假定。因此，必须对理论计算结果进行相应修正。其中简化力学模型中的假定 1）～4）用叶根紧固修正系数修正，针对假定 5）提出动频率的概念，此外如果求解自振频率理论值时使用的弹性模量 E 为常温下的值，还需要用温度修正系数修正。

1）温度修正系数。自振频率计算式（5-14）中，叶片材料的弹性模量 E 随工作温度升高而降低，修正方法有两种：①使用实际工作温度下材料的弹性模量 E_t，代入公式计算；②使用常温弹性模量 E_0 计算自振频率，然后用温度修正系数 $K_t=\sqrt{E_t/E_0}$ 进行修正。注意：实测叶片静频率也是在室温下进行的，也需要进行温度修正。对于在高温下工作的透平级叶片，温度对自振频率的影响很大。而对汽轮机低压级叶片这种影响比较小。

2）叶片根部牢固修正系数。进行建模时，假设叶根刚性固定，但实际上绝对刚性固定是无法做到的。一方面叶根与轮缘是弹性体，而且厚度有限，受力后会发生弹性形变，根部不可能不动；另一方面，根部与轮缘槽及相邻叶根之间不可能完全紧密贴合，再加之高温下轮缘的膨胀较大，所以，在离心力和激振力作用下，叶根的位移和转角不为零，即刚性减小。另外，因为叶片无法做到绝对刚性固定，叶身振动要延伸到叶根，相当于叶片振动部分的长度增加，故参加振动的质量变大。这些影响都使叶片的自振频率降低。

引入叶片根部牢固修正系数 K 对自振频率理论计算值进行修正。K 由试验确定，它是反映叶片连接刚性、切力、扭转、阻尼等因素对自振频率影响的一个综合性修正系数，用 K-λ 曲线来表示。$\lambda=l/i$ 称为叶片的柔度，l 为叶高；i 为叶片的惯性半径，$i=\sqrt{I/A}$；I 为叶型截面的最小惯性矩；A 为叶片截面面积，对变截面叶片，I 和 A 可以取平均截面上的值。图 5-23 所示为 A_0 振型 K 值和叶根形状的关系，A_1 振型根部牢固修正系数，如图 5-24 所示。

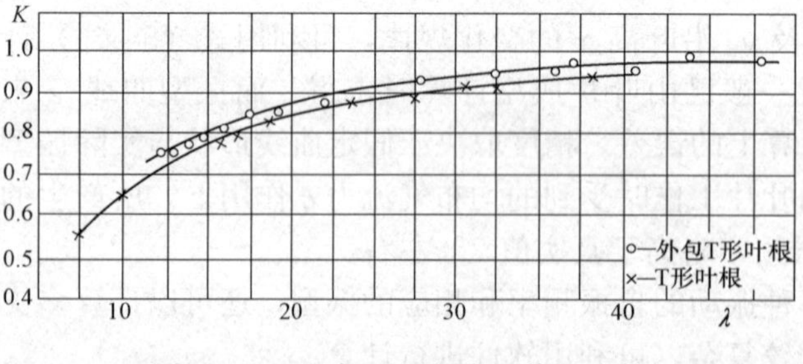

图 5-23　A_0 振型根部牢固修正系数

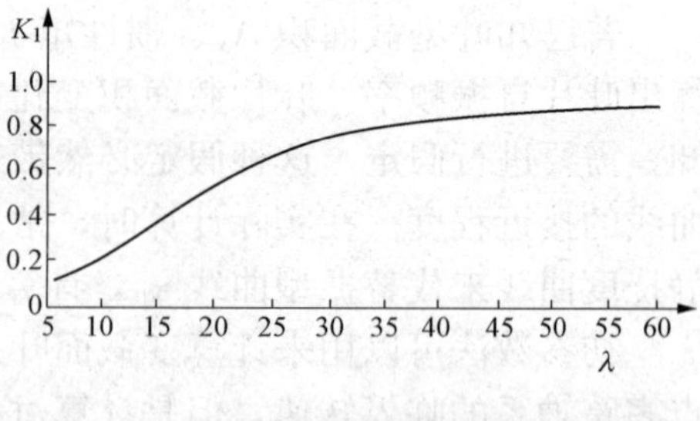

图 5-24　A_1 振型根部牢固修正系数

由图 5-23 和图 5-24 可知，K 值有如下特点：

①对 A_0 振型，不同叶根型式，K 值也不相同；相同 λ 下外包 T 形叶根的 K 值大于 T 形叶根，如图 5-25 所示。相比 T 形叶根，外包 T 形叶根的凸肩能阻止轮缘张开，提高叶根连接牢固度。

②不同振型的 K 值不同；随着阶次提高，叶根紧固程度的影响变小，剪切力及转动惯量的影响增大，如图 5-24 所示。A_1 振型 K 值不区分叶根型式。

③叶片越长，叶根牢固度对自振频率的影响就越小，叶片越短，影响就越大。当叶片较长且 $\lambda>40$ 时，K 值接近 1 且基本不变；当 $\lambda<20$ 时，K 值较小。

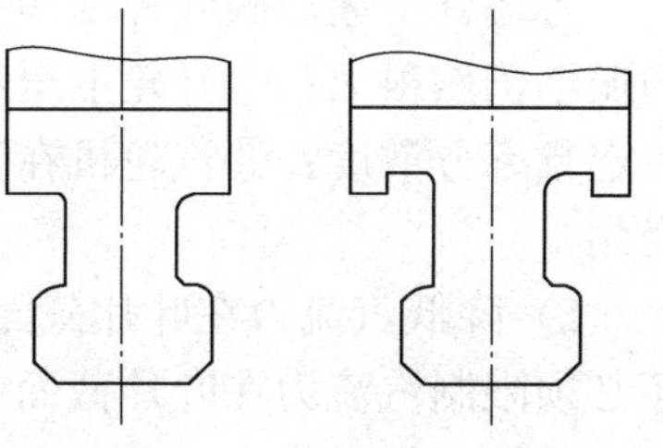

(a)　(b)

图 5-25　T 形叶根的两种结构

（a）T 形叶根；（b）外包 T 形叶根

经过温度和叶根牢固度修正后，单个等截面叶片 A_0 型的实际自振静频率为

$$f'_{A_0}=K_tK\frac{0.56}{l^2}\sqrt{\frac{EI}{\rho A}} \tag{5-25}$$

3）叶片的动频率。处于工作状态的叶片，因振动偏离平衡位置时，作用在叶片上的力，不仅有叶片本身的弹性力，而且还有离心力，如图 5-26 所示。由离心力产生的附加弯矩 M 阻止振动叶片的弯曲变形，相当于增加了叶片的刚性，因此使叶片自振频率增加。

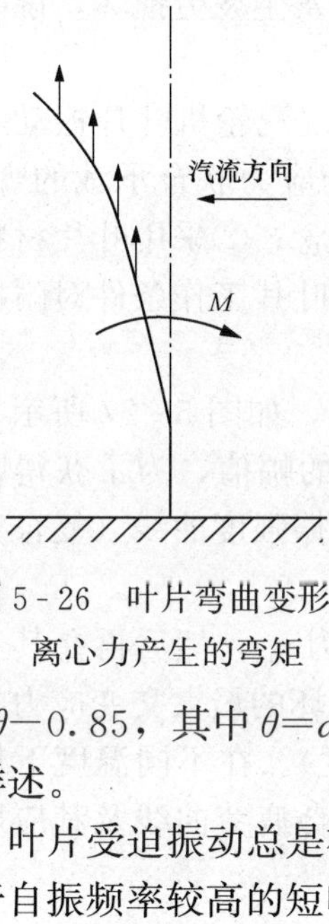

图 5-26　叶片弯曲变形后离心力产生的弯矩

随着转速的升高，离心力也增大，动频率也就越高，因此叶片的动频率是与转速有关的。动频率可以按照式（5-26）计算，即

$$f_d=\sqrt{f^2+B_bn^2} \tag{5-26}$$

式中：f_d 为叶片动频率，Hz；f 为叶片静频率，Hz；B_b 为动频系数；n 为叶轮转速，r/s。

由式（5-14）可知自振频率的平方正比于叶片的刚性（恢复力），叶片旋转时的恢复力包括弹性力和离心力。因此，式（5-26）可以理解为动频率的平方等于静频率（只考虑了弹性力）的平方加上离心力引起的自振频率增量的平方。

由于动频系数 B_b 与振型、叶片结构等许多因素有关，目前只能用经验公式来计算。例如：对等截面叶片 A_0 型：$B_b=0.8\theta-0.85$，其中 $\theta=d_m/l$ 为叶片的径高比。其他结构叶片和其他振型的动频系数公式，不再详述。

叶片受迫振动总是在工作状态下发生，因此进行动强度校核时应该采用叶片的动频率。对于自振频率较高的短叶片以及高阶次的振动，由于叶片振动变形小，离心力对频率的影响较小。因此，对自振频率较高的短叶片、B_0 和 A_1 型振动可以忽略离心力对频率的影响。

5. 叶片动强度的安全准则

叶片的断裂事故大多数是由于叶片振动所致。这是因为叶片工作时受到汽流激振力作用产生受迫振动，以致产生相当大的动应力，使叶片疲劳损坏。针对叶片的主振型，采取合理有效的措施，保证叶片的振动安全性，是叶片动强度安全准则和调频的主要研究内容。

（1）叶片动强度校核新旧准则的特点。20 世纪 50 年代开始，我国对汽轮机叶片的安全评价一直沿用苏联 1941 年第三届叶片与叶轮会议通过的标准，简称旧标准。

旧标准基本上是调频叶片校核准则，其中提高叶片振动安全性的主要措施包括：

1）调整叶片自振频率和激振力频率，避免叶片产生共振。避免共振就要调整叶片自振频率和激振力频率使得它们不相等，并避开一定的范围。主要是避开比较危险的主振型。

考虑到下述原因叶片动频率和激振力频率还必须避开一定的频率范围：①在共振点附近的振幅仍然很大；②叶轮上全部叶片由于制造和装配误差，自振频率不可能完全相同，而有一定频率分散度；③汽轮机在某一工况下的转速不可能稳定不变，即允许频率在一定范围内变化。

2）降低汽流力在叶片截面中产生的静弯曲应力，以减小动应力。除了调开危险共振外，还必须限制汽流力在叶片截面中产生的静弯应力来提高叶片的振动安全性。虽然动应力不能准确计算，但动应力的理论表达式表明：动弯应力与汽流静弯应力成比例。因此，限制汽流静弯应力可以降低汽流激振力引起的动应力。在进行叶片强度校核时，除了校核由离心拉应力、离心弯应力和汽流弯应力组成的合成静应力外，还需要单独校核汽流弯应力。用增加叶片横截面积的办法，可以限制汽流弯应力不超过许用汽流弯应力。

旧标准最明显的问题是孤立地考核叶片的强度和振动，对叶片的静应力和动应力采用分别校核的办法。这种校核办法虽然考虑了动应力问题，但没有综合考虑叶片的实际受力状态，即承受静应力的基础上叠加一交变的动应力。此外旧标准还忽视叶片工作条件对动应力和材料耐振强度的影响。以上原因致使某些叶片即使符合旧标准，仍发生疲劳损坏，说明旧标准不够合理。

我国从 1977 年开始指定新的叶片振动安全准则，1980 年完成了《汽轮机叶片振动强度安全准则》的制定工作，简称新准则。新准则比较充分地体现了静动应力联合承载的观点。其主要特点：①采用表征叶片抵抗疲劳破坏能力的安全倍率这一新概念；②采用叶片材料在静动载荷联合作用下的耐振强度来衡量叶片的动强度，并考虑了实际叶片工作条件对耐振强度以及静应力（蒸汽弯曲应力）的影响。

（2）耐振强度曲线介绍及其应用。叶片在工作时的实际受力状态，如图 5－27 所示。σ_m 表示叶片承受的平均应力（静应力）；σ_d 表示叶片承受的交变动应力的幅值，为了获得叶片材料在这种静动联合承载条件下的疲劳强度指标，需要作出材料的耐振强度曲线（复合疲劳强度曲线）。

在一定温度下取 $\phi 6$ 无缺口试件，在空气中施加一个纯弯曲静应力 σ_m，然后再在其上叠加一个交变弯曲应力，确定不同 σ_m 值下该材料承受 10^7 次循环而不破坏的最大交变应力幅值 σ_a^*，得到一条 $\sigma_m-\sigma_a^*$ 曲线。σ_a^* 即为材料的耐振强度（复合疲劳强度）。在不同温度下作同样的试验，便可得到一组该材料的复合疲劳曲线。图 5－28 所示为复合疲劳曲线及其应用方法示例。

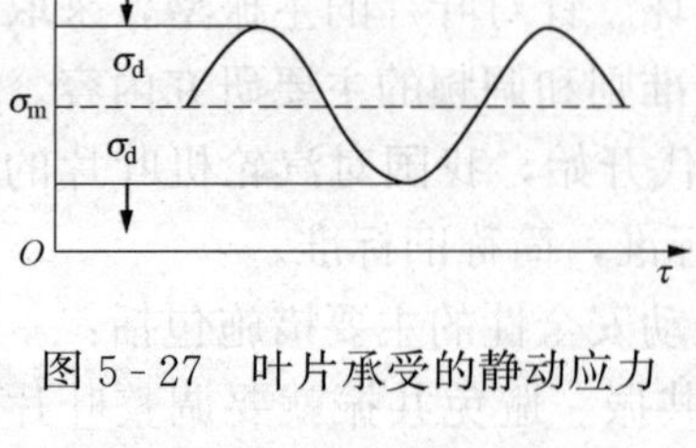

图 5－27　叶片承受的静动应力

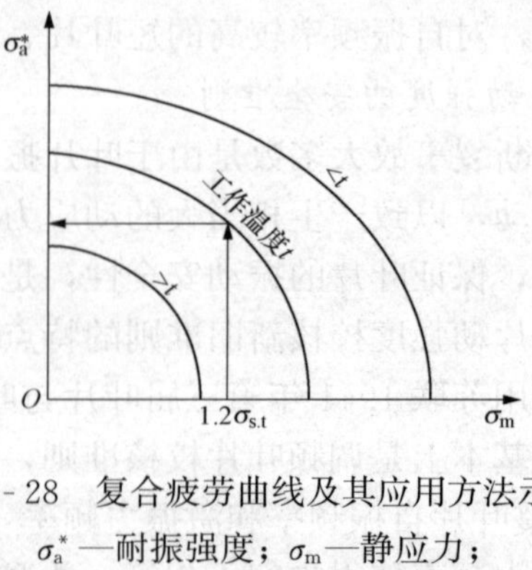

图 5－28　复合疲劳曲线及其应用方法示例

σ_a^*—耐振强度；σ_m—静应力；

$\sigma_{s,t}$—叶片计算截面总静应力

由图 5-28 可知，承受动应力的能力与静应力大小有关，在同一工作温度下，σ_m 越大，σ_a^* 越小，材料承受动应力的能力就越差。随着工作温度升高，材料承受静动应力的能力减小。曲线与纵轴的交点，$\sigma_m=0$，σ_a^* 达到最大值，表示不同温度下材料的疲劳极限。曲线与横坐标的交点表示达到不同温度下材料的屈服极限，再无余力来承受动载荷，即 $\sigma_a^*=0$。实际叶片材料的复合疲劳强度曲线见相关资料。

校核叶片动强度时，可根据静应力 σ_m 和工作温度 t，查出其耐振强度 σ_a^*。必须强调的是，耐振强度试验时材料是“弯-弯”受力状态，而实际叶片工作时为“拉-弯”受力状况，与试验工况相比，相同温度和静应力下的耐振强度会降低。为此应用复合疲劳曲线时，应如图 5-28 所示，将叶片计算截面上总的静应力 $\sigma_{s.t}$ 乘以 1.2 作为平均应力 σ_m，即

$$\sigma_m = 1.2\sigma_{s.t} = 1.2(\sigma_c + \sigma_{c.p} + \sigma_{s.b}) \tag{5-27}$$

式中：σ_c、$\sigma_{c.p}$ 和 $\sigma_{s.b}$ 分别为计算截面上的离心拉应力、离心弯曲应力和蒸汽弯曲应力。

(3) 不调频叶片动强度校核原则——安全倍率的概念。不调频叶片对振动频率没有限制，允许共振状态下运行，对它的安全评价，主要应判明在叶片共振时的动应力幅值 σ_d 是否在许用耐振强度值以内，即

$$\sigma_d \leqslant \frac{\sigma_a^*}{n_s} \tag{5-28}$$

式中：n_s 为安全系数。

一般认为叶片的激振力幅值正比于作用在该叶片的蒸汽弯曲应力，而动应力是激振力引起的。因此，叶片的动应力幅值 σ_d 也正比于蒸汽弯曲应力，即

$$\sigma_d = C_d\sigma_{s.b} \tag{5-29}$$

式中：C_d 为动应力系数，与叶片结构、阻尼特性、振动类型、共振阶次及激振力水平等因素有关；$\sigma_{s.b}$ 为叶片振动方向的蒸汽弯曲应力。

将式 (5-28) 代入式 (5-29) 得

$$\frac{\sigma_a^*}{\sigma_{s.b}} \geqslant C_d n_s \tag{5-30}$$

式 (5-30) 中，$C_d n_s$ 值至今还不能用理论计算方法确定。但 σ_a^* 和 $\sigma_{s.b}$ 可通过材料试验和计算确定。实际应用中必须考虑各种因素对 σ_a^* 和 $\sigma_{s.b}$ 的影响，即应对它们进行修正，因此用修正后的 $\sigma_a^*/\sigma_{s.b}$ 比值作为评价动强度的指标，称为安全倍率，用 A_b 表示，即

$$A_b = \frac{k_1k_2k_d\sigma_a^*}{k_3k_4k_5k_\mu\sigma_{s.b}} = \frac{(\sigma_a^*)}{(\sigma_{s.b})} \tag{5-31}$$

式中：k_1 为介质腐蚀修正系数；k_2 为叶片表面质量修正系数；k_3 为应力集中修正系数；k_4 为通道修正系数；k_d 为尺寸修正系数；k_u 为叶片成组影响系数；k_5 为流场不均匀修正系数。以上各修正系数见相关教材或资料。

在式 (5-31) 中，由于动应力与蒸汽弯曲应力成正比，因此安全倍率 A_b 反映了叶片材料能够承受的动应力和叶片实际承受的动应力的相对比值的大小。A_b 值大，则表示叶片动强度安全裕量大；A_b 值小，则表示叶片动强度安全裕量小或不足。

由式 (5-30) 和式 (5-31) 可知，$A_b=\frac{(\sigma_a^*)}{(\sigma_{s.b})}\geqslant C_d n_s$，才能保证不调频叶片的振动安全性。然而 $C_d n_s$ 值至今还不能用理论计算方法，实践中是通过对大量运行叶片进行统计分析，找到叶片安全和危险的界限值，即安全倍率界限值，又称许用安全倍率，用 $[A_b]$ 表示。

由此，可以得到一个判别不调频叶片的安全准则，其安全条件为

$$A_b \geqslant [A_b] \tag{5-32}$$

叶片发生不同振型的振动，以及是否发生共振，所产生的动应力幅值是不同的。因此，各种振型以及叶片是否发生共振时的许用安全倍率 $[A_b]$ 应该是不同的。下面分别介绍三种主振型的不调频叶片的许用安全倍率的确定。

1）允许切向 A_0 型与低频激振力 kn 共振的第一种不调频叶片。对于长期安全运行的叶片，根据叶片的工作条件具体算出 A_b 值及 k 值，k 为振动倍率，$k=f_d/n$；运行时发生事故的叶片，也可算出 A_b 值及 k 值；把它们都标在 A_b-k 坐标系中，如图 5-29 所示。在长期安全运行的叶片数据与共振损坏的叶片数据点间，有一条较明显的分界线，位于该曲线以上的 A_b 值的叶片是安全的，位于该曲线以下的 A_b 值的叶片是危险的，这条分界线上的点成为不同 k 值下的许用安全倍率界限值 $[A_b]$。图 5-29 中，振动倍率 k=5、6、7、13 时，曲线下面也有安全点，所以，把曲线上 A_b 值定义为许用安全倍率。这对某些振动倍率的个别叶片是偏于保守的，也是偏于安全的。

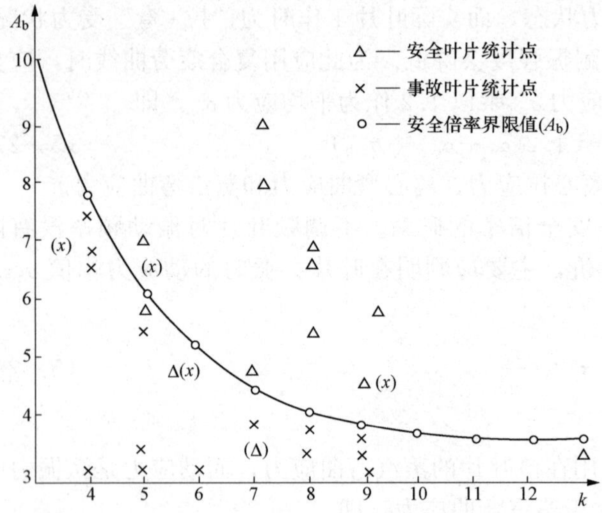

图 5-29 第一种主振型 A_b 与 k 的关系曲线

新准则对第一种主振型的不调频叶片所推荐的许用安全倍率值 $[A_b]$，见表 5-1。当 k=2 时，不采用不调频叶片，而用调频叶片避开共振，以确保叶片安全运行。

表 5-1 不调频叶片切向 A_0 型与低频激振力 kn 共振的 $[A_b]$ 值

k	2	3	4	5	6	7	8	9	10	11	12
$[A_b]$	—	10.0	7.8	6.2	5.0	4.4	4.1	4.0	3.9	3.8	3.7

2）允许切向 B_0 型高频激振力 $z_n n$ 共振的第二种不调频叶片。共统计 14 种汽轮机类型，15 种叶片都是事故叶片。从统计分析中看出，叶片损坏的严重程度与安全倍率 A_b 的大小有密切关系。计算的叶片 A_b 越小，越危险。

①$A_b<6$ 时，事故频繁；$A_b>8$ 时，事故偶然；②$A_b>9.8$ 时，运行十年以上发生断裂。

因此新准则对第二种不调频叶片的许用安全倍率推荐取 $[A_b]=10$。

3）允许切向 A_0 型与高频激振力 $z_n n$ 共振的第三种不调频叶片。第三种主振型发生在短叶片级，因此，分为全周进汽级和部分进汽级讨论。

对于全周进汽级，在相同激振力下，A_0 型振动的动应力为 B_0 型的 4 倍，因此全周进汽的 $[A_b]$ 约为 40。考虑统计安全叶片的最小 A_b 值为 53，缺乏事故叶片的统计值，所以准则推荐为 $[A_b]=45$。

对于部分进汽级，在同样的进汽量下，其激振力比全周进汽级的激振力要大，其 $[A_b]$

值也大些。按目前统计的安全叶片，最低 $A_b=58$，同样由于缺乏事故叶片的数据，故准则推荐 $[A_b]=55$。

（4）调频叶片的安全准则。保证调频叶片长期安全运行需要满足以下两个条件：①主振型动频率避开激振力频率一安全范围；②安全倍率大于某一许用值，即 $A_b \geqslant [A_b]$。

由理论力学的有阻尼受迫振动幅频特性曲线可知，满足条件①时，叶片的振幅迅速减小，即意味着叶片的动应力大为减小。所以，可取较小的许用安全倍率值。相同条件下，调频叶片的 $[A_b]$ 值比不调频叶片的 $[A_b]$ 值小许多。

调频叶片新准则适用于两种叶片：第一种调频叶片，即切向 A_0 型自振频率调开低频激振力频率 kn；第二种调频叶片，即切向 B_0 型自振频率调开高频激振力频率 $z_n n$。

1）切向 A_0 型自振频率与低频激振力频率 kn 的避开要求和安全倍率。第一种调频叶片只能避开振动倍率 $k=2\sim6$ 的低频激振力频率，原因如下：①因动频系数 $B_b>1$，当 $n=50\text{r/s}$ 时，$f_d>50\text{Hz}$，故 $k\neq1$；②当 $k\geqslant7$ 时，$f_d\geqslant350\text{Hz}$，考虑到允许 8% 的频率分散度，即使把叶片频率设计为 $f_d=375\text{Hz}$，频率偏差可达 28Hz。即叶片频率可在 375Hz 基础上，向上或向下分散 28Hz，仍有个别叶片的频率为 350Hz 或 400Hz，无法避开 50Hz 的整数倍共振。但运行时不允许任一叶片损坏。因此，$k\geqslant7$ 时，只能制成不调频叶片。

第一种调频叶片应满足避开低频激振力频率 kn 至少 7.5Hz，为保证同一级所有叶片在允许的频率分散度和转速波动范围内，都满足避开要求。设工作转速下叶片动频率 f_d 介于 kn 与 $(k-1)n$ 之间，叶片的频率特性，如图 5-30 所示。以 $k=3$，$k-1=2$ 为例，可推出动频率与激振力频率之间的避开要求应满足以下两式，即

$$\left.\begin{aligned} f_{d1}-(k-1)n_1 &\geqslant 7.5\text{Hz} \\ kn_2-f_{d2} &\geqslant 7.5\text{Hz} \end{aligned}\right\} \tag{5-33}$$

式中：n_1、n_2 为汽轮机转速变化的上下限值，$n_1=50.5\text{r/s}$，$n_2=49.0\text{r/s}$；f_{d1} 为工作转速为 $n_1=50.5\text{r/s}$ 时，点 A 的最低动频率，Hz；f_{d2} 为工作转速为 $n_2=49.0\text{r/s}$ 时，点 C 的最高动频率，Hz。

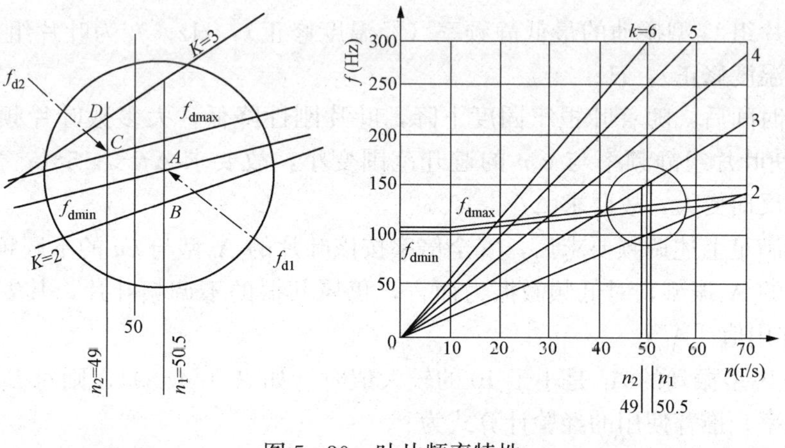

图 5-30　叶片频率特性

式（5-33）的分析推导过程如下，图 5-30 中有倍率线 5 根（$k=2\sim6$），倍率线上每点的频率数均是转速 n 的倍数。两根曲线 f_{dmax} 和 f_{dmin} 分别是最大与最小动频率线，根据式（5-26）计算可得两线上位于纵坐标上（$n=0$）的频率是最大和最小静频率。如图 5-30 中

左侧的局部放大图所示，转速变化范围 n_1 和 n_2 形成的两条垂线与两条动频率变化曲线包围的四边形区域，为汽轮机工作时该级动叶可能的动频率范围。其中与 $(k-1)n$ 激振力频率最接近的动频率为 $n_1=50.5\text{r/s}$ 时的最低动频率 f_{d1}（A 点），与 kn 激振力频率最接近的动频率为 $n_2=49.0\text{r/s}$ 时的最高动频率 f_{d2}（C 点）。因此，只要点 A 与点 B 之间和点 C 与点 D 之间的频率差大于等于 7.5Hz，则所有可能的动频率都满足避开要求。

同时，该调频叶片的安全倍率还应大于表 5-2 推荐的许用安全倍率值，只有这样才能保证调频叶片的安全性。

表 5-2 调频叶片 A_0 型振动的［A_b］值

k		2～3	3～4	4～5	5～6
［A_b］	自由叶片	4.5	3.7	3.5	3.5
	成组叶片	3			

比较表 5-1 与表 5-2 可见，振动倍率 k 相近，即两者动频率相近（并非相等）时，调频叶片安全倍率 A_b 比不调频叶片小许多。由式（5-31）可知，若工作条件相同（各修正系数相同），叶片材料 σ_a^* 相同，则调频叶片的蒸汽弯应力 $\sigma_{s.b}$ 比不调频叶片的必然大许多，即前者叶型截面尺寸可减小许多。

2）切向 B_0 型振动频率与高频激振力频率 $z_n n$ 的避开要求和安全倍率。当要求某叶片的动频率避开高频激振力频率时，该叶片的静频率已经很高，动频率与其静频率已很接近。例如，$f_d=\sqrt{f^2+B_b n^2}=\sqrt{2000^2+12\times50^2}=2007(\text{Hz})$，可见 $f_d\approx f$，所以新准则中用静频率代替动频率。B_0 型频率避开率的要求如下：

$$\left.\begin{aligned}&\text{当 } f_1>z_n n \text{ 时，}\Delta f_1=\frac{f_1-z_n n}{z_n n}\times100\%>15\%\\&\text{当 } f_2<z_n n \text{ 时，}\Delta f_2=\frac{z_n n-f_2}{z_n n}\times100\%>12\%\end{aligned}\right\}\tag{5-34}$$

式中：f_1为叶片组 B_0 型振动的最低静频率（经温度修正），Hz；f_2为叶片组 B_0 型振动的最高静频率（经温度修正），Hz。

运行一段时间后，随着叶根牢固度下降，叶片刚性降低，大多数叶片频率要下降。当 $f_1>z_n n$ 时，使叶片组静频率与 $z_n n$ 的避开范围变小，故要求 $\Delta f_1>15\%$；当 $f_2<z_n n$ 时，频率避开范围反而变大，故要求 $\Delta f_2>12\%$。

B_0 型振动满足上述调频要求后，安全倍率按该叶片的 A_0 型与 kn 的不调频叶片确定。因为这种叶片组的 A_0 振型，对低频激振力而言，仍属共振的不调频叶片，其安全倍率不应低于表 5-1 的许用值［A_b］。

当叶片组 B_0 型振动的 A_b 是小于 10 的较大值时（如 $A_b=4\sim9$），则对 B_0 型振动的调频叶片频率避开率，推荐使用的经验计算式为

$$\left.\begin{aligned}\Delta f_1&=18-A_b\\\Delta f_2&=15-A_b\end{aligned}\right\}\tag{5-35}$$

对式（5-35）中的 A_b 进行计算时，取修正系数 $k_5=k_\mu=1$。A_b 较大说明动强度裕量较大，频率避开率可取得小些，这是根据振动理论综合考核的必然结果。

6. 叶片调频和减少动应力的措施

(1) 叶片调频。当叶片的自振频率不符合频率避开率的要求，而安全倍率又不能满足不调频叶片的要求时，应对叶片进行调频。通过改变叶片的自振频率或激振力频率，使它们不相等并错开一定安全范围，称为调频。改变激振力的频率，例如改变喷嘴数，改变抽汽口位置和数目等会对整级甚至整机的热力特性造成影响。因此，调频一般优先考虑改变叶片频率。

叶片调频之前，首先应检查安装质量，确认频率分散度 Δf 是否满足不大于 8%的要求。当分散度过大时，应检查叶根、围带和拉金的安装质量，直至检查这些部件的加工质量。只有当频率分散度合格而频率仍不合格时，才考虑进行调频。

一般来说，凡是能影响叶片自振频率的诸因素，都可作为调频手段。由式 (5-14) 可知，影响自振频率的基本物理量是刚度、质量和长度。改变长度会影响热力特性，因此，较少使用。改变刚度和质量是调频的常用手段。增加刚度和减小质量使自振频率提高，反之则降低。

电厂现场调频常用的方法有以下几种：①重新安装叶片，改善安装质量；②增加叶片与围带或拉金的连接牢固度；③加大拉金直径；④增加拉金数目；⑤改变成组叶片数目；⑥增设拉金或围带；⑦叶顶钻孔；⑧改用空心拉金；⑨采用长弧围带（叶片组长度等于激振力谐波的一个或多个周期长度时，称其为长弧叶片组，其围带称为长弧围带）。

叶片成组后，组内叶片的动应力减小到单个叶片动应力的 μ_k 倍，μ_k 称为成组系数，μ_k 越小，则叶片动应力越小。常用方法中的第 9 项机理为通过选择合适的组内叶片数，使成组系数 μ_k 趋于零，从而降低叶片动应力。

(2) 减小动应力的措施。除了调开危险振型的共振和增加安全倍率 A_b 值（增大叶片横截面积相应减小汽流弯应力）外，减小激振力和增加阻尼也同样可以减小动应力。

1) 减小激振力。减小激振力的主要原则是减小喷嘴出口汽流的不均匀程度，以及使流入动叶的汽流尽可能的均匀化。

减小汽流激振力可以采用的方法：减小喷嘴出汽边的厚度，可以减小尾迹区，从而减小汽流的激振力；改进隔板的结构和制造工艺。至于部分进汽引起的激振力，其数值很大，但又很难减小。因此，应尽量少采用部分进汽；此外，对于大功率汽轮机，低负荷时采用两个调节阀同时开启，其目的之一是为了减小调节级动叶的动应力。

2) 增加叶片阻尼。增加叶片阻尼也是减小叶片动应力，提高叶片振动安全性的措施之一。特别是对变转速汽轮机，在汽轮机转速变化范围内，要避开所有低阶共振往往不可能，因此，增加叶片阻尼显得更加重要。

可行的措施是增大与叶片联结的零件固定处的摩擦阻尼，该原理的应用实例有：松拉金和整圈自锁阻尼长叶片等。

5.3.3　汽轮机转子的振动

汽轮发电机转子是一个结构非常复杂的弹性系统，它由汽轮机转子、发电机转子和励磁机转子组成。它除了受静载荷作用外，还受到转子质量不平衡引起的振动、轴承油膜失稳产生的油膜振荡以及电网扰动引起发电机气隙扭矩变化而产生的轴系扭振等作用。前者属于弯扭联合作用下的静强度问题，后者属于转子动力学问题。

汽轮机转子的振动是设计、制造和运行部门最关心的问题之一。它可能是横向（垂直转子轴线方向）、轴向或扭转振动，也可能是以上几种情况的组合。通常转子振动以横向为主。

由于转子质量不平衡产生的离心力常常是横向的，且转子横向抗弯刚度较小。因此，转子容易发生横向弯曲振动。本节主要讨论汽轮机转子质量不平衡引起的弯曲振动。

1. 转子临界转速概念

转子临界转速的实质：在汽轮机转子制造和装配的过程中，不可避免的会存在局部的质心偏移。当转子转动时，质心偏移产生的离心力就成为一种周期性的激振力作用在转子上，使转子产生受迫振动。当激振力的频率（等于转子每秒的转数）和转子系统转动条件下自振频率相接近的时候，转子就会产生共振。此时转子的转速就称为转子的临界转速。

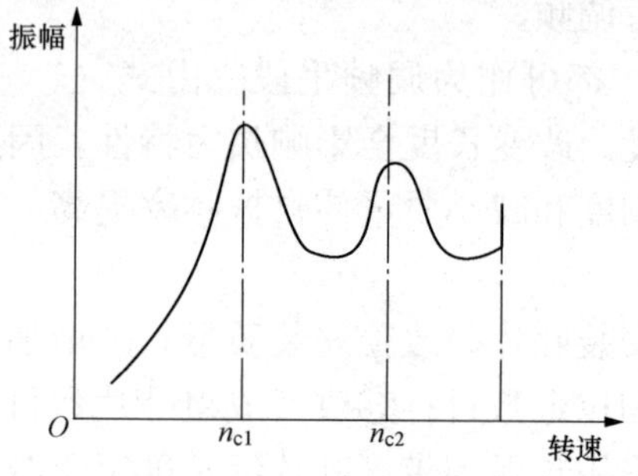

图 5-31　存在一、二阶不平衡分量时的振幅与转速的关系曲线

临界转速在运行中表现为，汽轮机转速升高到 n_{c1} 时，转子会发生强烈振动，轴承座的振幅明显增加；转速高于 n_{c1} 后，振幅减小，并趋于平稳；转速继续升高至 n_{c2} 时，振幅又增加，转速高于 n_{c2} 后，振幅又减小，如图 5-31 所示。如果转子在临界转速下运行，使转子振动加剧。特别在转子平衡较差的情况下振动剧烈，可能导致叶片碰伤或折断，轴承和汽封损坏，甚至使轴断裂造成重大事故。因此，为了保证安全运行，机组的工作转速应当避开各阶临界转速。汽轮机不允许在临界转速及其附近长期停留。在启停过程中，挠性转子应当使机组迅速通过临界转速。

转子根据其工作转速 n_0 与第一阶临界转速 n_{c1} 的关系，可分为刚性转子和挠性转子（或柔性转子）。$n_0 < n_{c1}$ 为刚性转子，$n_0 > n_{c1}$ 为挠性转子。现代汽轮机转子，有用挠性的，也称有用刚性的。随着机组容量的增大，轴向长度相应增加，但轴径增加不多，所以 6MW 以上的机组都采用挠性转子。

若挠性转子的工作转速介于 n_{c1} 与 n_{c2} 之间，则临界转速应满足下列安全要求：$1.4n_{c1} < n_0 < 0.7n_{c2}$。对刚性转子，第一临界转速一般应为 $n_{c1} = (1.25 \sim 1.8)n_0$。

由于汽轮机转子的结构非常复杂，在此不可能对实际汽轮机转子进行振动特性分析。为了掌握转子振动的基本特性，下面以单个轮盘转子为例，阐明转子振动中的一些共同特征。

2. 单个轮盘转子的横向自由振动

假设有一立轴，有弹性而无质量，轮盘位于中间，整个转子的质量为 m，质心位于轮盘中心 s 上，转子轴线与两轴承连线 o_1—o_2 相重合，如图 5-32（a）所示。当转子静止时，点 s 与轴承连线 o_1—o_2 的中点 o 相重合，取点 o 为坐标原点的直角坐标系 xoz，x 轴为轮盘径向，z 轴与转子轴线一致。

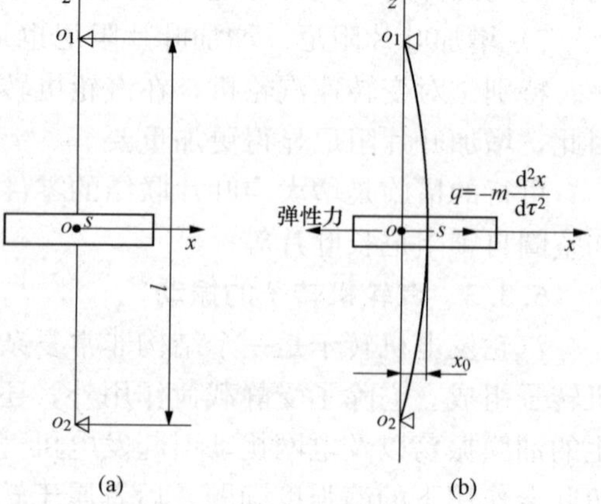

图 5-32　单轮盘转子示意

(a) 转速为零；(b) 转速大于零

0 时刻，在 x 轴方向转子受到激振力的扰动，使 s 偏离点 o 产生 x_0 的初位移，如图 5-32（b）所示。去除激振力，转子在弹性恢复力和惯

性力作用下开始做横向自由振动。若不考虑阻尼对振动的影响，则点 s 在平衡点 o 周围做等幅周期运动（与叶片自由振动相仿）。

设点 s 在振动过程中任一时刻的位移为 x，则振动的瞬时加速度 $a=-m\dfrac{\mathrm{d}^2x}{\mathrm{d}\tau^2}$，轴的刚度系数 $k=48EI/l^3$（即产生单位挠度所需的力）。根据振动中弹性恢复力和惯性力平衡的关系得出

$$\frac{\mathrm{d}^2x}{\mathrm{d}\tau^2}+\frac{k}{m}x=0 \tag{5-36}$$

令

$$\omega_{p_1}^2=\frac{k}{m} \text{或} \omega_{p_1}=\sqrt{\frac{k}{m}} \tag{5-37}$$

则

$$\frac{\mathrm{d}^2x}{\mathrm{d}\tau^2}+\omega_{p1}^2x=0 \tag{5-38}$$

式中：ω_{p1} 为转子自由振动圆频率，rad/s。

式（5-38）为二阶齐次方程，其解为

$$x=A\cos(\omega_{p1}\tau+\alpha) \tag{5-39}$$

式中：A 为振幅，m；τ 为时间，s；α 为初相位角，rad。

设 τ 时刻时，振动的位移为 $x_\tau=A\cos(\omega_{p1}\tau+\alpha)$，经过一个周期 T 后，即 $\tau+T$ 时刻，振动位移可表示为 $x_{\tau+T}=A\cos[\omega_{p1}(\tau+T)+\alpha]=A\cos[\omega_{p1}\tau+\alpha+2\pi]$，可得周期 $T=\dfrac{2\pi}{\omega_{p1}}$，表明 ω_{p1} 为转子自由振动圆频率是符合实际情况的。

因此，自振频率计算式为

$$f_1=\frac{\omega_{p1}}{2\pi}=\frac{1}{2\pi}\sqrt{\frac{k}{m}}=\frac{1}{2\pi}\sqrt{\frac{48EI}{ml^3}} \tag{5-40}$$

式中：E 为材料弹性模量，GPa；I 为主轴截面对任一轴的惯性矩，m^4；m 为整个转子质量，kg；l 为转子跨度，m。

式（5-40）只适用于单轮盘弹性系统的最低一阶自振频率的计算。转子的自振频率只与质量 m、刚度系数 EI 和长度 l 有关，它为转子的固有属性，与初始条件无关，即与激振力大小无关。而 A、α 由初始条件决定，代入不同的初位移 x_0 和初速度 v_0，得到不同的解。

3. 单轮盘转子的强迫振动及其涡动现象

仍以单个轮盘转子为例来讨论，如图 5-33 所示。转子的质心 c 与其轴线几何中心 s 存在偏心距 e。在转子以角速度 ω 旋转时，产生的离心力 $me\omega^2$ 使轴产生弹性变形，使转子发生强迫振动，暂不考虑阻尼因素对振动的影响。

图 5-33（a）所示为转子静止（$\omega=0$）时的情况。此时，无偏心质量离心力，转子未变形，s 与轴承连线的中点 o 重合。

图 5-33（b）所示为转速 ω 小于转子一阶临界角速度 ω_{c1} 的情况。偏心离心力 $me\omega^2$ 使轴弯曲变形，点 s 沿轮盘径向产生位移 os，令 $\overrightarrow{os}=\vec{r}$。无阻尼情况下，质心 c 与轮盘中心 s 在同一半径上，且 c 在 s 的外侧，也称为重边飞出。此时偏心离心力方向与位移方向一致，如图 5-33（b）、（d）所示。

图 5-33（c）所示为 $\omega>\omega_{c1}$ 时，在无阻尼情况下，质心 c 顺 ω 方向转过 180°，c 在 s 的内侧，也称轻边飞出。偏心离心力方向与位移方向相反，即与弹性恢复力方向一致。

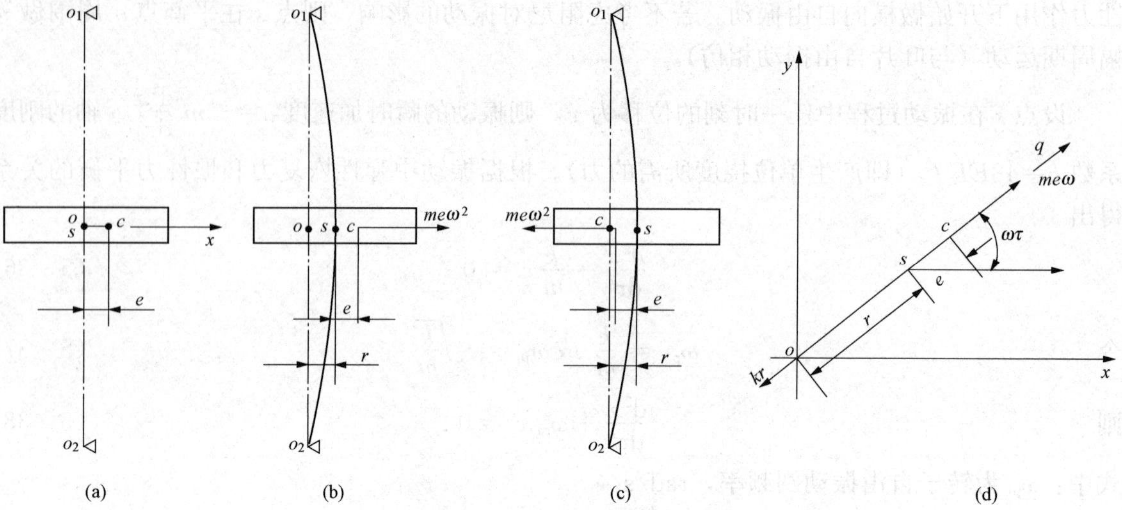

图 5 - 33 有偏心质量的转子示意

(a) $\omega=0$；(b) $\omega<\omega_{c1}$；(c) $\omega>\omega_{c1}$；(d) $\omega<\omega_{c1}$

图 5 - 33（d）所示为 $\omega<\omega_{c1}$ 时转子的受力分析。通过点 o 在轮盘平面内取 xoy 坐标系。设 0 时刻转子中心位移 $\boldsymbol{os}$ 在 x 轴。以转速 ω 旋转的转子，经过时间 τ，瞬时偏心离心力与 x 轴的夹角为 $\omega\tau$。对点 s 而言，将受到沿半径方向向内的弹性恢复力 kr、向外的偏心离心力 $me\omega^2$ 与惯性力 $q=-m\mathrm{d}^2r/\mathrm{d}\tau^2$ 的作用，且满足平衡关系。将这些力分别投影到 x、y 轴上，得到点 s 在 x、y 轴方向的运动微分方程式为

$$\left.\begin{aligned} m\frac{\mathrm{d}^2x}{\mathrm{d}\tau^2}+k_xx &= me\omega^2\cos(\omega\tau) \\ m\frac{\mathrm{d}^2y}{\mathrm{d}\tau^2}+k_yy &= me\omega^2\sin(\omega\tau) \end{aligned}\right\} \tag{5-41}$$

式中：k_x 和 k_y 分别为转子在 x、y 轴方向的刚度系数。

因汽轮机转子为对称结构，故 $k_x=k_y=k$；$k_x/m=k_y/m=\omega_{p1}^2$ 为转子自由振动圆频率的平方，见式（5 - 37）。

式（5 - 41）是二阶非齐次方程，其通解为

$$\left.\begin{aligned} x &= C_1\cos(\omega_{p1}\tau)+C_2\sin(\omega_{p1}\tau)+A_x\cos(\omega\tau) \\ y &= C_3\cos(\omega_{p1}\tau)+C_4\sin(\omega_{p1}\tau)+A_y\cos(\omega\tau) \end{aligned}\right\} \tag{5-42}$$

式（5 - 42）中，前两项为转子自由振动微分方程式的通解，参见式（5 - 39），第三项为偏心离心力（作为激振力）引起的强迫振动的特解。在实际情况中，转子总存在着阻尼，所以前两项在阻尼作用下逐渐消失，最后只剩第三项，则式（5 - 42）改写得

$$\left.\begin{aligned} x &= A_x\cos(\omega\tau) \\ y &= A_y\sin(\omega\tau) \end{aligned}\right\} \tag{5-43}$$

将式（5 - 43）代入式（5 - 41），并注意到，$k_x=k_y=k$，即得

$$A_x=A_y=\frac{me\omega^2}{k-m\omega^2}=\frac{e\omega^2}{k/m-\omega^2}=\frac{e\omega^2/\omega_{p1}^2}{1-\omega^2/\omega_{p1}^2} \tag{5-44}$$

因转子在 x、y 轴方向的刚度相等，即 $A=A_x=A_y$，故强迫振动时点 s 在 x、y 轴方向的运动规律为

$$\left.\begin{aligned} x &= \frac{me\omega^2}{k - m\omega^2}\cos(\omega\tau) \\ y &= \frac{me\omega^2}{k - m\omega^2}\sin(\omega\tau) \end{aligned}\right\} \tag{5-45}$$

将 x、y 轴方向的振动合成，得转子几何中心 s 在 xoy 面内的运动轨迹是一个圆，圆心是 o，圆的半径为

$$r = \sqrt{x^2 + y^2} = \frac{me\omega^2}{k - m\omega^2} = A \tag{5-46}$$

因此，转子的运动可以看成是两种运动的合成：一是轮盘绕其几何中心点 s 做等速转动，其角速度为 ω；二是转子几何中心点 s 绕其轴承中心线点 o 做等速圆周运动，其角速度也为 ω，即位移矢量 $\overrightarrow{os}$ 以 ω 转动。

偏心转子的几何中心 s 以 ω 绕点 o 转动，而叶轮也以 ω 绕 s 旋转，如图 5-34（a）所示。$\overrightarrow{os_1}$ 转过 90°至 $\overrightarrow{os_2}$，轮盘绕转子中心 s 也转过 90°，质心 c 仍位于 s_2 外侧。因为此时转速 ω 和旋转半径 r（又称振幅）不变。当点 s 分别转至 s_3、s_4 时，轮盘绕自身几何中心 s 也转至相应的位置。可见转子质心 c 始终位于点 s 的外侧，弯曲变形方向始终不变。犹如把转子弯曲成固定的弓形绕轴承中心线 o_1-o_2 做等速转动，这种运动称为涡动。转子在不同位置时，点 F 始终受压应力，而点 E 始终受拉应力。

图 5-34（a）表示轴承座刚度各向同性时的涡动，点 s 的运动轨迹为圆；图 5-34（b）表示轴承座水平方向刚度比垂直方向大时的涡动，点 s 的轨迹为一立椭圆。点 s 的运动轨迹在现场振动监测系统中称为轴心轨迹。由于轴承楔形油膜支撑力方向上刚度最大，实际机组转子的轴心轨迹常为斜椭圆。

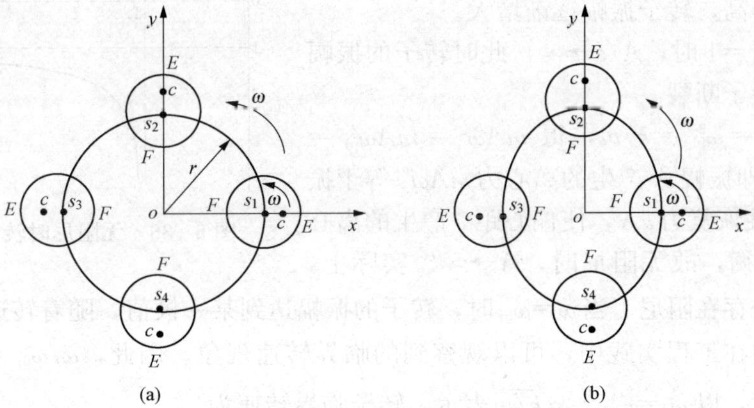

图 5-34　有偏心时的轮盘中心运动轨迹

（a）支座各向同性；（b）支座各向异性

4. 振幅频率特性与临界转速

分为无阻尼和有阻尼两种情况讨论。

（1）无阻尼的情况。转子在无阻尼情况下，当 $\omega/\omega_{p1} < 1$ 时，涡动质心 c 始终在转子弯曲变形的外侧，即 o、s、c 三点保持在一条直线上，如图 5-33（d）所示。因涡动与转子自转的角速度相等，故它们的合成运动可看成质心 c 绕点 o 转动。质心 c 对 o 点的偏心距为转子的弯曲变形量 A 加 c 对 s 的偏心距 e。

对质心 c 的受力，如图 5-35 所示。$\omega/\omega_{p1}<1$ 时，弯曲转子对点 o 的总离心力为 $m(A+e)\omega^2$，而转子的弹性恢复力为 kA，按力平衡条件，两力大小相等，方向相反，如图 5-35（a）所示，则有

$$m(A+e)\omega^2 = kA \tag{5-47}$$

注意到 $\omega_{p1}^2=k/m$ 关系，可得出与式（5-44）相同的结果，即

$$\left.\begin{aligned} A &= \frac{me\omega^2}{k-m\omega^2} = \frac{e\omega^2}{k/m-\omega^2} = \frac{e\omega^2/\omega_{p1}^2}{1-\omega^2/\omega_{p1}^2} \\ \frac{A}{e} &= \frac{\omega^2/\omega_{p1}^2}{1-\omega^2/\omega_{p1}^2} \end{aligned}\right\} \tag{5-48}$$

式（5-48）称为无阻尼时转子振幅频率特性，上节分析方法所得结论与本节相同，但是本节分析方法更有利于理解临界转速的本质。将式（5-48）的 A/e 与 ω/ω_{p1} 之间的关系称之为无阻尼情况下振幅频率特性曲线，如图 5-36 所示。

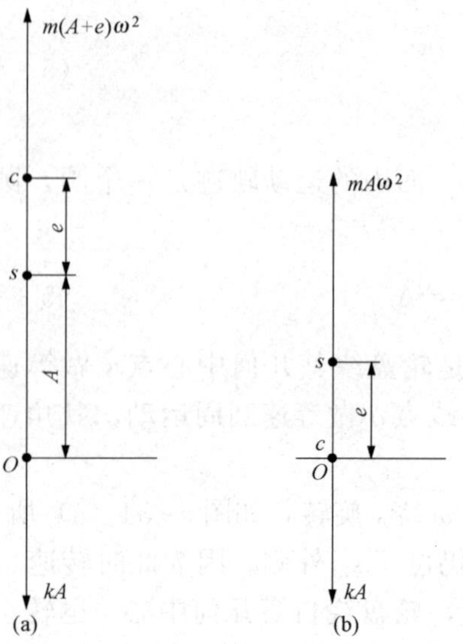

图 5-35 无阻尼时 c 点受力分析

（a）$\dfrac{\omega}{\omega_{p1}}<1$ 时力平衡；（b）$\dfrac{\omega}{\omega_{p1}}\to\infty$ 时力平衡

无阻尼时幅频特性分析：

1）当 $\omega/\omega_{p1}=0$ 时，$A/e=0$，为静止状态。

2）当 $\omega/\omega_{p1}<1$ 时，$A/e>0$，即 A 与 e 同方向，转子的弯曲方向与偏心方向一致，随着转速（或激振力频率）的升高，转子振幅逐渐增大。

3）当 $\omega/\omega_{p1}=1$ 时，$A/e\to\infty$，此时转子的振幅达到无穷大，转子断裂。

此时由 $\omega^2=\omega_{p1}^2=k/m$，得 $mA\omega^2=mA\omega_{p1}^2=mAk/m=kA$，即振幅 A 产生的离心力 $mA\omega^2$ 等于振幅 A 产生的弹性恢复力 kA，使偏心距 e 产生的离心力 $me\omega^2$ 无法平衡，故无阻尼时，$A\to\infty$。实际上，转子工作时总是存在阻尼。当 $\omega=\omega_{p1}$ 时，转子的振幅达到某一极值，随着转速继续升高，振幅减小，此即为在工程实践中，可以观察到的临界转速现象。因此，$\omega/\omega_{p1}=1$ 时的角速度称为临界角速度，以 $\omega_c=\omega_{p1}=\sqrt{k/m}$ 表示。转子临界转速为

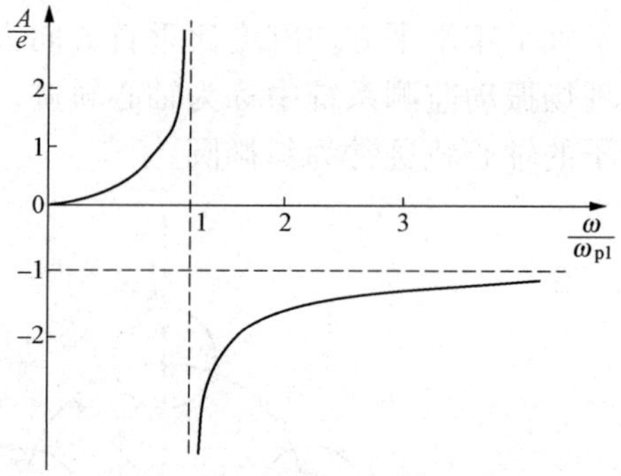

图 5-36 无阻尼时转子幅频特性

$$n_c = \omega_c/2\pi \tag{5-49}$$

4）当 $\omega/\omega_{p1}>1$ 时，$A/e<0$，即 A 与 e 反方向。转子的弯曲方向与偏心方向相反，意味着偏心离心力方向绕点 s 顺时针转过 180°，与弹性恢复力方向一致。随着转速（或激振力频率）的升高，转子振幅逐渐减小。$\omega/\omega_{p1}=\omega/\omega_c>1$，即 $\omega>\omega_c$ 时，振幅的绝对值逐渐减小，如图 5-36 所示。这说明了转子在转速高于临界转速时能够稳定运行的原因。

5）当 $\omega/\omega_{p1}\to\infty$ 时，$A/e\to-1$，转子的质心 c 与点 o 相重合，如图 5-35（b）。转子振幅等于偏心距即 $A\to-e$，振幅明显减小，这种现象称为自动定心。

（2）有阻尼的情况。汽轮机转子振动时的阻尼来源主要有轴承油膜的摩擦阻力和蒸汽的

摩擦阻力（例如叶轮摩擦损失）。阻尼对转子振动起着抑制和衰减的作用。

转子阻尼力的方向与其振动速度方向相反，当振动速度不太大时，可认为阻尼力的大小与速度成正比，取比例系数为 c，c 称为黏滞阻尼系数。

将阻尼力分解为 x、y 轴两个方向，参考无阻尼运动微分方程式（5-41），引入阻尼项，且设转子轴承座刚度各向同性 $k_x=k_y=k$，即得有阻尼时点 s 在 x、y 轴方向的运动微分方程式为

$$\left.\begin{aligned} m\frac{d^2x}{d\tau^2}+c\frac{dx}{d\tau}+kx&=me\omega^2\cos(\omega\tau) \\ m\frac{d^2y}{d\tau^2}+c\frac{dy}{d\tau}+ky&=me\omega^2\sin(\omega\tau) \end{aligned}\right\} \tag{5-50}$$

引入相对阻尼系数 $\zeta=c/c_c$，其中 $c_c=2m\omega_{p1}=2\sqrt{mk}$ 称为临界阻尼系数，于是 $\frac{c}{m}=\frac{2c\omega_{p1}}{2m\omega_{p1}}=\frac{2c}{c_c}\omega_{p1}=2\zeta\omega_{p1}$，则式（5-50）可改写为

$$\left.\begin{aligned} \frac{d^2x}{d\tau^2}+2\zeta\omega_{p1}\frac{dx}{d\tau}+\omega_{p1}^2x&=e\omega^2\cos(\omega\tau) \\ \frac{d^2y}{d\tau^2}+2\zeta\omega_{p1}\frac{dy}{d\tau}+\omega_{p1}^2y&=e\omega^2\sin(\omega\tau) \end{aligned}\right\} \tag{5-51}$$

式中：ω_{p1} 为无阻尼时转子的一阶自振圆频率，$\omega_{p1}=\sqrt{k/m}$，rad/s。

该方程的一般解由有阻尼自由振动的通解和强迫振动的特解两部分组成。前者在阻尼情况下最终会衰减掉，可不予考虑；后者为稳定的强迫振动，始终存在于涡动的转子中，设其特解为

$$\left.\begin{aligned} x&=A\cos(\omega\tau-\varphi) \\ y&=A\sin(\omega\tau-\varphi) \end{aligned}\right\} \tag{5-52}$$

将式（5-52）代入式（5-51）中，求解得

$$A=\frac{e\frac{\omega^2}{\omega_{p1}^2}}{\sqrt{\left(1-\frac{\omega^2}{\omega_{p1}^2}\right)^2+\left(2\zeta\frac{\omega}{\omega_{p1}}\right)^2}} \tag{5-53}$$

$$\varphi=\arctan\frac{2\zeta\frac{\omega}{\omega_{p1}}}{1-\frac{\omega^2}{\omega_{p1}^2}} \tag{5-54}$$

下面讨论有阻尼存在时振幅与频率的关系，将式（5-53）改写成如下形式，即

$$\left|\frac{A}{e}\right|=\frac{\left(\frac{\omega}{\omega_{p1}}\right)^2}{\sqrt{\left(1-\frac{\omega^2}{\omega_{p1}^2}\right)^2+\left(2\zeta\frac{\omega}{\omega_{p1}}\right)^2}} \tag{5-55}$$

给定一 ζ 值便可求得 $\left|\frac{A}{e}\right|$ 与 $\frac{\omega}{\omega_{p1}}$ 关系的一条曲线，如图 5-37 所示。

1）当 $\omega/\omega_{p1}=0$ 时，$\left|\frac{A}{e}\right|=0$，为静止状态；

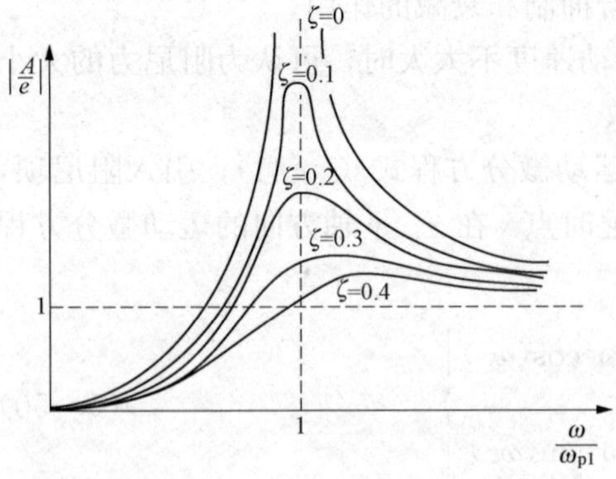

图 5-37 有阻尼时的转子幅频特性曲线

2）当 $\omega/\omega_{p1}=1$ 时，$\left|\frac{A}{e}\right|=\frac{1}{2\zeta}$，由图 5-37 可知，在有阻尼的振动系统中，即使在共振状态下，其振幅也不会趋于无穷大，而是一个特定的值，振幅最大值随 ζ 增加而减少；

3）当 $\omega/\omega_{p1}\rightarrow\infty$ 时，$\left|\frac{A}{e}\right|\rightarrow1$，即振幅 A 与偏心距 e 相等，质心 c 与点 o 重合，自动定心。

由图 5-37 可知，有阻尼时，振幅的极大值对应的频率比 $\omega/\omega_{p1}>1$，ζ 值越大，该比值偏离 1 就越远。对式（5-55）求导，令导数 $\mathrm{d}\left|\frac{A}{e}\right|/\mathrm{d}\frac{\omega}{\omega_p}=0$，得共振频率比为

$$\frac{\omega}{\omega_{p1}}=\frac{1}{\sqrt{1-2\zeta^2}}>1 \tag{5-56}$$

可见有阻尼时，转子振幅极大值对应的临界角速度 ω_c 大于转子无阻尼的临界角速度 ω_{p1}。将式（5-56）代入式（5-55）中，得到共振振幅值：$|A|=\frac{e}{2\zeta\sqrt{1-\zeta^2}}$。

5. 有阻尼时转子振动的相频特性和临界转速的物理意义

在无阻尼振动系统中，转子偏心离心力方向与振动位移方向（或振幅方向）一致；在有阻尼情况下，偏心离心力方向超前位移某一角度 φ，即它们之间存在一相位角差，其值随 ζ 和 ω/ω_{p1} 的变化关系称为相位频率特性，简称相频特性。

转子弹性变形引起的离心力 $mA\omega^2$ 方向与位移方向一致，而弹性恢复力 kA 的方向与位移方向相反，如图 5-38（a）所示。由于阻尼存在，阻尼力的方向与点 s 的切向速度 $A\omega$ 方向相反，且与速度成正比，所以阻尼力为 $cA\omega$，方向如图 5-38 所示。根据运动转子力平衡原理，为了平衡阻尼力，偏心离心力 $me\omega^2$ 必须超前位移方向一个相位角 φ，对点 s 写力平衡方程，得

$$\left.\begin{aligned}cA\omega-me\omega^2\sin\varphi=0\\ mA\omega^2+me\omega^2\cos\varphi=kA\end{aligned}\right\} \tag{5-57}$$

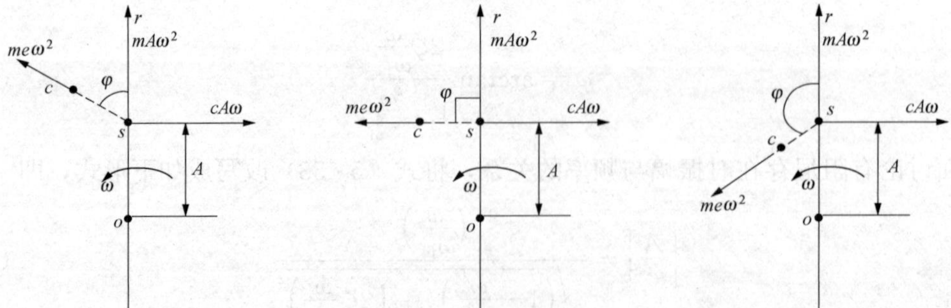

图 5-38 有阻尼偏心转子涡动时的受力分析

(a) $\frac{\omega}{\omega_{p1}}<1$；(b) $\frac{\omega}{\omega_{p1}}=1$；(c) $\frac{\omega}{\omega_{p1}}>1$

联立求解式（5-57），并代入 $c=2\zeta m\omega_{p1}$ 及 $\omega_{p1}^2=k/m$，同样可得式（5-54）。

根据式（5-54）讨论相位角 φ 与 ζ、$\frac{\omega}{\omega_{p1}}$ 之间的关系。给定某一 ζ 值，就可绘出 φ 与 $\frac{\omega}{\omega_{p1}}$ 的关系曲线，如图 5-39 所示。

（1）有阻尼的情况。

1）当 $\frac{\omega}{\omega_{p1}}=0$，$\varphi=0$；

2）当 $0<\frac{\omega}{\omega_{p1}}<1$，$\varphi<\frac{\pi}{2}$；

3）当 $\frac{\omega}{\omega_{p1}}=1$，$\varphi=\frac{\pi}{2}$；

4）当 $\frac{\omega}{\omega_{p1}}>1$，$\frac{\pi}{2}<\varphi<\pi$；

5）当 $\frac{\omega}{\omega_{p1}}\to\infty$，$\varphi\to\pi$。

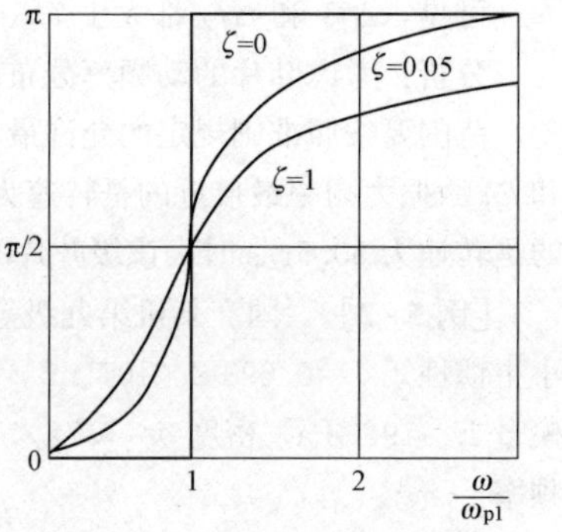

图 5-39　相位频率特性曲线

（2）无阻尼的情况。

1）当 $\frac{\omega}{\omega_{p1}}=0$，$\varphi=0$；

2）当 $\frac{\omega}{\omega_{p1}}=1$ 时，从有阻尼但阻尼很小的角度分析式（5-54）可知 $\varphi=\frac{\pi}{2}$；

3）当 $\frac{\omega}{\omega_{p1}}\to\infty$ 时，也从阻尼很小的角度分析，$\varphi\to\pi$。

通过对相频特性的分析，可进一步了解临界转速概念的物理意义及转子的动平衡原理。

当 $\frac{\omega}{\omega_{p1}}=1$ 时，不论阻尼值大小，$\varphi=\frac{\pi}{2}$ 总成立，即偏心离心力 $me\omega^2$ 超前位移 $\frac{\pi}{2}$［见图 5-38（b）］。那么，根据转子受力平衡条件，转子弯曲变形的离心力等于弹性恢复力，即 $mA\omega^2=kA$。无阻尼时，偏心离心力 $me\omega^2$ 没有力来平衡它，转子振幅达到无穷，转子断裂；有阻尼时，偏心离心力只能由阻尼力平衡，振幅达到最大。

当 $\omega/\omega_{p1}>1$ 后，$\varphi>\pi/2$，即偏心离心力 $me\omega^2$ 超前位移大于 $\pi/2$［见图 5-38（c）］，偏心离心力 $me\omega^2$ 的径向分量与弹性恢复力方向相同。相当于增加了使转子变形恢复的力量，使转子振幅下降。

由式（5-53）和式（5-54）可知，转子动平衡的两个线性条件为：当阻尼及转速一定时，①振幅与偏心离心力成正比；②偏心离心力超前振幅的相位角 φ 不变。

目前，虽然无法直接测出偏心离心力与振幅之间的相位角 φ，但通过试加质量和闪光测相法或脉冲测相法（具体测法参考动平衡专著）测出相对相位角（或一般相位角），就可间接确定不平衡质量的位置和应加的平衡质量值，实现转子动平衡。

5.4　典型题精解

［例 5-1］　某级调频叶片，静频率的实测值进行温度修正后，A_0 型自振频率最大值 f_{max} 为 209.6Hz，最低值 f_{min} 为 196Hz，该振型动频系数 B_b 取 3.7，对该级叶片对第一主振型的振动特性进行考核。

解：根据动频率计算公式，分别计算动频率的最高值 f_{d2} 和最低值 f_{d1}：

$$f_{d2} = \sqrt{f_{max}^2 + B_b n_2^2} = \sqrt{209.6^2 + 3.7 \times 49^2} = 230(\text{Hz})$$

$$f_{d1} = \sqrt{f_{min}^2 + B_b n_1^2} = \sqrt{196^2 + 3.7 \times 50.5^2} = 219(\text{Hz})$$

根据估算该级叶片的动频率介于振动倍率 $k=4\sim5$，它们和低频激振力之间的最小频率避开率为

$$\Delta f_1 = f_{d1} - (k-1)n_1 = 219 - 4 \times 50.5 = 17(\text{Hz}), \Delta f_2 = kn_2 - f_{d2} = 5 \times 49 - 230 = 15(\text{Hz})$$

可见，Δf_1 和 Δf_2 都大于 7.5Hz，该级叶片对第一主振型的振动特性合格。

分析：考虑叶片的动频率分布范围时，一定要明确汽轮机工作时转速并不是固定值，而是有一定的波动，范围要按照准则规定的允许最大波动量考虑，因此可能的转速范围在 $n_2=49$r/s 至 $n_1=50.5$r/s 之间。和 kn 激振力频率最接近的是转速为 49r/s 时，该级叶片的最高动频率 f_{d2}；和 $(k-1)n$ 激振力频率最接近的是转速为 50.5r/s 时，该级叶片的最低动频率 f_{d1}。

[例 5-2] 国产某机第九级等截面叶片，高度 $l=5.1\times10^{-2}$m，截面积 $A=1.213\times10^{-4}\text{m}^2$，截面最小主惯性矩 $I=0.0932\times10^{-8}\text{m}^4$，叶片材料 1Cr13 不锈钢，工作温度在 300℃左右，其工作温度下的弹性模量 $E=198$GPa，密度 $\rho=7.75\times10^3\text{kg/m}^3$，叶根采用外包 T 型叶根。试计算切向 A 型第一、二阶自振频率。

解：求该叶片的惯性半径 i 为 $i=\sqrt{I/A}=\sqrt{0.0932\times10^{-8}/1.213\times10^{-4}}=2.772\times10^{-3}$(m)

求该叶片的柔度 λ 为 $\lambda=l/i=5.1\times10^{-2}/2.772\times10^{-3}=18.4$

因为该叶根采用外包 T 型根，根据柔度查图 5-23 得切向 A_0 振型根部牢固修正系数 K 约为 0.87；查图 5-24 得切向 A_1 振型根部牢固修正系数 K_1 约为 0.5。

实际工作温度下，切向 A_0 型自振频率的理论计算值为

$$f_{A_0} = \frac{(1.875)^2}{2\pi}\sqrt{\frac{EI}{\rho A l^4}} = \frac{(1.875)^2}{2\pi}\sqrt{\frac{198\times10^9\times0.0932\times10^{-8}}{7.75\times10^3\times1.213\times10^{-4}\times(5.1\times10^{-2})^4}} = 3155(\text{Hz})$$

考虑叶根牢固度修正以后的切向 A_0 型自振频率为

$$f'_{A_0} = Kf_{A_0} = 0.87\times3155 = 2744.85(\text{Hz})$$

实际工作温度下，切向 A_1 型自振频率的理论计算值为

$$f_{A_{1'}} = 6.27 f_{A_0} = 19\,782(\text{Hz})$$

考虑叶根牢固度修正以后的切向 A_1 型自振频率为

$$f'_{A_1} = K_1 f_{A_1} = 0.5\times19\,782 = 9891(\text{Hz})$$

分析：因为题中直接给出的是工作温度下的叶片材料弹性模量，因此直接使用该弹性模量，不需要再进行温度修正，需要特别注意的是因为 N/m^2 单位特别小，所以一般材料手册给出的弹性模量单位都是 GPa，再进行计算时，需要先乘以 10^9 变换为国际基本单位，否则计算结果不正确。

习 题

一、名词解释（解释下列概念）

1. 调频叶片；2. 不调频叶片；3. 耐振强度；4. 安全倍率；5. 叶片的动频率；6. 叶片振动的主振型；7. 挠性转子；8. 低频激振力；9. 高频激振力；10. 叶片频率分散度 Δf。

二、简答题

1. 分析说明不调频叶片的安全准则。
2. 简述转子临界转速的概念与物理意义。
3. 何谓 A 型振动和 B 型振动？同一叶片各种振型的自振频率由小到大如何排序？
4. 影响叶片自振频率的因素有哪些？
5. 为什么叶片组同一振型的 B 型振动有若干个自振频率？

6. 在大修中实测的叶片自振频率要进行哪些修正才能代表叶片在运行时的自振频率？

7. 分析说明转子找动平衡的两个线性条件是什么？

8. 利用有阻尼转子的幅频特性和相频特性公式，分析为什么转速等于临界转速时，转子振幅增大，通过临界转速区后，振幅又减小。

9. 分析用围带把自由叶片连接成组、在围带顶部钻孔、安装空心拉金等措施对叶片自振频率的影响，并说明原因。

10. 为保证调频叶片的长期安全运行，应该使叶片满足哪些条件？

11. 为什么对于振动倍率大于 6 的切向 A_0 型振动一定要用不调频叶片安全评价标准来评价？

12. 为什么不允许汽轮机长期低转速运行？

13. 分析说明为什么质量不平衡引起的转子横向受迫振动振幅相位与质量不平衡引起的离心力相位不一致？

三、计算题

1. 已知某级动叶片对第一种主振型为调频叶片，实测该级动叶片 A_0 型振动最大和最小静频率分别为 275Hz 和 251Hz，动频系数为 1.1，问该级动叶片是否满足频率避开要求？如不满足应采取什么调频措施？

2. 某级叶片切向 A_0 型自振静频率 f_{A0}＝156～166Hz，动频系数 B_b＝3.5，叶片安全倍率 A_b＝5，电网频率变动范围为 49～50.5Hz。试问：(1) 该级叶片能否作为不调频叶片处理？(2) 倘该级叶片作为调频叶片，其运行是否安全？为什么？(3) 频率分散度是否合格？

3. 已知某级调频动叶的静频率 f_{A0}＝98～106Hz，动频系数 B_b＝2.34，安全倍率最小值为 A_b＝5.0，电网周波变动范围为 49～50.5Hz。试问：(1) 频率分散度是否合格？(2) 正常运行时能否避开危险共振？(3) 叶片的振动强度（安全倍率）是否合格？

4. 汽轮机某级叶片为自由叶片。叶高 l_b＝161mm，叶宽 B＝30mm，叶片材料为 1Cr13。设计工况下，动叶前蒸汽温度 t_1＝110℃，蒸汽干度 x_1＝0.987；动叶后蒸汽温度 t_2＝106℃。实测其静频率为 372～412Hz，蒸汽作用力产生的弯曲应力 $\sigma_{s,b}$＝26.97MPa，型底合成应力即总的静应力 $\sigma_{s,t}$，＝118.3MPa，动频系数 B_b＝3.8，转速 n＝3000r/min。该级前有回热抽汽。试判别该级是否需要调频。

第6章　汽轮机调节保护系统

汽轮机调节与保护系统是控制其启动、停机、带负荷运行，防止出现严重事故的自动控制装置。它应能适应各种运行工况的要求，及时地调节汽轮机的功率，满足外负荷变化的需要，同时维持电网的频率在50Hz左右；在机组出现异常时，能自动改变运行工况，直至停机，以防止事故扩大。

6.1　基　本　要　求

（1）了解自动调节和保护的概念与任务。

（2）掌握调节系统的静态特性及要求，速度变动率和迟缓率的概念与内涵。

（3）掌握调节系统的动态特性的评价指标与影响因素。

（4）掌握中间再热式汽轮机的调节特点。

（5）掌握功频电液调节的原理，反调现象及其消除措施。

（6）了解数字电液调节系统（DEH）的组成、基本原理、主要功能和操作方式。

（7）了解DEH的超速保护和危急遮断系统。

6.2　基　本　概　念

调节对象：调节系统对其作用的那个装置称为调节对象。

被调量：被系统调节的物理量称为被调量。

给定值：被调量应保证达到的值称为给定值。

扰动：引起被调量变化的各种因素都称为扰动。

反馈：将系统的输出返回到输入端并以某种方式改变输入称为反馈。反馈可分为负反馈和正反馈。前者使输出起到与输入相反的作用，使系统输出与系统目标的误差减小，系统趋于稳定；后者使输出起到与输入相似的作用，使系统偏差不断增大，使系统振荡，可以放大控制作用。

闭环与开环：调节系统的被调量与输入量之间存在着反馈的回路叫闭环，不存在反馈的系统叫开环。

调速器：液压调节系统中，当外负荷变化，转子力矩平衡被打破后，感知转速的变化的装置叫调速器。

直接调节：调节汽门由调速器输出信号直接带动，称为直接调节。

间接调节：调速器输出信号经过能量放大以后再带动调节汽门，称为间接调节。

有差调节：当外界负荷变化时，调节系统动作结束后，机组并不维持转速不变，不同的负荷对应不同的稳定转速，只是转速的变动较小，这种被调量在调节前后不同的是有差调节。

无差调节：机组在不同负荷下，经过调节达到新的稳态后，机组转速不随负荷的大小而变化，被调量调节前后保持一致的是无差调节。

刚性反馈：油动机活塞行程与反馈量一一对应，始终存在。

弹性反馈：反馈发生在油动机动作初期，调节结束，油动机活塞行程对输入端的反馈作用缓慢消失。

速度调节：仅以转速为调节信号，根据转速变化来控制调节汽门的开度，称为速度调节系统。

功频调节：测量转速和功率信号，根据汽轮机转速和功率双冲量来控制调节汽门的开度，称为功频调节系统。

调节系统的静态特性：稳定运行状态下，汽轮发电机组转速与功率的关系，称为调速系统的静态特性。

调节系统的速度变动率：空负荷所对应的最大转速 n_{max} 和额定负荷所对应的最小转速 n_{min} 之差，与机组额定转速 n_0 之比，称为调节系统的速度变动率，或称为速度不等率，用 δ 表示，即

$$\delta=(n_{max}-n_{min})/n_0$$

一次调频：当并网机组总功率与用户总负荷发生不平衡时，电网频率发生变化，各机组调节系统根据网频变化信号自动改变输出功率，重新平衡总功率和总负荷，以减少电网频率的变化量，这个过程就是一次调频。

调节系统的迟缓率：机组在同一功率下因迟缓而出现的最大转速变动量和额定转速之比称为调节系统的迟缓率 ε，也称为调节系统的不灵敏度，其表达式为 $\varepsilon=(n_1-n_2)/n_0$，其中，$n_1$、$n_2$ 为同一功率下的最高与最低转速，r/min。

二次调频：外负荷变化较大时，仅靠一次调频不能保证电网频率正常，通过平移某些机组的静态特性曲线，主动增加或减小这些机组功率，将电网频率调回到预定的质量范围内的过程，称为二次调频。

过渡过程：在扰动作用下，机组由一个稳定工况到另外一个稳定工况或扰动消失后重新恢复原来的稳定工况的中间过程，称为过渡过程。

调节系统的动态特性：调节系统受到扰动后，在恢复稳定前的动态过程中，被调量随时间的变化规律称为调节系统动态特性。

转子飞升时间常数 T_a：转子在额定功率对应的蒸汽驱动力矩 M_{t0} 作用下，转速由零升高到额定转速所需的时间，称为转子飞升时间常数。由转子运动方程可知 $T_a=J\omega_0/M_{t0}$。

蒸汽容积时间常数 T_v：表示各中间容积内储存蒸汽的做功能力与额定功率 P_0 的比值，用式 $T_V=\sum W_i/P_0$ 示，式中 $\sum W_i$ 为各中间容积中的蒸汽膨胀功之和。

6.3 重点与难点解析

6.3.1 汽轮机自动调节和保护的基本原理

1. 汽轮机自动调节的概念

(1) 自动调节的任务。为了保证用电设备的正常运转，对电厂的供电品质有严格的要求，即限制供电频率和电压的波动范围，例如我国规定电力系统正常频率偏差允许值为±0.2Hz，当系统容量较小时，偏差值可以放宽到±0.5Hz。

频率与电压和汽轮机转速都有一定的关系。电压除与汽轮机转速有关外，还与发电机励磁电流有关，电压是通过发电机的励磁控制系统来调节的，不在本书讨论范围之内。频率则仅取决于汽轮机转速，两者的关系为

$$f = \frac{np}{60} \tag{6-1}$$

式中：f 为供电频率，Hz；n 为汽轮机转速，r/min；p 为发电机电极对数全速机 $p=1$，半速机 $p=2$。

我国电网全速机额定转速为 3000r/min，其对应的供电频率为 50Hz。

发电用的汽轮机自动调节系统的主要任务就是调节汽轮机的转速，使供电频率满足国家标准的规定。掌握汽轮机自动调节的基本工作原理必须深入理解转速、功率、外负荷三者之间的相互关系。

列出转子的运动方程式就可得到功率、负荷和转速三者之间的关系。汽轮发电机组在运行中，作用在转子上的力矩有三个：①蒸汽驱动力矩 M_t；②发电机电磁阻力矩 M_e；③摩擦阻力矩 M_f。由于并网后，摩擦阻力矩与驱动力矩和电磁阻力矩相比非常小，常常可以忽略不计，如图 6-1 所示。

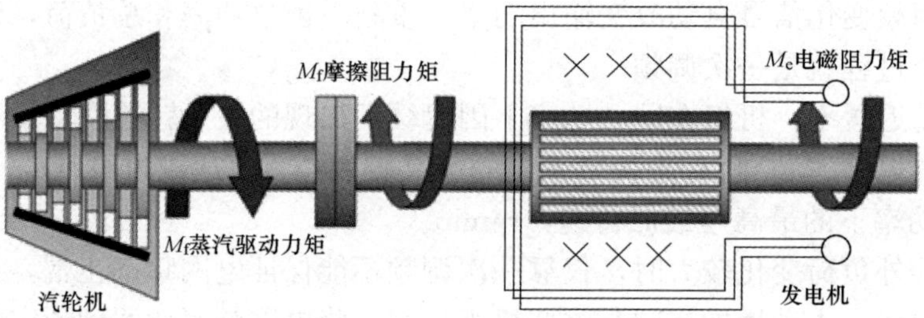

图 6-1 转子力矩示意

将汽轮发电机轴系看作一个整体旋转刚体。根据刚体转动定律，转子的运动方程式为

$$M_t - M_e = J\frac{d\omega}{d\tau} \tag{6-2}$$

式中：J 为转子的转动惯量，kg·m^2；$d\omega/dt$ 为转子旋转的角加速度，rad/s^2。

转速 n 与角速度 ω 成正比 $\omega=2\pi f=2\pi np/60$，则对全速机有

$$\frac{d\omega}{d\tau} = \frac{\pi}{30}\frac{dn}{dt} \tag{6-3}$$

将式（6-3）代入式（6-2），则转子运动方程可表示为下式，即

$$M_t - M_e = \frac{\pi}{30}J\frac{dn}{d\tau} \tag{6-4}$$

由汽轮机工作原理知，蒸汽驱动力矩 M_t 为

$$M_t = \frac{1000P_T}{\omega} = \frac{1000P_T}{2\pi n/60} = 9550\frac{P_T}{n} = 9555\frac{G_0\Delta h_t^{mac}\eta_{ri}}{n} \tag{6-5}$$

式中：P_T 为汽轮机的内功率，kW；G_0 为进入汽轮机的蒸汽流量，kg/s；Δh_t^{mac} 为汽轮机理想焓降，kJ/kg；η_i 为汽轮机相对内效率；n 为汽轮机转速，r/min。

由于高负荷时 η_{ri} 基本不变。定压运行时，进排汽参数基本不变，即 Δh_t^{mac} 基本不变。因此，由式（6-5）可知，汽轮机转速一定时，进汽量增加，驱动力矩增大；进汽量一定时，

转速升高，驱动力矩减小。

发电机电磁阻力矩 M_e 主要取决于负载的特性，可表示为

$$M_e = k_1 + k_2 n + k_3 n^2 + k_4 n^3 \quad (6-6)$$

式中：k_1、k_2、k_3、k_4 为正随机变量，与电网中不同种类负载的数量有关。

发电机电磁阻力矩随定子电流增大而增大。在励磁电流不变时，定子电流随外界负荷和转子转速增加而增加，即电磁阻力矩随外界负荷和转子转速增加而增大。

为了说明汽轮发电机组的自平衡性能和转速自动调节原理，建立转子力矩 - 转速关系曲线如图 6 - 2 所示。a 点所示为机组初始稳定工作点，机组功率与外负荷平衡，$n=n_a$，$M_{t1}(n_a)=M_{e1}(n_a)$，$dn/d\tau=0$。

(2) 汽轮发电机组的自平衡特性。当某种原因使功率与外负荷失去平衡后。例如外负荷减少，发电机输出电流减小，相同转速对应的电磁阻力矩 M_e 减小（曲线 M_{e1} 平移至曲线 M_{e2}），0 时刻，仍有 $n=n_a$，但是 $M_{e2}(n_a)<M_{t1}(n_a)$，$dn/d\tau>0$。随后即使不做任何调节，$n=n_b$ 时，$M_{t1}(n_b)=M_{e2}(n_b)$，力矩重新平衡，交于 b 点。

同理，若某种扰动引起驱动力矩 M_t 变化。比如燃料供应不足引起进汽量减小，相同转速对应的驱动力矩 M_t 减小（曲线 M_{t1} 变为曲线 M_{t2}），0 时刻，仍有 $n=n_a$，$M_{e1}(n_a)>M_{t2}(n_a)$，$dn/d\tau<0$，同样不做任何调节，$n=n_d$ 时，$M_{t2}(n_d)=M_{e1}(n_d)$，力矩重新平衡，交于 d 点。

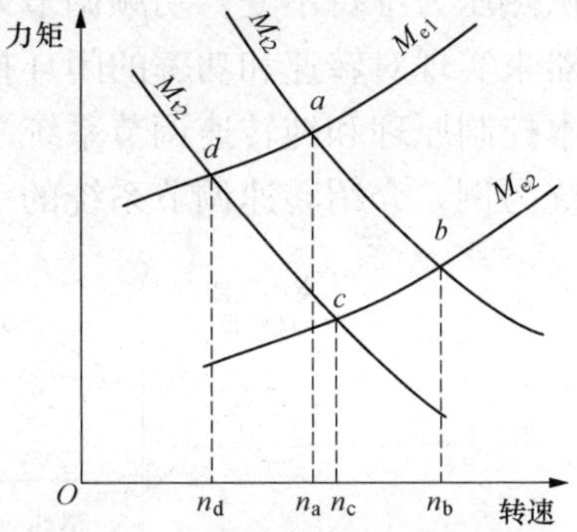

图 6 - 2　力矩与转速关系

因此，当负荷或功率扰动引起转子力矩失衡后，即使没有相应改变进汽量，仅依靠转速的变化，仍然能够使转子力矩重新平衡，即为机组的自平衡特性。自平衡时，蒸汽输入能量和负荷之间的偏差，并没有被实质上消除，而是转化为转子的机械能。即扰动引起的力矩差，完全靠转速变化来平衡，必然导致转速发生很大变化，显然不能满足供电频率稳定性的要求。

(3) 汽轮机的转速调节原理。当发电功率与用电负荷大小相等时，转速稳定；当用电负荷减小或发电功率增大，使发电功率大于用电负荷，转速升高；当用电负荷增大或发电功率减小，使发电功率小于用电负荷时，转速降低。即转速变化信号，反映了功率和负荷失衡的方向。

根据转速变化信号，对汽轮机调节门开度进行相应调节，加速驱动力矩变化的速度，使力矩快速重新平衡，从而减小转速的变化量。比如上节外负荷减小的例子中，当转速 n 从 n_a 开始增大时，Δn 通过某种手段，转换为使调门关小的信号，通过执行机构带动调门关小，减少汽轮机的进汽量，相同转速对应的驱动力矩 M_t 减小（图 6 - 2 中曲线 M_{t1} 平移至曲线 M_{t2}），在 $n=n_c$ 时达到新的平衡（图 6 - 2 交点 c），最终的转速变化量 Δn_{a-c}，远小于自平衡时的变化量 Δn_{a-b}。

因此，当外负荷减小（增大）时，电磁阻力矩减小（增大）；力矩平衡被打破，转速将升高（降低）；转速变化信号 Δn 直接反映外负荷的变化，根据 Δn，相应关小（开大）调门，改变汽轮机进汽量，调整驱动力矩，使转子力矩重新平衡，以减少外负荷波动引起的电网频率变化，即为汽轮机转速调节的基本原理。因为电网用电负荷变化随机性大，变化速度快，且难以预测，手动调节显然难以达到要求，所以，汽轮机的调节必须实现自动化。

汽轮机自动调节系统的任务归纳如下：当外界电负荷发生改变，汽轮机转速有一个很小

的变化时，自动改变进汽量，使机组功率与外界电负荷相适应。并保证调节后的机组转速的偏差不超过规定的小范围。

（4）汽轮机调节的相关基本概念。因为直接调节，调速器信号能量有限，不足以驱动调节汽门。实用的调节系统都是间接调节，调速器的信号经过放大以后再驱动调节汽门。早期的调节系统都是纯转速调节系统，因为机械液压部件很容易将转速信号转变为位移或压力信号，而实时测量功率则非常困难，因此只能实现简单的转速调节规律。这种纯转速调节为了使系统能够稳定，必须采用有差调节。因为本质上它对功率的控制是开环的，通过刚性负反馈，使转速与功率（以油动机行程代表）维持一一对应关系，即比例调节，才能使机组稳定运行。因此，不能采用无差调节。无差调节常用于供热汽轮机的调压系统。通过弹性反馈，使供热压力维持不变。功频调节系统，采用电子元件来测量转速和功率，使用 PI 或 PID 调节器来实现对转速和功率的闭环控制。可以实现很高的控制精度和复杂的控制规律。但是其基本控制原理和纯转速调节系统一致。为了更好理解转速控制的原理，以一级放大间接调节系统为例，介绍转速调节系统的工作过程，如图 6-3 所示。

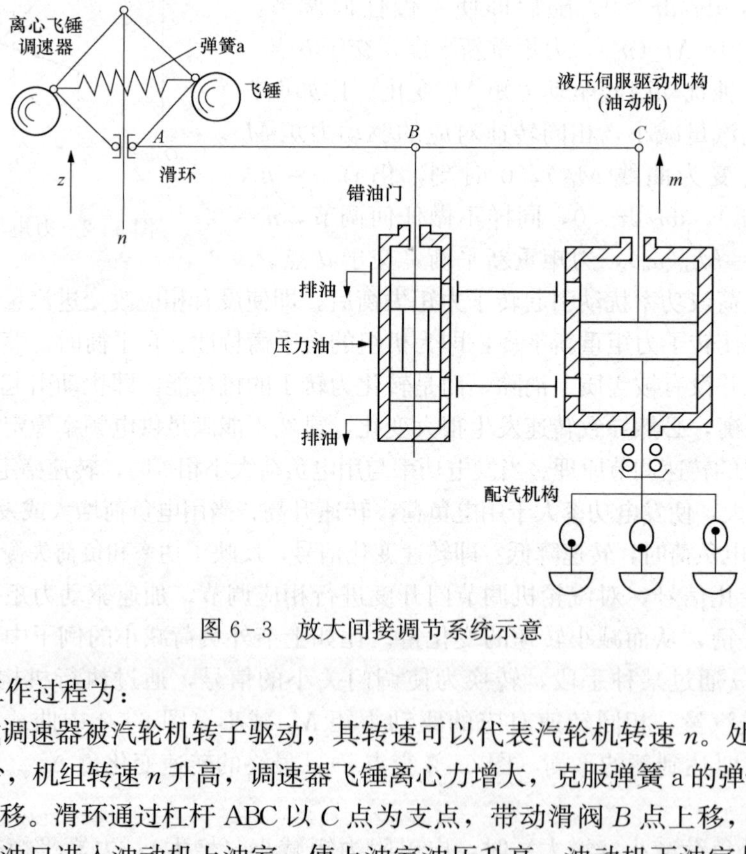

图 6-3　放大间接调节系统示意

该系统的工作过程为：

离心飞锤式调速器被汽轮机转子驱动，其转速可以代表汽轮机转速 n。处于稳定工况时，当外负荷 P 减少，机组转速 n 升高，调速器飞锤离心力增大，克服弹簧 a 的弹性恢复力向外扩张，带动滑环上移。滑环通过杠杆 ABC 以 C 点为支点，带动滑阀 B 点上移，滑阀油口打开。压力油通过滑阀油口进入油动机上油室，使上油室油压升高。油动机下油室与排油相通，油压降低。油压差使活塞下移，关小调节阀，减小进汽量，机组功率减小。同时，油动机活塞的位移作为负反馈信号，又通过杠杆以 A 点为支点带动滑阀 B 点下移，滑阀回中，切断油口，压力油停止流动。此时，汽轮机功率与外负荷重新平衡，调节系统达到新的平衡状态。当外负荷 P 增加时，机组转速 n 下降，调速系统各部件调节过程相同，而动作方向相反。

该调节系统有以下特点：

1）调速器带动的不是蒸汽阀门，而是一个断流式的滑阀，由滑阀动作使油动机活塞上下产生压差来驱动阀门。因此，可以通过增大油动机的活塞面积或供油压力，以产生足够的力来带动阀门运动；

2）调节结束后，功率改变，调门阀芯承受的蒸汽压差作用力改变，意味着与之平衡的油动机油压差力也发生了改变，即油动机活塞处于新的位置，滑阀居中，通过杠杆联系，调速器滑环也必处于新的位置。即稳定工况时，滑环位置与油动机行程单值对应，滑环位移与转速单值对应；在蒸汽参数不变时，油动机行程与机组功率单值对应。因此，当外负荷变化时，汽轮机转速调节系统动作结束后，相比自平衡调节，转速的变动明显减小，但并不维持转速不变。不同的负荷对应不同的稳定转速，属于有差调节。

该系统的原理方框图，如图6-4所示。Δz为调速器输出信号，相当于由新的外负荷决定的新的阀位请求信号；Δm为油动机行程；Δz_1为油动机行程反馈信号，相当于配汽机构行程Δl（阀位）；Δz_n为阀位偏差信号，$\Delta Z_n=\Delta Z-\Delta Z_1$；$\Delta s$为滑阀位移信号；$\Delta M_t$为蒸汽驱动力矩；$\Delta M_e$为电磁阻力矩；$\Delta M$为力矩差；$\Delta P$为外负荷变化。

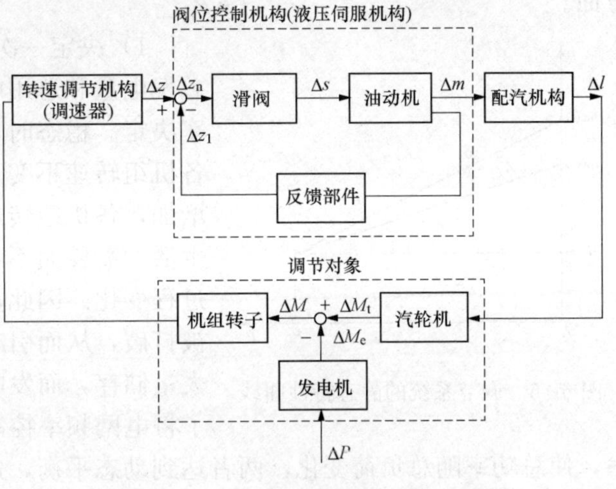

图6-4　纯转速调节系统原理方框图

由图6-4可知，要使该调节系统受外界负荷扰动后达到新的稳定状态，则必须同时具备下述两个基本条件：①主回路稳定条件：转子力矩差$\Delta M=0$，即功率等于新的外负荷；②子回路稳定条件：阀位偏差信号$\Delta z_n=0$，即$\Delta z=\Delta z_1$。

2. 汽轮机转速调节系统的静态特性

（1）静态特性曲线与四方图。一个基本的转速调节系统，由转速感知机构（调速器）、传递放大机构（错油门）和配汽机构（油动机和调节汽门）组成，如图6-5所示。通过试验或计算得到各组成环节的静态特性曲线后，用作图法确定调节系统的静态特性曲线。图6-5为静态特性曲线的四方图（或四象限图）。

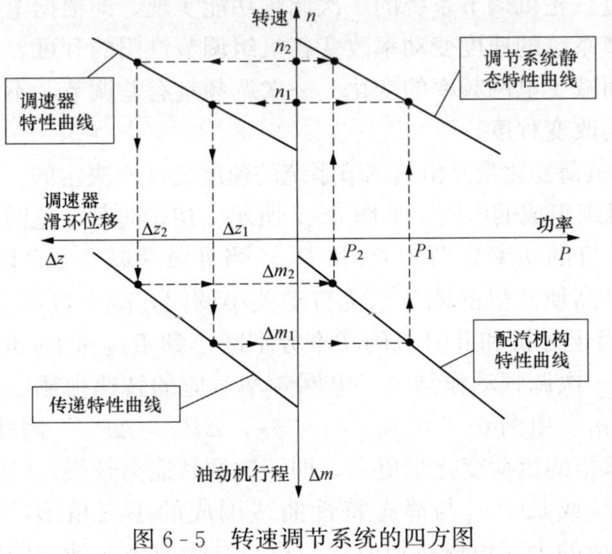

图6-5　转速调节系统的四方图

第一象限为转速n与功率P间的单值关系称调节系统的静态特性曲线。第二象限为转速n与滑环位移Δz的单值关系称调速器特性曲线。第三象限为环位移Δz与油动机活塞行程Δm的单值关系称传递特性曲线。第四象限为滑油动机活塞行程Δm与汽轮机功率P的单值关系称配汽机构特性曲线。

静态特性曲线常常通过空负荷试验和带负荷试验来获得。在汽轮机启动后，未并网时，改变机组转速 n，在稳定后测量转速 n、调速器位移 Δz、油动机行程 Δm 之间的对应关系，描点得到调速器特性曲线 $n-\Delta z$ 和传递特性曲线 $\Delta z-\Delta m$。并网后，保持蒸汽参数稳定，改变机组功率，记录各稳定工况下的油动机行程 Δm 与功率 P，描点得到配汽机构特性曲线 $\Delta m-P$。综合两次试验的结果，画出调节系统静态特性曲线 $n-P$。

(2) 速度变动率及其对运行的影响。调节系统的静态特性曲线是一条沿功率增大的方向连续向下倾斜的曲线，速度变动率 $\delta=(n_{max}-n_{min})/n_0$ 表示了其倾斜程度（通常可以认为 $n_{min}=n_0$）。

速度变动率 δ 越大，调节系统的静态特性曲线倾斜程度越大，越陡峭；反之，倾斜程度越小，越平坦，如图 6-6 所示。速度变动率的大小，对机组运行的主要影响有以下几个方面。

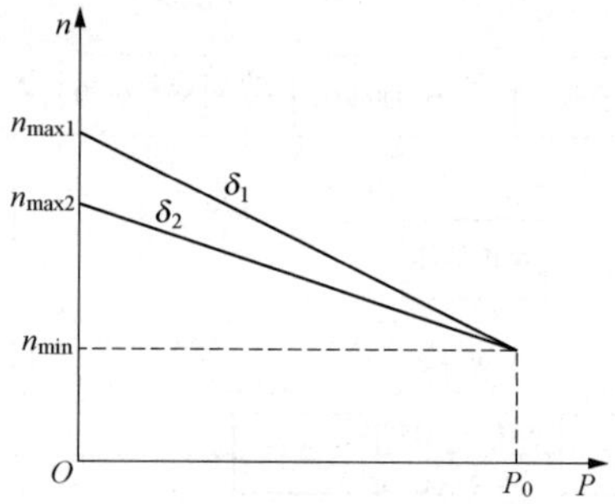

图 6-6 调节系统的静态特性曲线

1）决定一次调频的能力的强弱。电网的供电频率由总发电量和总用电量共同确定，而各机组的转速由电网频率决定。稳态时，总发电量＝总用电量，供电频率不变，各机组转速不变。若总发电量大于总用电量，则供电频率增加，各机组转速也增加。反之亦然。用户负荷会随生产生活的需要而不断变化，发电机组生产的功率也会随工艺过程变化。因此，电网电能的生产和消费间的平衡随时会被打破，从而引起供电频率变化。由于电能还不能廉价地大量储存，而发电机组的功率在一定范围内连续可调。为了将电网频率控制在规定的范围内，通过调整各机组的功率，使总功率随总负荷变化，两者达到动态平衡，这种过程称为调频。

电网总负荷是一种随机过程，它由三种不同变化规律的变动负荷所组成：①变化幅度较小，变化周期较短（10s 以内）的随机负荷分量；②变化幅度较大，变化周期较长（10s 到 3min）的负荷分量。属于这类负荷的主要有电炉、轧钢机械等；③变化缓慢的持续变动负荷。引起负荷变化的主要原因是工厂的作息制度，人民的生活规律等。

针对小幅高频的随机负荷分量，通过汽轮机调节系统的一次调频功能实现。即根据电网频率变化引起的转速差，自动地按照调节系统的速度变动率改变各机组调节汽门的开度，使电网总发电量适应总用电量的变化，从而减少电网频率的变化。一次调频是有差调节，不能维持电网频率不变，只能缓和电网频率的改变程度。

机组参加电网一次调频时，承担的外负荷变化量是由其调节系统的速度变动率决定的。假设由两台相同容量（额定功率均为 P_0）机组组成的电网，如图 6-7 所示。初始时刻，电网频率对应的转速为额定转速 n_0，Ⅰ号机和Ⅱ号机的功率分别是 $P_{Ⅰ1}$ 和 $P_{Ⅱ1}$，当外负荷减小 ΔP 时，两台机组的转速随电网频率升高。转速升高使两机的调节系统自动关小调门，减少进汽量，降低输出功率，该动作即为一次调频。当Ⅰ号机和Ⅱ号机的功率分别减小到 $P_{Ⅰ2}$ 和 $P_{Ⅱ2}$ 时，$\Delta P=\Delta P_{Ⅰ}+\Delta P_{Ⅱ}$，功率负荷重新平衡，一次调频动作结束。电网频率对应的转速由额定转速 n_0 上升为 n_1，转速变化量为 $\Delta n=n_0-n_1$。由图 6-6 可知，$\delta_{Ⅰ}<\delta_{Ⅱ}$，$\Delta P_{Ⅰ}>\Delta P_{Ⅱ}$。因此，速度变动率小的机组，在一次调频时，承担的负荷变化量更大，即一次调频能力较强。

参照图 6-7 所示，由 $|\Delta n|$、$|\Delta P_{Ⅰ}|$ 或 $|\Delta P_{Ⅱ}|$ 与静态特性曲线围成的小三角形，与 $|n_{max}-n_{min}|$、P_0 和整条静态特性曲线围成的大三角形是相似三角形，结合速度变动率的定

义式，则两台机组功率变化量与转速变化量的定量关系为

$$\left.\begin{aligned}\left|\frac{\Delta P_{\mathrm{I}}}{P_0}\right| &= \frac{1}{\delta_{\mathrm{I}}}\frac{|\Delta n|}{n_0}\\ \left|\frac{\Delta P_{\mathrm{II}}}{P_0}\right| &= \frac{1}{\delta_{\mathrm{II}}}\frac{|\Delta n|}{n_0}\end{aligned}\right\} \tag{6-7}$$

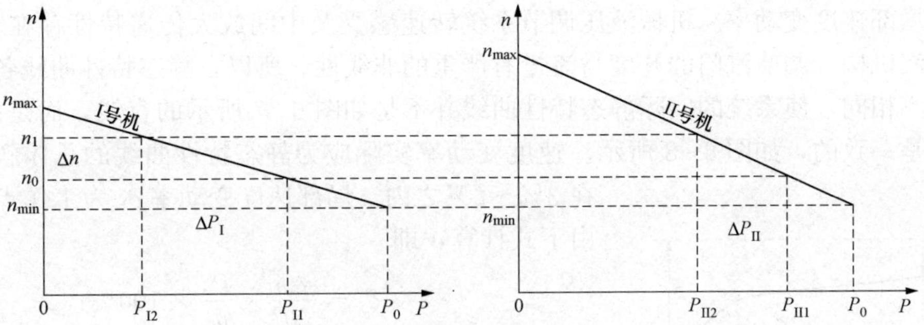

图 6-7　一次调频负荷的自动分配

通常调节系统的基准稳定转速为额定转速 n_0，由式（6-7）并结合转速升高（降低）时，调节系统动作的方向是使机组的功率减少（增加）。因此，一次调频时，调节系统对电网频差变化率的响应输出通式为

$$\Delta P = \frac{1}{\delta}\Delta n = k\Delta n \tag{6-8}$$

式中：$\Delta P=(P-P_0)/P_0$，P 为一次调频动作后机组的新负荷，MW；P_0 为机组的额定负荷，MW；$\Delta n=(n_0-n)/n_0$，n 为一次调频动作后机组的新转速，r/min；k 为频差校正系数，$k=1/\delta$。

由式（6-8）可以得出以下结论：

a. 速度变动率越小的机组在参加一次调频时，相同的速度变化率下，负荷变化率越大，其一次调频能力越强；反之，负荷变化率越小，其一次调频能力越弱。

b. 转速调节（即一次调频）是一种比例调节。转速的变化经转换、传递和放大后，放大的倍数（频差校正系数）为速度变动率的倒数，最终变为机组的功率变化量。

2）影响运行稳定性。从调频能力看，δ 越小越好。但 δ 过小，则电网频率很小的波动，就可能引起机组负荷的大幅度变化，造成机组进汽量相应发生较大变化，使各金属部件的机械应力和热应力、机组的轴向推力和胀差等的变化都很大，对机组安全运行极为不利。同时，如果调节系统平复扰动的动态特性也不好，很容易使调节汽门开度频繁晃动。

3）影响电网供电频率品质。δ 过大，虽然可以提高机组的运行稳定性，但一次调频时，转速偏差的比例放大系数过小，就会大大延长功率负荷重新平衡的时间，使最终转速的静态偏差较大，即外负荷变化时产生较大的频率波动，对保证供电品质不利。

4）影响甩负荷以后的转速飞升量。δ 过大，转速偏差的比例放大系数过小，会造成甩负荷后的过渡过程中，阀门关闭过慢，最大飞升转速较大，使机组在甩负荷过程中，承受很大的离心应力，甚至可能触发超速保护遮断动作，引起停机。由图 6-6 和速度变动率的定义式可知，甩全负荷后在纯转速调节原理作用下，最终转速静态偏差为 δn_0。过渡过程中的最大飞升转速约为最终静态偏差的 1.5 倍。若 $\delta=7\%$，则最大飞升转速为 $110.5\%n_0=3315$r/min，已经超过了机组的超速保护遮断系统的动作转速 $110\%n_0$。

δ的大小对供电质量和调节系统的稳定性有十分重要的影响。因此，一般速度变动率δ的取值范围为3%～6%，出厂时设定为4%～5%。为了避免与电网平均速度变动率差异过大，应当使电网中各机组的速度变动率尽量接近。同时，考虑到机组经济性和操作灵活性的差异，大型机组主要承担基本负荷，适合采用较大的速度变动率；中小型机组主要承担尖峰负荷和调频任务，适合采用较小的速度变动率。

（3）局部速度变动率。机械液压调节系统转速感受及中间放大传递特性存在着非线性，特别是配汽机构，调节汽门的开度与流量有严重的非线性。所以，静态特性曲线各处的速度变动率并不相同，使系统的实际静态特性曲线并不是如图6-7所示的直线，而是曲线形式，当然趋势是一致的，如图6-8所示。速度变动率实际应为静态特性曲线的总体斜率，规定在3%～6%之内。局部速度变动率δ_J为工作点处的斜率由下式计算，即

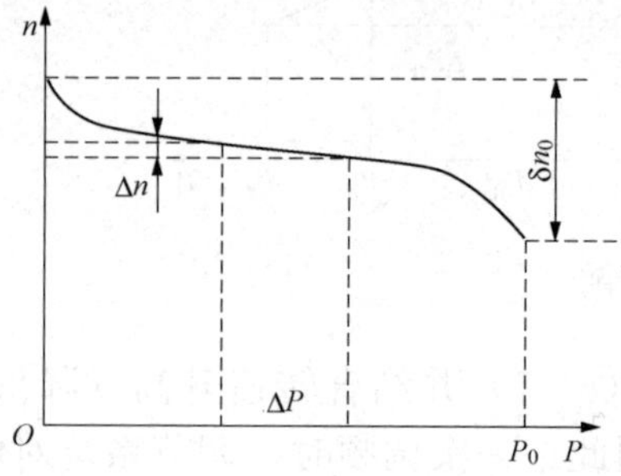

图6-8 局部速度变动率

$$\delta_J=\frac{\Delta n}{\Delta P}\times\frac{P_0}{n_0}\times 100\% \tag{6-9}$$

式中：ΔP和Δn都取绝对值。

对机械液压调节系统合理的静态特性曲线形状要求为连续、平滑、单调、无跳跃或突变点；连续向功率增加方向倾斜向下，不允许有水平段；并且要求零负荷、低负荷及满负荷处较陡，中间区域较平坦（见图6-8），这是因为：

1）机组并列容易。空负荷处局部速度不等率较大。由式（6-8）可知，调节系统对输入信号的放大倍数较小；调节系统内部参数扰动（如油压）和调节对象外部参数扰动（如蒸汽参数），对调门开度影响较小；转速比较稳定，有利于机组满足并网时转速与电网频率相同的条件。

2）低负荷时提高运行安全性。刚并网后的低负荷区，机组仍然处于加热剧烈的热不稳定阶段。为避免加热过快产生过大的热应力和胀差，刚并网时加负荷不宜过快，低负荷局部速度不等率较大，可以防止因电网频率变化，引起机组负荷的较大波动，有利于机组安全地暖机和带负荷。

3）满负荷时不会过载。局部速度不等率较大，可以避免满负荷时，因为频率降低，使机组自动带上过大负荷，发生过载危险。

4）保持一定的一次调频能力。使整体速度变动率在合格范围内，且保持一定的一次调频能力。但是为了机组的安全，一般要求中间段的最小局部速度变动率不得小于整体速度变化率的40%。

对于数字电液调节系统，因为可以实现复杂的控制规律，满足各种运行工况机组安全经济运行的要求，其静态特性曲线要比图6-8复杂得多，并不完全遵循以上对机械液压调节系统的要求，可以有水平段，不要求是连续单调的。

（4）调节系统的迟缓率。调节系统在动作时存在迟缓现象，如图6-9所示。机组在额定转速n_0运行，当外负荷下降使转速上升时，机组功率并不马上降低，而是当转速升高至n_1时，功率才开始减小；同样，当外界负荷上升，机组转速下降时，机组功率并不马上增加，而是当转速降低至n_2时，功率才开始增加。这就是说，机组在同一功率下有不同的转

速，或者说在同一转速（电网频率）下有不同的功率。这就是调节系统的迟缓现象。

以图6-3所示的系统为例，摩擦、间隙、滑阀过封度及油的黏滞力是该系统产生迟缓的主要原因。零件采用铰接或滑动连接，运动时存在摩擦力。以离心式调速器为例，转速变化时，重锤产生的离心力变化首先要克服滑环移动的静摩擦力，只有克服摩擦后，滑环的位置才随转速的变化而变化。凡是有铰接的地方，为了自由转动，都有间隙存在，只有杠杆的转动量大于间隙时，才能带动滑阀。为了保证断流式滑阀的断流，滑阀的凸肩高度大于油口的高度。只有滑阀移动的距离超过重叠度后，油动机才开始动作。由于油的黏性，从油动机油口导通，到油动机腔室压力发生变化，会存在一定的滞后。

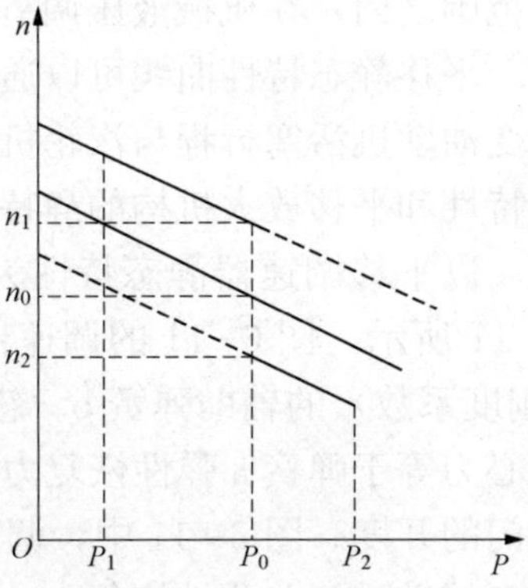

图6-9　调节系统迟缓率的产生

由于调节系统中的阻力等因素存在，调节系统动作产生迟缓，使静态特性曲线不是一条，而是一个带状区域。带状区域的宽度表示阻力的大小，用调节系统的迟缓率表示。

调节系统在不灵敏区内，调门开度与转速之间失去单值对应关系，对汽轮机的运行产生不良影响。在汽轮机单机运行时，机组功率决定于外负荷。迟缓率会引起机组转速的自振，如图6-10（a）所示，迟缓率引起的转速自振范围 $\Delta n=\varepsilon n_0$。

在并网运行时，机组转速决定于电网频率，基本保持不变。迟缓率会引起功率晃动。如图6-10（b）所示，功率的晃动范围 $\Delta P=(\varepsilon/\delta)P_0$，$P_0$ 为额定负荷。迟缓造成的功率晃动范围与 ε 成正比，与 δ 成反比。因此，不仅要求 ε 较小，而且希望 δ 不要太小。

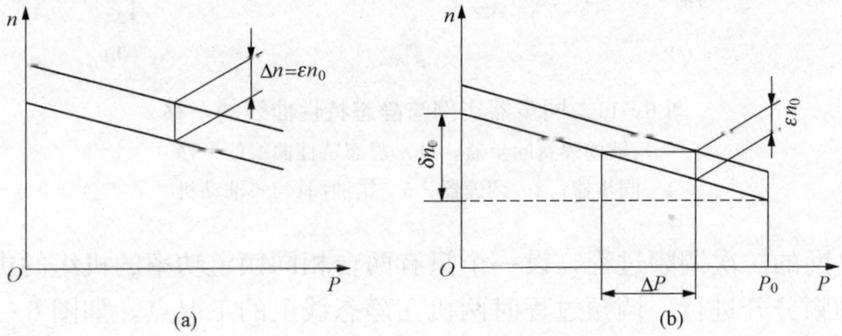

图6-10　迟缓率对汽轮机运行的影响

迟缓率过大还会引起调节系统晃动，使调节系统动态特性恶化。因此，迟缓率是调节系统重要的质量指标，希望迟缓率越小越好。液压调节系统可以做到 ε≤0.2%～0.5%，模拟电液调节系统可以做到 ε≤0.06%，数字电液调节系统甚至可以做到 ε≤0.01%。

（5）静态特性曲线的平移、同步器与二次调频。按照机组平均速度变动率 δ 的取值范围0.03～0.06。由式（6-8）可计算出，仅靠一次调频，当外负荷变化量超出当前总功率的6.67%～13.33%时，电网的频率变化量就将超出允许的±0.2Hz。该估算尚未考虑迟缓率等导致调节滞后的因素以及必要的安全余量，否则仅依靠一次调频，保证频率波动不超限时，能够应对的负荷变化范围更有限。因此，仅靠一次调频，电网负荷不大的变化，就会使电网频率的变化将超过合格范围。因此调节系统必须设置一个调节元件，用它平移机组静态特性曲线进行二次调频，应对电网总负荷中变化幅度较大的负荷分量，保证电网频率在合格的范围之内，在机械液压调节系统中，该元件称为同步器。

平移静态特性曲线可以通过平移四象限图中的Ⅱ、Ⅲ、Ⅳ象限的任一曲线实现。但由于改变油动机活塞行程与汽轮机功率关系（Ⅳ象限）比较困难。因此，通常采用平移调速器的静特性和平移放大机构的静特性的办法。

以平移调速器静态特性为例，说明同步器和平移调节系统静态特性曲线的原理，如图6-11所示。图6-11的调速器比图6-3的调速器增设了一个可以由同步器手轮1调整紧力（刚度系数）的辅助弹簧b。忽略摩擦力和重力。图6-3中调速器滑环的力平衡条件为飞锤离心力等于弹簧a弹性恢复力。转速变化引起飞锤离心力改变，才能使滑环移动，改变调节汽门的开度。图6-11中，调速器滑环的力平衡条件为飞锤离心力等于主弹簧a弹性恢复力加上辅助弹簧b弹性恢复力。当转速不变时，可以改变弹簧b的预紧力而改变调速器滑环的位置A，使调节阀开度改变。相反，当转速增加或者减少时，可以用同步器使调速器滑环位置A不变，即同步器可以上下平移调速器的静态特性曲线。

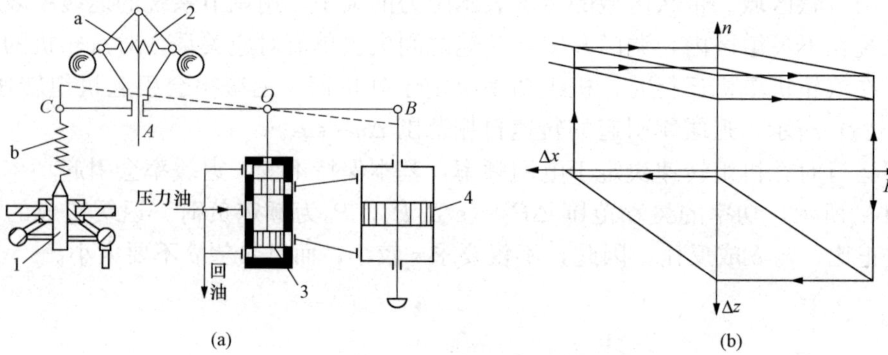

图6-11 同步器实例与静态特性曲线的平移

(a) 辅助弹簧同步器；(b) 静态特性曲线的平移

1—同步器；2—调速器；3—错油门；4—油动机

为了理解电网的二次调频过程，设一个只有两台相同额定功率的机组的虚拟电网，且一次调频和二次调频分开进行。调频过程时两机在静态线上的工况点，如图6-12所示。

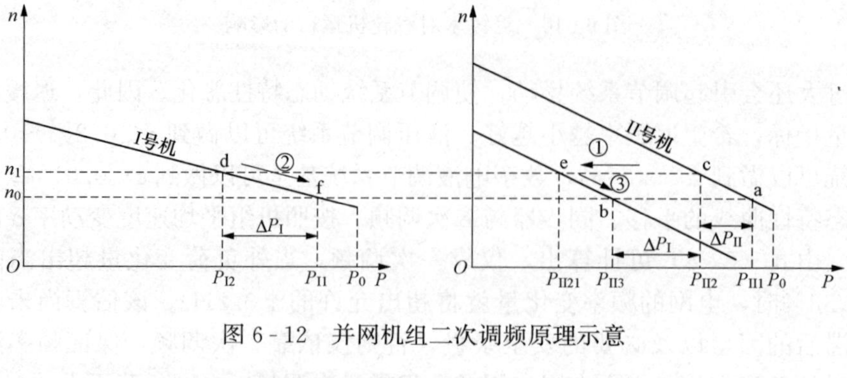

图6-12 并网机组二次调频原理示意

初始时刻，频率为n_0，Ⅰ、Ⅱ号机的稳定工作点分别为f和a点。设外负荷下降ΔP，一次调频结束后，Ⅰ、Ⅱ号机的工作点移至d和c，$\Delta P = \Delta P_{\mathrm{I}} + \Delta P_{\mathrm{II}}$。功率与负荷重新平衡，此时频率为 n_1，电网频率偏高。为使频率重新降低，必须使总功率小于总负荷。但此时外负荷已不变。为此，操作Ⅱ号机的同步器将其静态特性曲线向下平移，即关小Ⅱ号机的调节汽门，减小进汽量，功率减小到 $P_{Ⅱ21}$，如图 6 - 12 中箭头①和点 e 所示。电网的总功率小于外负荷，电网频率下降，转速降低使各机组的调速器动作，开大各自的调节汽门，功率增大，直至总功率与总负荷重新相等，如图 6 - 12 中箭头②、③所示。由于转速调节是有差调节，最后的稳定转速必然低于一次调频结束后的转速 n_1。用同步器平移Ⅱ号机的静态特性曲线，使电网频率降低的过程就是二次调频。按照图 6 - 12 中Ⅱ号机静态特性曲线下移后的位置，二次调频结束后，Ⅱ号机功率降低 $\Delta P_{Ⅰ}$，Ⅰ号机功率增加 $\Delta P_{Ⅰ}$，电网供电频率维持额定值 n_0，Ⅱ号机承担了全部的外负荷变化量 $\Delta P=\Delta P_{Ⅰ}+\Delta P_{Ⅱ}$，Ⅰ号机的功率不变。

当然实际电网的一、二次调频并不是分开进行的。而是当电网出现较大的负荷变化时，所有机组利用一次调频功能，自动改变功率，减少电网频率的波动。同时由电网调度中心向特定的调频机组发出二次调频指令，由运行人员操作同步器平移这些机组的静态特性曲线来承担一次调频机组能力之外的负荷变化量，同时对网频进行精确调整，使频率基本维持在额定值。

同步器的本质是调节系统的一个外部功率指令输入接口，使调节系统能够按照运行人员的需要，主动改变调节汽门开度，进而改变机组的功率。操作同步器平移静态特性，就相当于改变调节系统的负荷设定点。负荷设定点或称为功率给定值，是指静态特性曲线上额定转速 n_0 对应的功率。图 6 - 11 中的同步器手轮有指针，对应的刻度即功率给定值，但是因为机械液压调节系统没有功率反馈回路，功率给定值实质上是阀门开度给定，在蒸汽参数稳定时，一定的阀门开度就对应一定的功率。

功率给定值并不一定等于实际功率，比如图 6 - 12 中，Ⅰ号机的负荷设定点是 f 点对应功率 $P_{Ⅰ1}$，Ⅱ号机最初的负荷设定点是 a 点对应的功率 $P_{Ⅱ1}$。一次调频结束后，两台机组的静态曲线位置不变，即负荷设定点不变。Ⅰ、Ⅱ号机的实际功率分别为 $P_{Ⅰ2}$ 和 $P_{Ⅱ2}$，不等于原来的功率设定点，稳定转速也不等于额定转速。二次调频时，平移Ⅱ号机静态特性曲线至 b 点位置，新的功率给定值 $P_{Ⅱ3}=P_{Ⅱ1}$（原功率给定值）$-\Delta P$（负荷的变化量），而Ⅰ号机功率给定值不变。

从是否改变功率给定值的角度，对一次调频和二次调频进行比较可知：对电网中快速的、小的负荷变动量，利用锅炉的蓄能，不改变机组功率给定值，根据转速变化量，自动改变调门开度，即改变机组的功率，使之适应电网负荷的随机变动，为一次调频。它对电网频率的变化起到缓解作用。对于电网大的负荷变动量（通常变化速率较慢），采用改变调节系统负荷设定点的方法，改变发电机的功率，使之适应电网负荷的变化，为二次调频，它对电网频率起到精确调节作用。

除了二次调频外，改变调节系统的负荷设定点，平移静态特性曲线，还可以实现以下功能：

1）外负荷不变时，通过平移静态特性曲线，将某些机组的功率转移给其他机组，在并网机组间重新分配负荷；

2）并网前机组功率为零，平移静态特性线，相当于改变机组的转速，当转速与外界电网频率同步时，可以合闸并网；

3）机组单机运行即孤网供电时，通过平移静态特性线，可以保证机组在任何稳态负荷下转速维持在额定值。

注意：同步器是机械液压调节系统时代的产物，电液调节系统中没有同步器这个装置，其静态特性线的平移是通过程序附加给定信号来实现的。附加给定信号作用在测速元件上时，它的作用是平移测速元件的静态特性，称为转速给定；附加给定信号作用在测速元件后的综合放大器上时，它的作用是平移放大机构的静态特性，称为功率给定。转速给定的作用是改变汽轮机的转速，用于冲转升速和并网，而功率给定的作用则是改变汽轮机的功率，用于并网后升降负荷或二次调频。

3. 调节系统的动态特性

由于汽轮机调节系统是由多个环节组成的复杂闭式系统，部件运动惯性和摩擦阻力、油流流动阻力和蒸汽中间容积等的存在，使得调节系统的过渡过程是非常复杂的。如果调节系统各环节的参数选取不当，就可能产生持续振荡而无法正常工作，或在全负荷时引起超速，危及机组的安全。一个稳定运行的调节系统不仅静态特性要合理，其动态特性也必须是合格的。我们研究调节系统动态特性的目的是：判别调节系统的稳定性，评价调节系统动态品质，分析影响动态特性的主要因素，提出改善调节系统动态品质的措施。

(1) 调节系统动态特性指标。甩全负荷时电磁阻力矩突然为零，转子产生最大的正向加速度，甩全负荷是机组运行时可能遇到的最大扰动，所以通常以甩全负荷后机组转速变化的相对量 $\varphi(\varphi=n/n_0)$ 随时间 τ 的变化过程，来评价调节系统的动态特性，如图 6-13 所示。评价指标主要有以下几个。

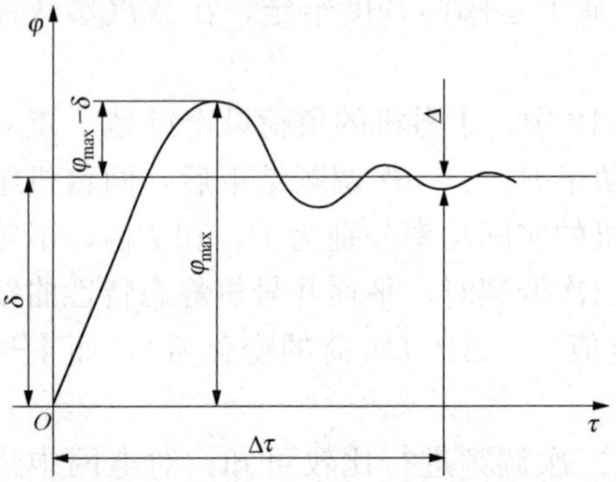

图 6-13 甩全负荷时的过渡过程

1) 稳定性。汽轮机运行中，当受到扰动离开原稳定工况后能很快过渡到新的稳定工况，或扰动消除后能恢复原来的稳定工况，这样的调节系统是稳定的。不稳定的调节系统不能使用。调节系统稳定性的判别，可由系统传递函数根据自动控制理论中稳定性判别式进行，对于实际的调节系统，还应留有一定的稳定性裕度。

2) 静态偏差值 $\varphi(\infty)$。一个稳定的转速调节系统，在不利用同步器改变其静态特性曲线位置时，甩全负荷后，机组新的稳定转速应为 $(1+\delta)n_0$，以转速变化的相对量表示的静态偏差值 $\varphi(\infty)=\delta$。

3) 动态超调量 σ。在甩全负荷后，转速稳定前的过渡过程中的最大动态转速 n_{max} 的相对量为 $\varphi_{max}=(n_{max}-n_0)/n_0$。$\varphi_{max}$ 超过最终静态偏差值 $\varphi(\infty)$ 的比例，称为动态超调量 σ

$$\sigma=\frac{\varphi_{max}-\delta}{\delta} \tag{6-10}$$

为了防止机组在甩全负荷时因为超速保护动作引起停机，n_{max} 必须低于超速遮断装置的动作转速，并留有足够的余量。机械超速遮断装置的动作转速为（110%～112%）n_0。因此，要求最大动态转速 n_{max} 不超过（107%～109%）n_0。要减少最大动态转速 n_{max}，一方面 δ 不宜选得过大。因为试验表明，汽轮机甩全负荷后过渡过程中的 ϕ_{max} 是静态偏差值动率的 1.5 倍，即 $n_{max}=(1+1.5\delta)n_0$，故一般大型机组的 $\delta=4.5\%\sim5.0\%$；另一方面要提高调节系统动态品质，减小动态超调量 σ，例如 φ_{max} 取 7%～9%，δ=5%，则 σ 不能超过 40%～80%。

此外，在甩全负荷时，若设有自动信号驱使同步器快速退向空负荷位置，即自动将静态性曲线向下平移，使功率给定值变为零负荷，如图 6-14 所示。一方面可以使甩负荷后汽轮机转速稳定在额定转速，有利于机组重新并网；另一方面，因为减少了静态偏差值，也有利于减小动态超调量。

4）过渡过程的调整时间。调节系统受到扰动后，从原来的稳定状态过渡到新的稳定状态所需要的最短时间称为过渡过程的调整时间。过渡时间不宜过长，否则机组转速或功率的长时间波动，不仅影响供电质量，而且加速零部件寿命损耗。

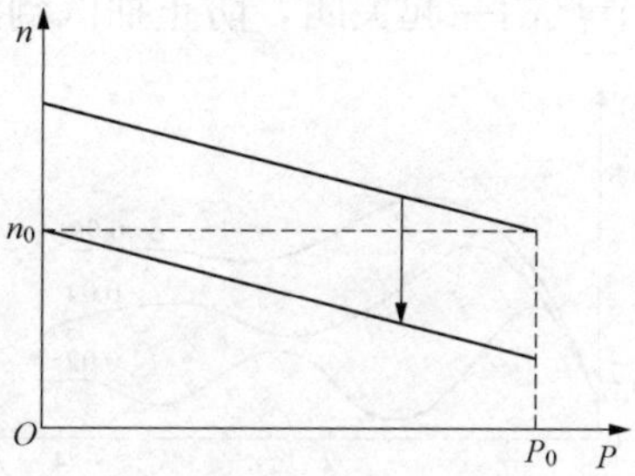

图 6-14　甩全负荷时静态特性线的平移

当然要求调节系统参数达到绝对稳定是不可能的，也没有必要。因此，当被调量 $\varphi(\tau)$ 与最终稳态值 $\varphi(\infty)$ 之差 Δ 的绝对值小于静态偏差 δn_0 的 5%时，可认为系统已达到新的稳定状态。达到该状态所需时间 $\Delta\tau$ 即为机组甩负荷时的过渡过程调整时间，如图 6-13 所示。合格的调节系统，甩全负荷时的过渡过程调整时间，一般要求小于 5～50s。

5）振荡次数。调节系统的过渡过程可以是衰减振荡的，但调整时间内明显的振荡次数不能超过两三次。

（2）影响动态特性的主要因素。调节系统动态特性受到调节对象（机组本体设备）和调节系统自身两方面因素的影响。甩负荷时的动态最大飞升转速与额定转速的偏差，一般可由下式估算，即

$$\Delta n_{max}=\frac{n_0}{T_a}\left[\lambda\left(T_1+\frac{T_2}{2}\right)+T_v\right] \tag{6-11}$$

式中：T_a 为转子飞升时间常数；T_v 为蒸汽容积时间常数；λ 为甩负荷时负荷下降的百分数；T_1、T_2 为油动机的滞后时间和关闭时间。

根据式（6-11）中各量的物理意义分析影响调节系统动态特性的因素。

1）调节对象对动态特性的影响。

a. 转子飞升时间常数 T_a。T_a 越小，说明转子越容易被加速。甩负荷时，转子的最大飞升转速越高，且会加剧过渡过程的振荡。影响转子飞升时间常数的主要因素有汽轮发电机组转子转动惯量 J 及汽轮机的额定驱动力矩 M_{t0}。J 越小、M_{t0} 越大则 T_a 越小。随着汽轮机功率越来越大，M_{t0} 成倍或成十倍地增加。但转子的结构尺寸和重量却增加不多，即转子的转动惯量 J 增加较少，因而 T_a 越来越小。例如，中压机组 T_a 约为 11～14s；高压机组 T_a 为 7～10s；中间再热机组 T_a 仅为 5～8s。所以，机组功率越大，超速的可能性也越大，甩负荷后控制动态超速的难度也越大。

b. 蒸汽容积时间常数 T_v。从汽轮机的调节汽门后一直到最末级，有一系列的中间容积。包括调门出口到第一级喷嘴间的蒸汽管道、蒸汽室和喷嘴室，回热抽汽管道和回热加热器，中间再热管道和再热器都是典型的中间容积。在额定功率一定的条件下，中间容积越大、中间容积压力越高，表明中间容积中储存的蒸汽量越多，其做功能力越大，中间容积时间常数 T_v 就越大；反之，越小。甩负荷时，虽然调节汽门已关闭到空负荷的位置，但中间

容积的蒸汽仍继续流进汽轮机膨胀做功，使汽轮机转速额外飞升增大。在大型机组中，导汽管和蒸汽室的中间容积时间常数约为0.2～0.25s，再热器中间容积时间常数约为8～10s。

除了在导汽管和调节汽室的结构设计时应尽可能减少中间容积外，还要采取其他措施限制转速飞升。例如对于中间再热机组，在中压缸进汽口前设置中压主汽门和中压调节汽门，甩负荷时关闭中压调节汽门。在抽汽管上，靠近汽轮机抽汽口处设置抽汽止回阀，甩负荷时随调节汽门一起关闭，防止抽汽倒流回汽轮机。

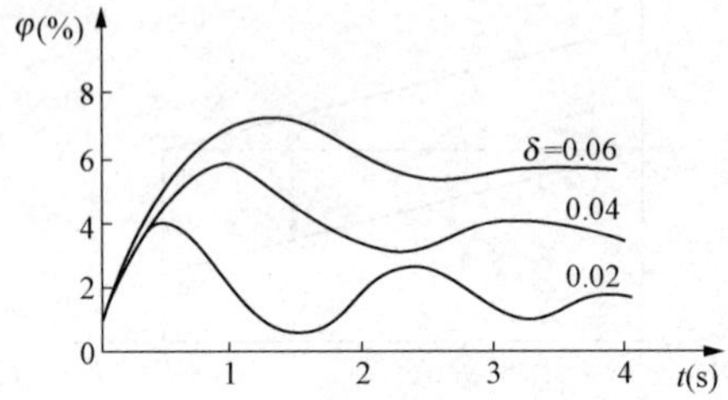

图6-15 速度变动率δ对动态过程的影响

2）调节系统对动态特性的影响。

a. 速度变动率δ。速度变动率对动态特性指标的影响，如图6-15所示。δ大时，对转速偏差的开环放大倍数小，机组在甩负荷时，调节汽门的关闭时间延长，动态过程中的最高飞升转速及最后稳定转速都比较高，但δ大时反馈率高，调节阀过调量较小，甩负荷时转速振荡的幅值（超调量）较小，振荡次数少甚至没有，即动态稳定性较好；δ小时，对调节系统的影响则相反。

b. 油动机时间常数T_m。油动机时间常数T_m为当油动机处在最大进油量时，油动机活塞走完整个工作行程所需要的时间。它综合反映了油动机的滞后时间和关闭时间。

如图6-16所示，油动机时间常数T_m越大，则调节汽阀关闭时间越长，动态过程中的最大转速较高，转速摆动幅度越大，过渡过程时间越长，因而调节品质越差。但是，在液压调节系统中，T_m较大也有有利的一面，可以削弱内扰（油压波动、调速器窜动等）对调节系统的影响。一般T_m在0.1～0.3s。

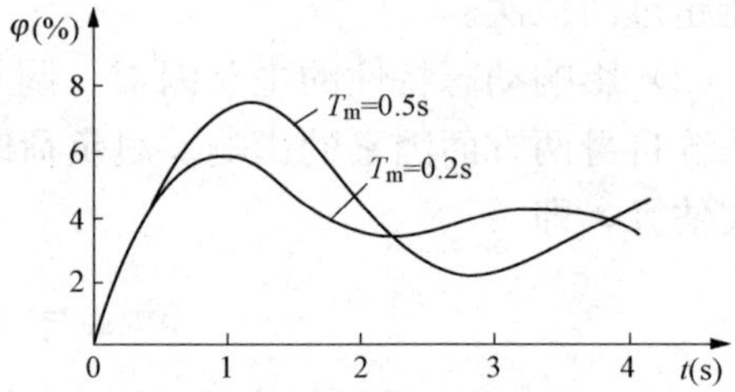

图6-16 油动机时间常数T_m对动态过程的影响

c. 迟缓率ε。迟缓的存在，使调节汽门的动作滞后，造成过渡过程的振荡次数增多、调整时间延长和超调量增加，甩负荷时飞升转速增高，动态品质变差。另外，迟缓也是造成调节系统不稳定晃动等动态故障的重要原因。

4. 汽轮机的保护装置

在大型汽轮机中，某些参数严重超标有可能酿成设备的损坏、甚至毁机事故。为此，大型汽轮机都设有严密的保护措施。它分为预防性保护和危急遮断保护两大类。危急遮断系统，在异常情况下能自动或手动紧急停机，以保护设备和人身安全。预防性保护包括监视参数超限报警、备用辅机切换、运行工况改变等功能。当影响安全运行的参数超限时，预防性保护装置发出报警信号或操作指令。严重超限时，危急遮断系统就关闭全部进汽阀门，实行紧急停机。本部分主要介绍超速保护控制、危急遮断系统和机械超速危急遮断系统。

(1) 超速保护控制（OPC）。该保护功能由中压调节汽阀的快关功能（CIV）、负荷下跌预测功能（LDA）和超速控制功能（OPC）三部分组成。中压调节汽阀的快关，是指在电力系统发生瞬间短路或某一相发生接地故障，引起发电机功率突降的情况下，瞬时快关中压调节汽阀，延迟 0.5～1.0s 后再开启的控制动作，在甩部分负荷的瞬间减少蒸汽驱动力矩与发电机电磁阻力矩的偏差，防止发电机因功率过大失稳解列，从而维持电力系统的稳定，同时也起到了预防超速的作用。负荷下跌预测功能，是指在发电机油开关跳闸，负荷瞬间到 0 而汽轮机仍带有 30%以上机械功率时，保护系统迅速关闭高、中压调节汽阀，避免因大量蒸汽流入汽轮机而引起严重超速以及危急遮断系统动作而导致停机，这实质上是对甩负荷后超速的提前预防。超速控制功能在汽轮机转速超过 103%额定转速时，将高、中压调节汽阀关闭并延迟一段时间后，在锅炉中间再热器内积聚的蒸汽逐渐排出且汽轮机不再出现升速时，再开启调节汽阀，使机组保持空载运行，以减少启动损失，并能迅速重新并网。

(2) 汽轮机危急遮断系统 (emergency trip system，ETS)。ETS 是汽轮机危急遮断系统的简称。它的作用是在汽轮机启、停和正常运行时，对轴向位移、转速、轴振动、轴承振动、轴承温度、润滑油压、控制油压、凝汽器真空、主汽温和汽缸温度等相关参数进行实时监控。当被监视的参数超过报警值时，发出报警信号；超过运行限制值时，ETS 保护装置动作，关闭汽机主汽门和调节门、抽汽止回阀等，实行紧急停机。同时将汽轮机跳闸信号送出，联跳锅炉和发电机（机炉电大联锁），安全地将机组停运，目的是不扩大事故范围，把损失降至最低，保护主设备。

(3) 机械超速危急遮断系统。汽轮机额定转速为 3000r/min。但在甩负荷时可能因调节系统动态特性不佳不能维持机组空转，或者因其他缺陷未能完全切断进入汽轮机的蒸汽来源，以致引起机组严重超速使转子部件承受额外的离心力，造成汽轮机损坏事故。

为此机组针对超速设置了三道防线。第一道防线是超速保护控制（OPC），动作转速是 $103\%n_0$；第二道防线是 ETS 系统中的电超速保护（OS）功能，动作转速一般设定为 109%～$110\%n_0$；最后一道防线是机械超速危急遮断系统，动作转速一般设定为 110%～$112\%n_0$。

机械超速危急遮断系统的核心部件是撞击子，撞击子布置在转子延伸轴的横向孔中，其重心与转子的几何中心偏置。正常运行时，偏心离心力与压弹簧的弹性力平衡；转速达到动作转速时，离心力超过约束力，撞击子击出，通过一套机械液压传动装置，最终使各阀门油动机的动力油快速泄放，所有汽门关闭，汽轮机停机。机械超速危急遮断系统根据其使用的撞击子的型式不同，主要可分为飞锤式和飞环式两种。

6.3.2　中间再热汽轮机的调节特点

1. 中间再热机组系统布置和运行特点

中间再热汽轮机高压缸的排汽，不直接进入中、低压缸，而是引入锅炉的再热器，经过再热后汽温一般可以达到新汽温度，然后进入中、低压缸继续做功，如图 6-17 所示。因为设置了中间再热器及其相应管道系统，其系统布置和运行特性与非再热机组有明显的区别。

中间再热机组必须采用一机配一炉的单元制布局。根据汽轮机变工况理论，再热蒸汽压力与中、低压缸进汽量成正比，即再热压力随着机组功率变化而变化，所以不同机组的再热器不能联通。中间再热锅炉既有过热器又有再热器。为了便于燃烧调整和主、再热蒸汽温度调节，减少减温水喷水量，提高循环效率，主、再热蒸汽流量必须保持严格的比例。因此，不同机组的锅炉之间主蒸汽管道也不能联通。

中间再热机组采用单元制。在启停和低负荷时，汽轮机与锅炉运行特性出现明显不同。锅炉不投油维持稳定燃烧的蒸发量一般为 30%～50%的额定流量，而汽轮机维持空转的空载汽耗量一般为 3%～8%的额定流量。另外，锅炉的再热器一般布置于高温烟气区，为了

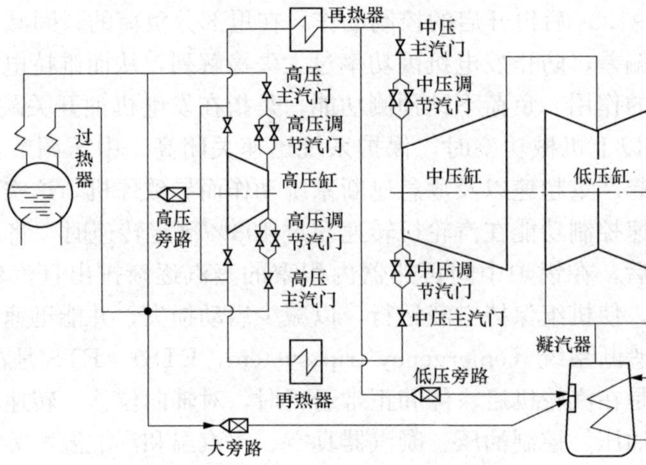

图 6-17 中间再热机组的旁路系统

保护再热器管路不被烧损，至少要有百分之十几额定流量的冷却蒸汽通过再热器。

为了协调机炉在这些工况下流量不匹配的矛盾，可以设置旁路系统，如图 6-17 中所示。旁路系统可以分为Ⅰ级小旁路（高压旁路）、Ⅱ级小旁路（低压旁路）和Ⅲ级大旁路，在这些旁路上设置有旁路调节阀和减温减压器，在需要时可以使部分或全部蒸汽绕过汽轮机。

高压旁路使过热蒸汽绕过高压缸，经过减温减压直排再热器。可以在启、停、低负荷或甩负荷工况下，高压缸没有进汽或进汽量不足时，保护再热器和防止过热器超压；低压旁路使再热蒸汽绕过中低压缸，经过减温减压直排凝汽器，起到了防止再热器超压后安全阀起座对空排汽，造成的噪声污染和工质浪费问题的作用；大旁路使过热蒸汽绕过整个汽轮机，经减温减压直接排入凝汽器，防止过热器超压后安全阀起座。除了上面这些作用以外，旁路系统还可以在启动时加快锅炉燃烧，提高机组启动速度，在甩负荷后控制过热器及再热器的压力，避免锅炉安全门动作，维持机组空负荷运行或停机不停炉运行，使机组在故障排除后能尽快恢复运行。

因为同时使用三种旁路会使整个热力系统非常庞大复杂。现代大功率中间再热机组，一般只使用高、低压两级串联旁路。当然也有的机组，因为再热器布置于低温烟气区，并且采用了特殊材质，允许在一段时间内干烧。为了简化热力系统，只设计了Ⅲ级大旁路，这种旁路系统一般只能起到启动旁路的作用，不能维持机组空负荷或带厂用电运行。为了控制这些旁路系统，中间再热机组要设置旁路调节系统，并解决它们与主机调节系统的协同配合问题。

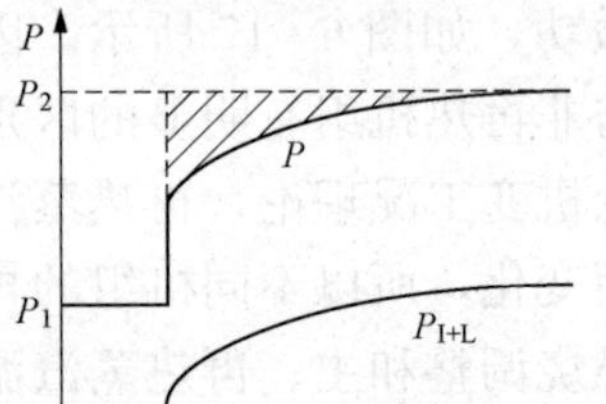

图 6-18 中间再热汽轮机的功率滞后

2. 中间再热汽轮机的调节特性

与非再热机组比较，中间再热汽轮机的调节特性有以下不同。

（1）机组的负荷适应性降低。由再热器及其连接管道构成的庞大的中间容积，使再热机组改变负荷时，存在机组功率变化“滞后”的现象，如图 6-18 所示。当机组增加负荷时，调节系统增加高压调节汽阀开度，高压缸进汽量增大，高压缸功率 P_H 随之增加；而中、低压缸的进汽量，并不立即增加。它是随着中间再热容积内蒸汽压力的升高，逐渐增加，造成中、低压缸的功率 P_{I+L} 增长滞后。同时随着再热蒸汽压力的升高，高压缸前后的压差将逐渐减小，高压缸功率 P_H 有所下降。一般中、低压缸功率占总功率的 2/3～3/4，使机组总功率 P 的变化滞后于调节阀开度的变化。

另外，锅炉的热惯性和惯性容积较大，从接受调节信号，改变风、煤和水量到蒸发量到达目标值，调节过程的过渡时间长达 100～250s 以上。非再热机组一般采用母管制，蒸汽母管有非常强大的蓄热能力。锅炉调整期间，母管蓄热完全能够满足汽轮机功率变化所需能量。但是再热机组采用单元制，机、炉的容量基本相同，若锅炉的蓄热能力大为下降，则直流锅炉蓄热量更少。当外负荷变化较大时，由于汽轮机的能量需求超过锅炉的蓄热，锅炉出口的蒸汽压力将发生波动，偏离额定值。蒸汽压力的偏离，又进一步影响转速偏差与功率变化量的比例关系，使转速偏差对应的进汽量变化，实现不了应达到的功率变化。

综上所述，中间再热机组在外负荷变化时，主蒸汽压力的波动和中低压缸功率的滞后，使机组的负荷适应性降低，对外负荷变化的响应速度下降，降低了机组的一次调频能力。

（2）中间再热机组调节系统的动态特性恶化。

再热机组主蒸汽压力的波动和中、低压缸的功率滞后，使外负荷变化时，如果是单机供电，会引起供电频率的大幅波动；如果是并网运行，不仅使电网频率波动增大，而且因为负荷变化量最初由网内其他机组承担，将造成其他机组功率大幅波动，使过渡时间延长。

在机组甩负荷时，中间再热容积中存储的蒸汽如果继续进入中低压缸做功，足以使转速飞升到额定转速的 140%～150%，机组转动部件的离心应力将大大超过材料的强度极限。

3. 中间再热机组的调节与保护

再热器降低了再热机组响应外负荷变化的速度，增大了甩负荷后的超速风险。单元制的机、炉配置，增强了机、炉运行参数的交叉影响，降低了机组运行的稳定性和安全性。这些必须通过机、炉控制系统的针对性设计加以解决。

（1）高压调门动态过调。为了弥补中低压功率的滞后，常采用的方法是高压调节阀动态过调。为此机械液压调节系统中增设一个动态校正器。外负荷变化时，动态校正器增强调速器调节信号的输出，使高压调节阀动态过调。通过高压缸功率的动态过调，弥补中、低压缸功率的滞后，使总功率迅速响应调阀开度变化。随着中、低压缸功率的逐渐增加，动态校正器的输出信号逐渐趋近于零，高压调节汽阀开度恢复到新工况的正常开度，高压缸功率也恢复到正常功率，如图 6-19 所示。过调节法一定程度上提高了机组的一次调频能力，改善了其动态特性。

液压调节系统增设动态校正器，使机械结构和液压控制回路变得更加复杂，降低了可靠性，增加了迟缓率。

采用高压缸动态过调，当电网负荷变化较大时，因为高压缸的功率仅占全机功率的 1/3～1/4，高压缸进汽量的变化要比正常值高很多。这加剧了再热机组锅炉汽压的波动，制约了过调的效果。为减小汽压波动，调节系统往往要根据锅炉压力对高压调节汽阀的开度变化设置限制，所以即使采用了高压缸动态过调，中间再热机组的一次调频性能仍然是较弱的。

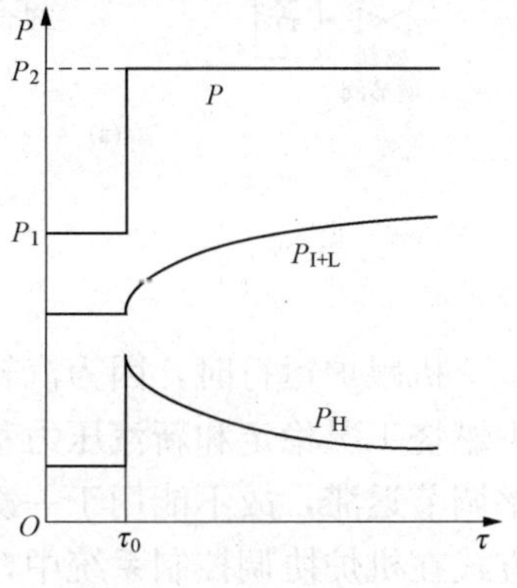

图 6-19　高压缸动态过调

（2）设置中压调节汽阀。为解决汽轮机空载流量与锅炉最低负荷不一致的矛盾，以及低负荷时锅炉再热器的冷却和再热蒸汽温度的控制问题，在中压缸入口处设置中压调节汽阀，并普遍设置高低压串联旁路系统。在机组启动时，高、中压调节汽阀和旁路系统协调控制再热蒸汽温度以及中、低压缸的进汽量，使中压缸的进汽温度与中压转子的热状态良好匹配。

另外，为了防止机组甩负荷时，再热容积蒸汽进入中、低压缸引起超速，也要求设置中压调节汽阀。甩负荷时，高、中压调节汽阀同时快速关闭，并开启旁路阀降低锅炉再热器的压力。待机组转速降低后，再慢慢开启高、中压调节汽阀，维持机组在额定转速下空载运行。为防止中压调节汽阀卡涩时不能关闭或关闭不严密，阀前另装设了中压主汽阀门（开关型汽阀），因两阀共用壳体，故常合称中联门。运行时中压主汽阀一般是全开状态，只有严重超速或其他危急事故工况时，与其他汽阀一起快速关闭，实现紧急停机。由于再热蒸汽的容积流量远大于主蒸汽，因此中压调节汽阀的尺寸大于高压调节汽阀。若中压调节汽阀在全负荷范围内参与调节，将产生较大的节流损失。为减少该节流损失，通常在 30%～40%额定负荷以上，中压调节汽阀全开。在低于 30%～40%额定负荷时，中压调节汽阀才参与控制。

（3）机炉协调控制。单元制机组的机炉协同运行模式主要有汽轮机跟随（TF）、锅炉跟随（BF）和机炉协调（CCS）三种控制方式。对于单元制机组，为提高机组的负荷响应速度，保证机组主要运行参数的稳定，必须以将锅炉和汽轮机作为整体对象的机炉协调控制作为主要运行方式。其他运行方式，只能作为协调控制方式的补充，用来满足机组不同运行工况的需要。下面介绍炉跟机、机跟炉和机炉协调控制方式的基本原理。

1）汽轮机跟随控制方式（TF）。汽轮机跟随控制方式（turibine flow，TF），简称机跟炉，如图 6-20 所示。该模式下由锅炉调节功率，汽轮机调节压力。功率指令送给锅炉的燃烧控制系统，调整锅炉的燃烧；待锅炉出口新蒸汽压力改变后且定压运行时，为维持主汽压力稳定，汽轮机调节系统的主蒸汽压力调节器，根据新汽压力与额定压力的偏差，相应改变调节阀的开度，进汽量和输出功率也将相应改变，如图 6-20（a）所示。纯滑压运行时，则调节阀全开，汽轮机进汽量和功率随压力上下滑动而增减，如图 6-20（b）所示。

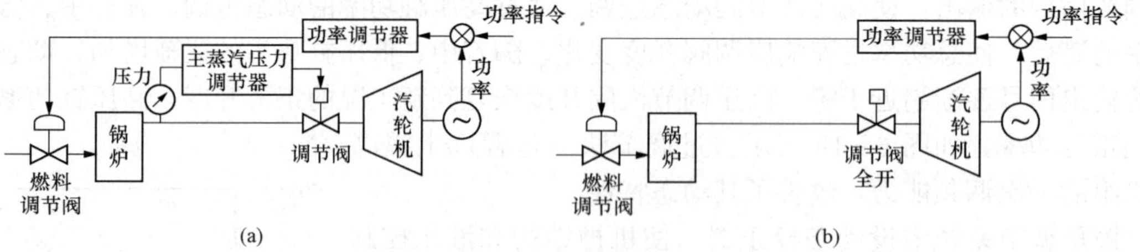

图 6-20　汽轮机跟随控制方式
（a）定压运行；（b）纯滑压运行

机跟炉运行时，因为汽轮机调节压力的动态响应速度高于锅炉压力变化速度，可维持锅炉燃烧工况稳定和新汽压力基本不变。但锅炉燃烧调整迟缓，且未能利用锅炉蓄能，机组功率调节迟滞，故不能用于一次调频。另外，当燃料扰动时会加剧机组功率波动。机跟炉运行方式在机炉协调控制系统中，是在锅炉侧局部故障或受限制工况（不能投自动）时的一种辅助运行方式。

2）锅炉跟随控制方式（BF）。锅炉跟随控制方式（boiler flow，BF），简称炉跟机，如图6-21所示。该模式下由锅炉调节压力，汽轮机调节功率。功率指令送给汽轮机调节系统，增加（减小）负荷，相应蒸汽流量增大（减小），使新汽压力降低（升高），然后锅炉根据流量、压力变化信号调节燃烧，以维持新汽压力不变。

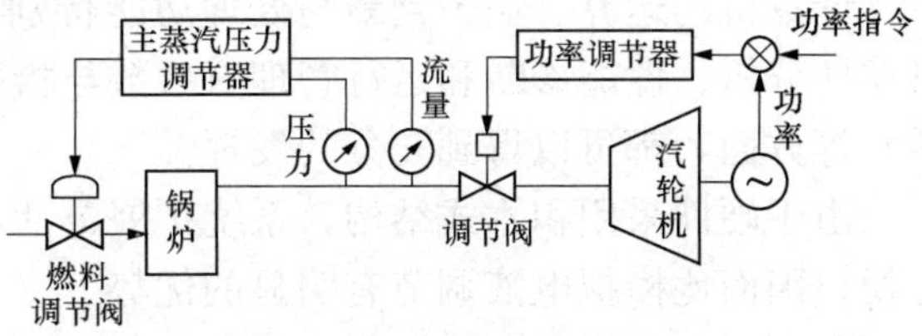

图6-21　锅炉跟随控制方式

炉跟机运行时，汽轮机功率变化产生的能量需求是由锅炉蓄热能力提供的。当汽轮机负荷开始增大时，锅炉燃烧还未增强，使新汽压力降低，水的饱和温度降低，锅炉的金属温度也将随之下降，意味着金属释放出部分蓄热，为汽轮机出力增加提供能量。反之，当机组负荷减小时，新蒸汽压力升高，水的饱和温度升高，金属温度上升，蓄热增大。

炉跟机的控制方式，在电网负荷小幅波动时，汽轮机利用锅炉蓄热量的改变，能快速地改变机组的功率输出，维持电网频率的稳定，机组一次调频性能较好。在负荷变化较大时，锅炉蓄热能力有限，不能满足负荷变动所要求的能量，而锅炉燃烧的调整又比较缓慢，必然引起锅炉压力较大幅度的变化。因此，为维持锅炉压力稳定，必须对汽轮机负荷变化的幅度和速率加以限制。另外当燃料扰动时，会加剧机组压力波动。炉跟机运行方式在机炉协调控制系统中通常是汽轮机侧辅机故障减负荷时的一种辅助运行方式。

3）机炉协调控制方式（CCS）。机跟炉和炉跟机是两种比较极端的控制方式。前者可维持主蒸汽压力基本不变，但不能快速满足外负荷要求；后者可快速满足外负荷要求，但会使主蒸汽压力产生较大的波动。机炉协调控制综合了以上两种方式的优点，如图6-22所示。

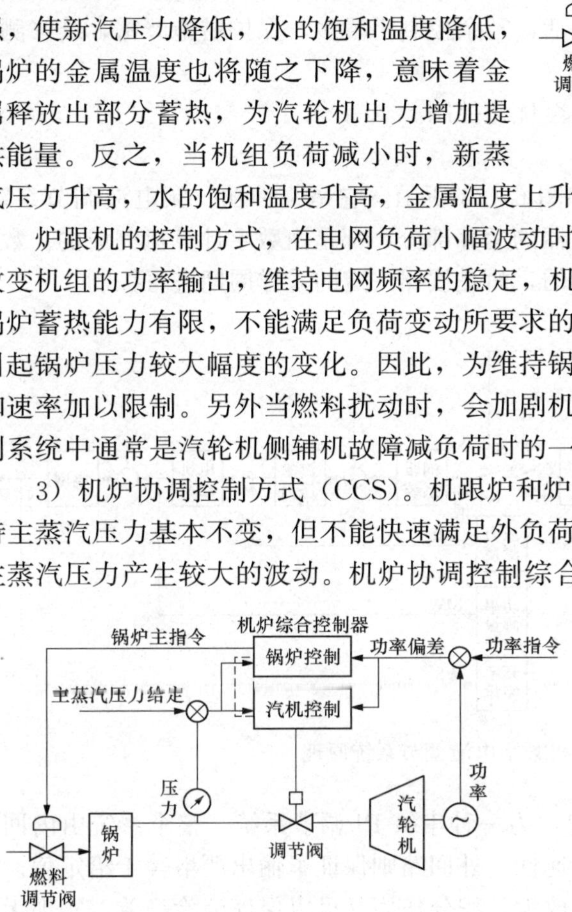

图6-22　机炉协调控制方式

在负荷变化时，功率请求信号同时送给机、炉调节系统。汽轮机根据功率信号改变调节汽阀开度，利用锅炉蓄热量的改变，快速响应外负荷要求；同时，锅炉根据功率信号调整燃烧率，维持主蒸汽压力基本不变。为避免主蒸汽压力波动过大，主蒸汽压力偏差信号，会对汽轮机调门开度作适当的限制，同时作为前馈信号适度加强锅炉燃烧率的调节。

机炉协调控制可在负荷调节的动态过程中，使机组充分利用锅炉的蓄热，在主蒸汽压力的小幅波动下，较快满足外界负荷要求，因而机组的运行工况较稳定。协调控制有多种方案，主要有以下几类：以锅炉跟踪为基础的协调控制、以汽轮机跟踪为基础的协调控制、综合性协调控制、直接能量平衡协调控制和直接指令平衡协调控制，限于篇幅，不再详述。

6.3.3　汽轮机数字电液调节系统的基本控制原理

机械液压调节系统（mechanical hydraulic control system，MHC）的缺点：通常只具有窄范围的闭环转速调节功能和超速跳闸功能，迟缓率较大，系统的响应速度较低，不能克服蒸汽参数扰动引起的功率漂移，静态特性是固定的，不能根据要求任意改变。

数字式电气液压控制系统（digital electric hydraulic control system，DEH），简称数字

电液调节系统。DEH 系统和 MHC 系统相比较，主要有以下优点：

系统很容易实现信号的综合处理，控制精度和调节品质高，静态和动态特性良好，能适应复杂的运行工况，而且操作、调整和修改都比较方便。

采用分散控制系统，使功能分散到各处理单元，显著提高了可靠性。

计算机的运算、逻辑判断与处理功能特别强，除控制手段外，在数据处理、系统监控、可靠性分析、性能诊断和运行管理（参数与指标显示、制表打印、报警、事故追忆和人机对话）等方面，都可以得到充分的发挥。

由于硬件采用积木式结构，系统扩展灵活，冗余控制手段多，保护措施严密，维修测试方便，因而比模拟电液调节有明显的优势。

有利于实现机组协调控制、厂级控制以至优化控制。

1. DEH 系统运行方式及基本原理

再热汽轮机数字电液调节系统的原理如图 6-23 所示。它是一种功一频电液调节系统。其给定、综合比较部分和 PID（或 PI）调节器的运算部分，都是由数字计算机完成的。数字电液调节属于离散控制，其采样并不是连续的，而是按照一定的采样周期进行控制。

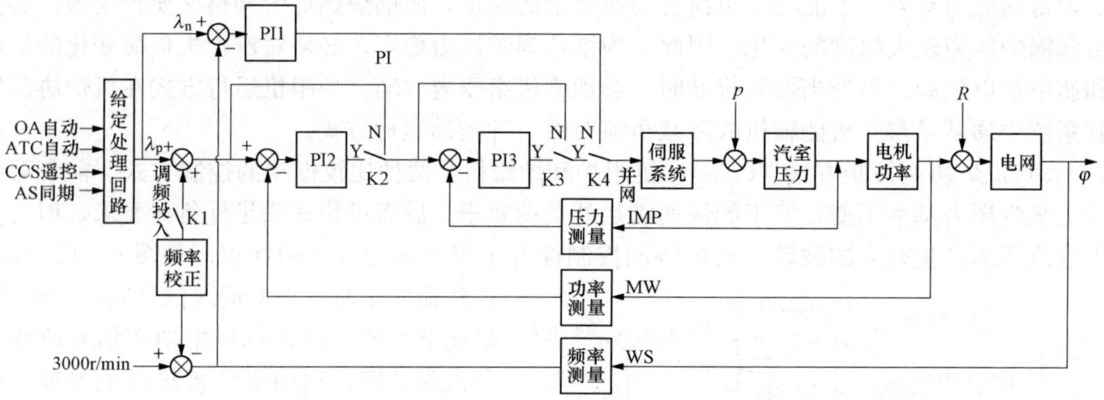

图 6-23 再热汽轮机数字电液调节系统原理

该系统采用 PI（比例一积分）调节规律，为一种串级 PI 调节系统。整个系统由内回路和外回路组成，内回路增强了调节过程的快速性，外回路则保证了输出严格等于给定值。PI 调节规律既保证了对系统信息的运算处理和放大，积分作用又可以保证消除静差，实现无差调节。

系统中的外扰是负荷变化 R，内扰是蒸汽压力变化 p；给定值有转速给定 λn 和功率给定 λp，分别用于启动时控制转速和并网后控制负荷。调节对象考虑了调节级压力特性、发电机功率特性和电网频率特性，设置了调节级压力 IMP、机组功率 MW 和转速 WS（频率）三种反馈信号。

K1、K2、K3 和 K4 是由软件实现的虚拟“开关”。K4 受并网信号控制，并网前只有启动 PI 回路投入。由给定值处理回路产生的转速给定值 λ_n 与转速反馈值 WS 的偏差。由 PI1 调节器产生调节信号，控制汽轮机升速，直到偏差消失，从而实现对转速的无差控制。

并网后，通过开关 K4 的选择，启动 PI 回路被切除。K1、K2 和 K3 开关的指向可提供不同的运行方式，提高了系统的可靠性，使系统中某个回路发生故障时，仍能正常工作。运行方式的变更既可通过逻辑判断和跟踪系统自动切换，也可通过键盘操作进行切换。系统可以选择是否参与调频运行，无论调频与否，可按三种自动方式运行。

（1）串级 PI 调节方式。是最基本的运行方式，在该方式下系统具有调节级汽室压力 IMP、发电机功率 MW 和转速 WS（调频功能需投入，否则无）这 3 种反馈，PI3 为内回路，PI2 为外回路；

（2）单级 PI2 调节方式。该情况相当于 K3 倒向旁路，系统只有发电机功率 MW 和转速 WS 反馈（调频功能需投入，否则无），调节级汽室压力 IMP 信号被切除；

（3）单级 PI3 调节方式。该情况相当于 K2 倒向旁路，系统只有调节级汽室压力 IMP 和转速 WS 反馈（调频功能需投入，否则无），发电机功率 MW 信号被切除。

DEH 系统的控制与调节运算由计算机完成，既可按调频方式运行，也可按基本负荷方式运行。当 K1 投入时，机组处于调频方式运行，此时若电网的负荷变化，有两种情况：一种是功率给定 λp 保持不变，转速回路测得的转速偏差 $\Delta n=n_0-n(n_0=3000\text{r/min})$，经频率校正环节转化为机组承担的功率变化量 $\Delta P=k\Delta n$。ΔP 和功率给定值 λ_P 相加，与从发电机出线端测得的功率反馈值 MW 进行比较，两者之间的偏差，使 PI2 调节器一直有调节信号输出，经液压伺服机构开大（关小）调门，改变机组的实际输出功率。调节过程一直进行到 $\lambda_P+\Delta P-\text{MW}=0$，即为系统平衡的条件。调节结束后 MW 相对于 λ_P 增加（降低），n_0-n 的偏差平衡了 λ_P-MW 的偏差，频率必然降低（升高），实质是牺牲了电网的频率稳定来换取调节系统的稳定，这种运行方式即为一次调频；另一种是使功率给定值随频率校正环节的输出增加（降低），直到该给定值与电网要求本机增加（降低）的负荷相等。电网频率回升（降落），系统的调节偏差为零，系统才能保持转速的给定值，也即频率不变，该过程是利用改变功率给定值 λ_P 平移静态特性曲线保持电网频率不变，即二次调频。

大型中间再热机组参与一次调频，采用了“死区 - 线性 - 限幅”的频率校止输出特性，如图 6 - 24 所示。这是考虑到为了机组的稳定运行，当电网频率基本稳定在额定值时，机组对频率的微小波动不产生调节响应，即在额定转速附近设置死区。在死区范围内频差校正的输出为 0。当转速偏差超过死区的范围后，则机组需要承担的负荷变化率与转速偏差之间呈线性关系。在转速偏差超出一定范围时，因中间再热机组的负荷适应能力受到锅炉蓄热能力限制而采取了限幅措施。另外，在低负荷时，机组一般不参与电网的调频，所以可以设置一次调频的负荷下限，如图 6 - 25 所示。机组参与调频的负荷范围为 240～300MW。且在额定转速附近带有±2r/min 的调频死区。

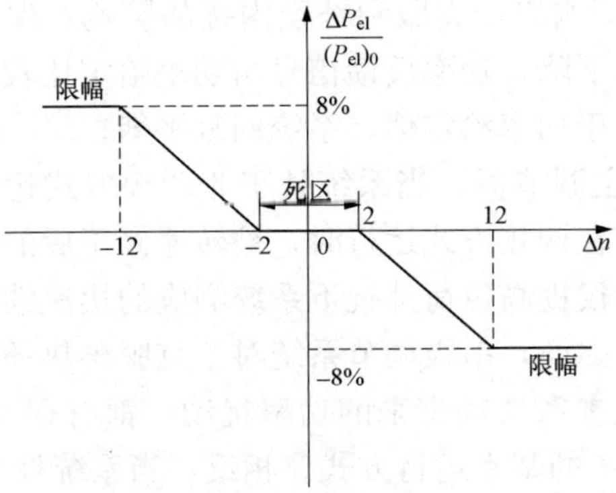

图 6 - 24　DEH 频率校正环节输出特性

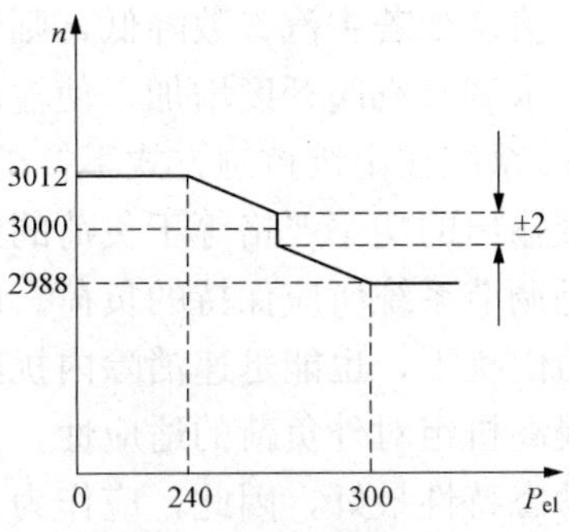

图 6 - 25　DEH 的静态特性曲线示例

在DEH控制器中，频差校正环节死区的宽度和频差校正系数K，可以很方便地由程序员或工程师通过键盘调整。死区越宽，机组参与电网调频的能力越差。死区趋向于无穷大时，相当于转速反馈回路被切除，此时机组对外界电网负荷的变化不敏感，只按系统本身的功率给定值来控制机组。频差校正系数K可根据机组在电网中承担调频任务的大小来选择。调频任务重，校正系数大，即速度变动率δ越小，反之亦然。调整频差校正系数也即改变了机组的速度变动率。通常DEH的调频死区的范围在0～30r/min内可调，可以根据机组的特性和运行需要设置加、减功率限幅或双向限幅。速度变动率可以在3%～6%范围内设置，并在不同的负荷区域设置不同值，以适应不同的控制要求。

当机组处于非调频方式运行时，通过调整"死区"的转速范围，使转速偏差信号不进入系统，或将该偏差乘以较小的百分数，使机组对外界电网负荷的变化不敏感，只按系统本身的负荷给定值来控制机组。如果在机组的额定负荷附近设置转速的不灵敏区（死区），则机组就处于带基本负荷运行状态。

2. 串级PI调节性能特点分析

系统由三个控制回路组成。内回路为调节级压力控制回路，受扰动时该回路反应最快，通过PI3的作用，迅速改变高压调节汽阀的开度，保证调节过程的快速性；外回路为功一频控制回路，需通过PI2去改变高压调节汽阀的开度，调节过程慢一些，可保证输出功率与功率给定值一致。

当系统受到外扰时，调节级汽室压力首先变化，该压力正比于汽轮机的功率，能较准确地代表汽轮机功率的大小，可使系统较快作出响应。发电机功率的变化，既受自身惯性的影响，又受中间再热容积的影响，其系统响应较慢。并网运行机组的转速，受电网频率的影响，但对一台机组而言，影响相对较小。因此，这三种信号的系统响应是不同的。

在串级控制、系统处于调频方式运行时，电网频率的变化引起调节汽阀动作后，调节级汽室压力反馈回路响应最快，通过内回路PI3的作用，迅速改变调节汽阀的开度。而发电机功率反馈回路的响应则慢一些，但仍都是提高机组对负荷适应性的粗调作用，只有通过外回路PI2的细调作用，用外回路去修正内回路的设定值，系统才能最后趋于平衡。此时，系统的实际负荷值已不是负荷给定值，而是经过频差修正后的负荷设定值。换言之，负荷外扰时，只有按照新的外负荷重新设定负荷给定值，才能使功率的反馈等于功率给定值，转速的反馈等于转速的给定值。

DEH系统还具有很强的抗内扰能力。除了外界负荷扰动，单元机组也会由于蒸汽参数的自身变化产生内扰，DEH的内回路可以立即响应，克服和补偿内扰的影响，保证出力稳定在给定值。如若主汽参数降低，则输出功率下降，功率反馈信号与功率给定比较后输出正偏差，要求调节汽阀开度增加，使输出功率等于功率给定值，系统回复平衡。

DEH系统在串级控制方式下，外回路为主调节器。当系统处于非调频方式运行时，它保证系统输出的功率严格等于负荷的给定值；在调频方式运行时，被转速修正后的负荷给定值，才是调节系统所应保持的负荷。内回路不仅提高负荷外扰下系统响应的快速性，而且在蒸汽压力内扰下，也能迅速消除内扰的影响。因而，串级调节系统对于克服再热环节功率的滞后，提高机组对外负荷的适应性，减少蒸汽参数波动带来的功率扰动，都有很大的作用。由于其动态特性最好，因此，应作为DEH系统的基本运行方式。相反，当系统处于单级PI调节方式运行时，系统的动态品质将有所下降，但由于还可继续运行，仍不失为一种重要的冗余控制手段。

外界负荷扰动具有突发性，其中最为严重的是机组甩额定负荷，此时，控制系统会使进汽阀迅速关闭，并应同时切除功率给定值，使功率控制回路无偏差输出，系统依靠转速控制回路输出的负偏差信号，迅速关闭调节汽阀，使机组转速等于额定转速。

与 DEH 系统共同工作的还有超速保护（OPC）和危急遮断控制系统（ETS）以及机械超速遮断保护系统，它们对汽轮机形成多重保护，其中任一系统动作均可关闭调节汽阀或同时关闭主汽阀和调节汽阀，确保机组的安全。

6.4 典型题精解

[例 6-1]　假设某电网由 3 台 300MW 机组组成，Ⅰ号、Ⅱ号和Ⅲ号机调节系统的速度变动率分别为 3%、4%和 5%，各机组 DEH 频差校正器的输出特性线皆未设置死区。当电网频率为 50Hz 时三台机组功率皆为 200MW。现因外界负荷增大，经过一次调频，使电网频率降低 0.1Hz。问：(1) 此时电网的总负荷为多少？(2) 若Ⅰ号机频差校正器的输出特性线设置死区为±12r/min，电网的总负荷又为多少？

解　(1) Ⅰ号、Ⅱ号和Ⅲ号机负荷变化量分别为

$$\Delta P_1 = \frac{1}{\delta_1}\frac{P_0 \Delta n}{n_0} = \frac{1}{3\%}\frac{300\times 0.1}{50} = 20(\text{MW})$$

$$\Delta P_2 = \frac{1}{\delta_2}\frac{P_0 \Delta n}{n_0} = \frac{1}{4\%}\frac{300\times 0.1}{50} = 15(\text{MW})$$

$$\Delta P_3 = \frac{1}{\delta_3}\frac{P_0 \Delta n}{n_0} = \frac{1}{5\%}\frac{300\times 0.1}{50} = 12(\text{MW})$$

电网频率降低后总负荷变为 200×3+20+15+12=647(MW)。

(2) 因为Ⅰ号机设置频差校正器的死区为±12r/min，而电网频率变化 0.1Hz 对应的机组转速变化为 6rpm，在Ⅰ号机死区范围内，此时Ⅰ号机不参加一次调频。当电网频率降低 0.1Hz 时，电网频率降低后总负荷为 200×3+15+12=627(MW)。

[例 6-2]　综合所学汽轮机调节系统相关知识，提出改善调节系统动态特性的措施。

解　(1) 尽量减小调节系统的迟缓率；

(2) 适当增大调节系统的速率变动率（一般不得超过 6%）；

(3) 适当减小油动机时间常数。在保证机组稳定工况转速波动和功率波动在允许范围的前提下，尽可能减小油动机时间常数；

(4) 甩负荷时同步器回零。机组甩负荷时，同步器快速退到空负荷对应的位置（同步器回零），使转速稳定在 3000r/min 左右；

(5) 消除或减弱中间再热器的影响。对于中间再热机组，可设置中压调节阀和加装动态校正器，尽可能消除或减弱中间再热器的影响。

习　题

一、名词解释（解释下列概念）

1. 有差调节；2. 调节系统的静态特性；3. 速度变动率；4. 一次调频；5. 二次调频；6. 迟缓率；7. 转子飞升时间常数；8. 中间容积时间常数；9. 过渡过程；10. 调节系统的动态特性。

二、简答题

1. 影响调节系统动态特性的主要因素有哪些并简述其影响趋势？
2. 什么是调节系统的静态特性曲线？衡量调节系统静态特性性能的指标有哪些？
3. 画图说明机械液压调节系统静态特性曲线的合理形状。
4. 试述同步器的主要作用。
5. 说明汽轮机调节系统速度变动率过大或过小对汽轮机工作的影响。
6. 简单说明下列三种静态特性线分别使机组处于怎样的运行工况，如图 6 - 26 所示。

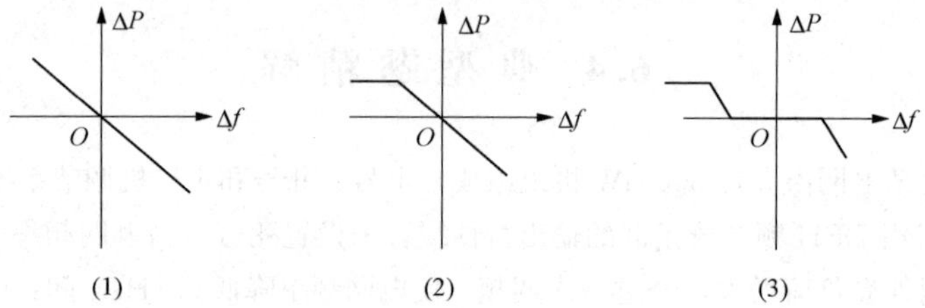

图 6 - 26　简答题 6 用图

7. 简述过调法的基本原理及其作用。
8. 何谓功频电液调节系统的反调现象，是怎样产生的？可采用什么措施消除？
9. 汽轮机调节系统一般由哪些机构组成？各自的作用分别是什么？
10. 中间再热式汽轮机的调节特点是什么？为什么有这些特点？
11. 如何改善中间再热式汽轮机的调节系统动态特性？
12. 什么是炉跟机？什么是机跟炉？什么是协调控制？

三、计算题

1. 某电网由三台 300MW 机组组成，如图 6 - 27 所示。从左至右分别为Ⅰ、Ⅱ号和Ⅲ号机 DEH 频差校正器的输出特性线。当电网频率为 50Hz 时 3 台机组发出额定功率。试问：（1）三台机组调节系统的速度变动率分别是多少？（2）现因外负荷减小使电网频率升高 0.1Hz，此时三台机组的总负荷为多少？（3）如果Ⅲ号机调节系统的频差校正器设置死区为±15r/min，现因外负荷减小使电网频率升高 0.25Hz 时，则各机承担的负荷变化各自为多少？

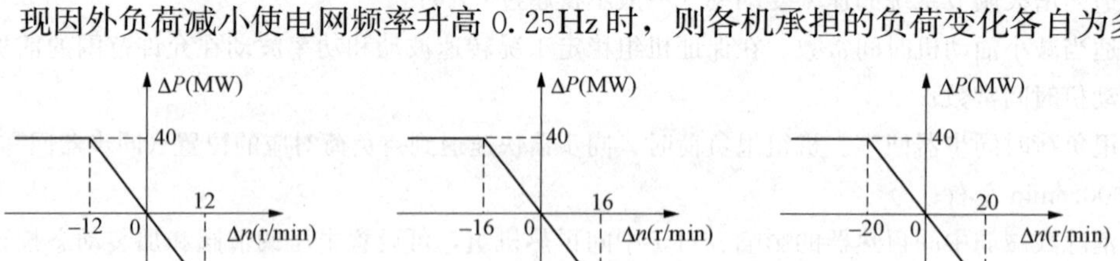

图 6 - 27　计算题 1 用图

2. 某电网由三台 300MW 机组组成，Ⅰ号、Ⅱ号和Ⅲ号机调节系统的速度变动率分别为 3%、4%和 5%，DEH 未设置死区。当电网频率为 50Hz 时三台机组发出额定功率。现因外界负荷减小使电网频率升高 0.1Hz，试问：（1）此时电网的总负荷为多少？（2）如果 1 号机调节系统的频差校正器设置死区为±8r/min，则各机承担的负荷变化各自为多少？

附录 A　习题答案、试卷及参考答案

本附录包括三部分，第一部分为本书中各章习题的参考答案，第二部分为五套汽轮机原理试卷，第三部分为五套试卷的参考答案，请扫描二维码获取。

参 考 文 献

[1] 沈士一，庄贺庆，康松，等．汽轮机原理．北京：中国电力出版社，1992.

[2] 能源部西安热工研究所．热工技术手册——汽轮机组．北京：水利电力出版社，1991.

[3] 蔡颐年．蒸汽轮机．西安：西安交通大学出版社，1988.

[4] 钟一谔，何衍宗，王正，等．转子动力学．北京：清华大学出版社，1987.

[5] 翦天聪．汽轮机原理．北京：水利电力出版社，1986.

[6] 胡念苏．汽轮机设备及系统．北京：中国电力出版社，2006.

[7] 李慧君．火电厂热力设备及运行—汽轮机部分．北京：中国电力出版社，2012.

[8] 孙为民，杨巧云，孙文杰．电厂汽轮机学习指导及习题集．北京：中国电力出版社，2009.

[9] 黄树红．汽轮机原理．北京：中国电力出版社，2008.

[10] 孙为民，杨巧云．电厂汽轮机．3 版．北京：中国电力出版社，2017.

[11] 曾衍锋，韩志成，刘树华．汽轮机运行技术问答．北京：中国电力出版社，2013.

[12] 叶荣学．汽轮机调节．北京：水利电力出版社，1988.